Beck'sche Reihe

Länder

BsR 861

Wußten Sie schon, daß sich die Biergärten Japans auf den Dächern der großen Warenhäuser befinden, daß Sie von einer Geisha wirklich nichts anderes zu erwarten haben als Gesang und Tanz, und daß man beim Harakiri eines Assistenten bedarf, der einem nach erfolgreichem Bauch-Aufschlitzen den Kopf abschlägt?

Doch nicht nur auf Biertrinker, Frauenfreunde und Selbstmordkandidaten lauert im Land des Lächelns so mancher Fehler, den es zu begehen, und so manches Rätsel, das es zu lösen gilt. Manfred Pohl, der seit Jahrzehnten Japan bereist und sich in zahlreichen wissenschaftlichen Publikationen mit diesem Land auseinandergesetzt hat, weiß, wie schwer es den Langnasen hier fällt, ihr Gesicht zu wahren: Sein kleines Japan-Lexikon informiert über das alte wie das neue Japan, es übersetzt die gängigen Begriffe, mit denen man in Restaurant, U-Bahn oder sonstwo beim touristischen Hürdenlauf alltäglich konfrontiert wird und hilft selbst dort noch weiter, wo sich die meisten Reiseführer mit dem Ratschlag begnügen: Immer nur lächeln und immer vergnügt!

Manfred Pohl ist Professor für Staat, Gesellschaft, Politik Japans an der Universität Hamburg. Bei C. H. Beck liegt außerdem vor: „Japan“ (Beck'sche Reihe Bd. 836: Länder, 2. Aufl. 1992).

MANFRED POHL

Kleines Japan-Lexikon

VERLAG C. H. BECK

Mit 1 Karte

Zur Aussprache japanischer Begriffe:

ai wie „ei", ch wie „tsch" (oder wie engl. „chair"), ei wie „ee" (z.B. Ehre), j wie „dsch" (oder wie engl. „George"), y wie „j" (oder wie engl. „Yankee"), sh wie „sch" und z wie weiches „s". Lange Vokale sind mit einem Querbalken gekennzeichnet.

Die japanischen Eigennamen werden in der europäischen Reihenfolge wiedergegeben, d.h. erst Vorname, dann Familienname; Japaner selbst schreiben ihren Namen umgekehrt.

Auch in Deutschland gebräuchliche japanische Begriffe sind groß geschrieben.

Die Deutsche Bibliothek – CIP-Einheitsaufnahme

Pohl, Manfred:
Kleines Japan-Lexikon / Manfred Pohl. – Orig.-Ausg. – München : Beck, 1996
(Beck'sche Reihe ; 861 : Länder)
ISBN 3 406 39861 8
NE: HST; GT

Originalausgabe
ISBN 3 406 39861 8

Umschlagentwurf: Uwe Göbel, München

Gesamtherstellung: C. H. Beck'sche Buchdruckerei, Nördlingen
Gedruckt auf säurefreiem, alterungsbeständigem Papier
(hergestellt aus chlorfrei gebleichtem Zellstoff)
Printed in Germany

Inhalt

Vorbemerkung

Verwirrspiel Japan: „Lotosland“ oder „Robotland“

Man gibt es nicht gern zu – aber jede Reise nach Japan ist mit gewissen Vorurteilen verknüpft, wie auch immer dieses Bild entstanden ist: durch die Medien, die Literatur, durch Berichte von Freunden. Diesem aus Vorurteilen gefügten Bild sucht der Reisende in Japan wiederzubegegnen; ja er wird auch versuchen, die Bestätigung einer Vorstellung zu erlangen, die nicht selten weit an der Wirklichkeit vorbeigeht. Immer möglich ist, während einer kurzen Reise – und wer kann schon längere Zeit als Reisender mit Muße in Japan verbringen? – alle Klischees wiederzufinden, vor allem, wenn man entschlossen ist, nur sie allein innerhalb des verwirrenden Erscheiungsbildes der japanischen Realität wahrzunehmen.

In diese verklärende Wahrnehmung mischt sich gleichwohl eine Reihe negativer Eindrücke. Auch sie sind meist durch die Vermittlung professioneller Japan-Interpreten in den Medien – oder durch wiederum subjektiv geprägte Wahrnehmungen anderer Reisender entstanden. In die Vorfreude vor allem auf ein exotisches Japan (jeder möchte wohl irgendwann einmal eine richtige *Geisha* treffen oder sich von der Atmosphäre eines klassischen japanischen Gartens gefangennehmen lassen) mischt sich die Sorge, auch die negativen Beschreibungen der japanischen Welt könnten sich als richtig erweisen.

Reisenden, die dieses *Kleine Lexikon* zur Hand nehmen, sei hier gleich versichert: Alle Vorstellungen von Japan, die positiven und die negativen, sind irgendwie „richtig“ – ganz falsch jedenfalls ist keine. Doch die Kunst des Reisens in Japan hat zur Voraussetzung, alles, was einem vor Augen kommt, unvoreingenommen zu sehen und dem verbreiteten Drang zu widerstehen, an das Erfahrene Zensuren zu verteilen. Andernfalls bestätigen Japans Wirklichkeiten tatsächlich alle Vorurteile – und nur sie.

In einer bekannten japanischen Science-fiction-Story wird mit beißendem Spott von einem perfekt exotischen Japan erzählt, das die japanische Regierung allein für verblendete Touristen errichtet hat. Dort findet der ausländische Besucher alle ins Klischee überführten Vorstellungen samt ihrer exotischen Versatzstücke der japanischen Kulturtradition – Tempel, Gärten, Geishas –, an denen er sich berauschen kann. Das wirkliche Japan aber – supermodern und technologisch fast unerreichbar hoch entwikkelt – liegt als *Tokyo New City* tief unterhalb dieser Scheinwelt. Kein Ausländer hat zu diesem unterirdischen High-Tech-Japan Zutritt. Dies „andere Japan" – so der Titel der short story – soll dem Blick des Auslands verborgen bleiben. Ein amerikanischer Japanologe, dem die Absurdität der vollkommenen Touristenwelt suspekt erscheint, wird mit zeremonieller Höflichkeit in New City interniert und für immer an der Rückkehr nach Amerika gehindert. Die Geschichte trennt mithin – räumlich – das traditionelle vom supermodernen Japan, das aller Wahrnehmung entzogen ist.

Ironisch wird hier gezeigt: Das Japan von heute ist komplizierter, als unsere Vorstellungen es wahrhaben wollen. Verwirrend vor allem ist das scheinbar konfliktfreie Nebeneinander japanischer Kulturtradition und hochmoderner Technik. Dem aufmerksamen Beobachter kann das nicht entgehen: Da liegt etwa der elektronische Taschenrechner noch immer neben dem hölzernen Rechen-Abakus (*soroban*); im Foyer des modernen Hotels findet sich ein Shintō-Schrein – oder man wird überrascht von einem ultimativen High-Tech-WC, dessen zahlreiche Funktionen über ein Armaturenbrett mit Tasten, Knöpfen und Signallampen gesteuert werden – während andererseits in manchen Hotels noch die korrekte Benutzung dieser Vorrichtung durch Strichmännchen erläutert wird. Kurzum: Erkenntnisse, die man sich vor der Reise nach Japan sorgsam erarbeitet hat, werden sehr rasch in ihr Gegenteil verkehrt: Wo bleibt etwa die japanische Höflichkeit, wenn der arglose ausländische Tourist auf der Straße achtlos angerempelt wird oder sich in der U-Bahn einer Art Faustrecht ausgeliefert sieht? Welcher Tourist ahnt in der Hektik und dem ohrenbetäubenden Getöse der japanischen Großstadt noch die „Kultur der Stille"?

Solcherlei Erscheinungen haben manchen Japanreisenden schon erheblich verwirrt. Man beklagte entweder den vermeintlichen Verlust japanischer Identität oder meint – wie der deutsche Publizist Arthur Koestler, der Anfang der fünfziger Jahre nach Japan reiste –, eine „Schizophrenie" erkennen zu können, die ihm zwei Aspekte Japans zeigte: das „Lotosland" und das „Robotland". Geschult an den Elementen westlicher Logik, erschien es ihm unverständlich, daß beide Aspekte nebeneinander bestehen können, denn es sei den „Japanern niemals gelungen . . ., die beiden Hälften ihrer Existenz zu vereinen". Eine solche Forderung nach „Synthese" bleibt an der Oberfläche: Stille Tempelanlagen werden mit dem Getöse japanischer Riesenstädte verglichen – und Unvereinbarkeit konstatiert. Dabei stehen die Tempel für die japanische Tradition und die rastlos lärmende Großstadt für hastig übernommene westliche Einflüsse.

Grundlage für ein solches Urteil ist fast stets ein zerstörtes romantisches Japan-Bild, das in dieser schlichten Form niemals existiert hat. Schon im 17. Jahrhundert hätten Reisende aus Europa einen vergleichbaren Eindruck japanischer Städte haben können: denn Edo (Tokyo) und Osaka waren nach damaligen Maßstäben bereits Riesenstädte – weit größer als europäische Metropolen. Die Suche nach dem „traditionellen" Japan geht immer von den Zeugnissen der „großen Tradition" aus, die von den Großen in Politik und Glaubenswelt zum eigenen Ruhm der Nachwelt überliefert wurden. Schlösser, Tempelanlagen, allenfalls noch die Häuser wohlhabender Kaufleute des 18. Jahrhunderts. Die vielgerühmte Kultur der Stille, die Ästhetik sparsamer Vereinfachung in der Kunst, der Zen-Buddhismus und andere klischeehaft vereinfachte Erscheinungen der japanischen Kulturtradition waren nahezu ausnahmslos Teil des täglichen Lebens der Oberschichten. Zwar suchte auch das Bürgertum die Verhaltensmuster des Adels (Samurai) nachzuahmen; aber in einer Epoche, in der es sich die unteren Schichten endlich materiell leisten konnten, ästhetische Genüsse des Adels zu kopieren, war eben dieser Adel schon im Niedergang begriffen. Das wohlhabende Bürgertum entwickelte in den Städten statt dessen eine eigene Kultur der Demi-Monde, des Theaters und der Literatur, die nun ihrerseits faszinierend für den Adel wurde. Diese Kulturtradition tüchtiger Geschäftsleute und technisch versierter Handwerker ist für das „neue Japan" seit dem 19. Jahrhundert prägend gewesen. Wertvorstellungen und Verhaltensmuster von Kaufleuten, Handwerkern, auch Bauern – die „kleine Tradition" – haben im modernen Japan überlebt und wirken noch heute . . .

Das *Kleine Japan-Lexikon* versucht in der Zusammenstellung von Begriffen dem Nebeneinander von Moderne und Tradition gerecht zu werden. Der Autor kann dem Leser (und Benutzer) keine Gewähr dafür geben, er sei vor Unzulänglichkeiten gefeit. Doch dem, der sich selbst Mut macht, Japan auf dem Wege von *trial and error* zu entdecken, mag dieser Band eine nützliche Hilfe sein.

Hamburg, im Juli 1995 *M. P.*

A

Abacus. Rechenbrett m. Kugeln, ↑ *soroban.*

Abalone schmackhafte, sehr teure Muschel; wird meist als ↑ *sashimi,* getrocknet oder in der chinesischen Küche angeboten.

Abe, Kōbō. Romanschriftsteller 1924–93; geb. in Tokyo. Abe wuchs in der Mandschurei auf, wo sein Vater Arzt war. Auch er begann 1943 ein Medizinstudium, das er aber nicht abschloß. Frühe Eindrücke von Rilke („Buch der Bilder") regten ihn zu eigenen Gedichten an. Abe las Dostojewski, Nietzsche, Heidegger, auch Kafka; verfaßte neben Romanen („Das Gesicht des Anderen", 1964; „Die vierte Zwischeneiszeit", 1959; „Die Frau in den Dünen", 1962 u.a.) mehrere Theaterstücke, Drehbücher, Hör- und Fernsehspiele; gründete eine eigene Studiobühne. Kritischer Analytiker der japanischen Gegenwart; beschrieb das Bedrohliche in der Welt, versuchte zwischen den Generationen in Japan zu vermitteln. Zentrales Motiv ist die Ohnmacht des Einzelnen gegenüber dem System.

Abfallbeseitigung. Japan setzt hier auf Müllverbrennung (brennbare Stoffe) und Verklappung/Verpressung anderer Abfälle. Die japanischen Haushalte trennen ihre Abfälle nach „brennbar" und „nicht-brennbar"; die durchschnittlich 2,4 kg Abfall pro Tag und Person werden in zahlreichen Verbrennungsanlagen entsorgt, feste Abfälle werden zu einem großen Teil zur Neulandgewinnung verwendet, z.B. in der Bucht von Tokyo. Strategien der Müllvermeidung sind erst in Ansätzen erkennbar.

Abfindungszahlung. Wird am Ende eines „lebenslangen" regulären Beschäftigungsverhältnisses von den meisten Betrieben gezahlt; dieses sog. ↑ *taishokukin* erreicht ca. 40 Monatsgehälter, je nach Betriebsgröße. So erhielt ein Universitätsabsolvent 1989 in einem Betrieb von mehr als 1000 Mitarbeitern nach 35 Jahren Beschäftigung 44,4 Monatsgehälter oder 24,17 Mio. Yen. Üblicherweise wird dieses Kapital genutzt, um ein eigenes kleines Unternehmen als Zulieferbetrieb aufzumachen oder wird in eine andere Unternehmung investiert. Die Rezession zu Beginn der 90er Jahre stellt die A. wie andere Traditionen des Entlohnungssystems in Frage. ↑ *Lohnsystem.*

Abschließungspolitik. Nach Ausrottung des Christentums 1638 wurde in einer Reihe von Edikten 1633 bis 1639 jeder Kontakt zum Ausland unter Strafe gestellt; die ↑ *Tokugawa* fürchteten, daß mit dem ↑ *Christentum* auch Ideen ins Land gelangten, die ihre Macht gefährdeten bzw. europäische Mächte mit Hilfe der Missionare Kontrolle über Japan gewinnen könnten. Der jap. Außenhandel wurde nur noch über Nagasaki (↑*Dejima*) abgewickelt, wo einzig die Holländer ein streng kontrolliertes Bleiberecht hatten. Die A. dauerte 200 Jahre und wurde erst 1854 unter amerikanischem Druck (Commodore ↑*Perry*) durch Öffnung von Vertragshäfen für die USA und bald auch europäische Staaten beendet.

Abtreibungen bis weit in die 60er Jahre waren Abtreibungen die gängige Form der Familienplanung: Das Eugenik-Schutzgesetz von 1948 legalisierte A., wenn diese „zum Schutz der Mutter" nach bestimmten (meist sozialen) Kriterien nötig schien. Die registrierten Schwangerschaftsabbrüche erreichten 1955 mit 1 170 143 Fällen Rekordhöhe. Seit der allmählichen Freigabe von Verhütungsmitteln sanken die Zahlen; so wurden für 1989 noch 466 876, 1993 insgesamt rund 430 000 Schwangerschaftsunterbrechungen registriert. Unsicherheit über die „ordnungsgemäße" Familienplanung löst bei japanischen Frauen die Tatsache aus, daß offiziell „die Pille" noch immer verboten ist – inoffiziell wird die orale Verhütung natürlich längst praktiziert, die gängigen Mittel sind unter der Hand zu erhalten. ↑*Empfängnisverhütung.*

Abwasserbeseitigung. Ein gutes Beispiel für das teilweise noch recht unzureichende Sozialkapital in Japan; so lag die Rate des Anschlusses an ein Kanalisationsnetz in Japan bei 44% (1990), in Dänemark bei 98% (1982), Deutschland 91% (1983, letzte von Japan vorgelegte Vergleichzahlen aus dem Jahr 1995).

Adams, William (Will): (1564–1620) englischer Seefahrer („Navigator") und Schiffbauer in holländischen Diensten. Erreichte 1600 mit dem Schiff „Liefde" Japan. Trat in den Dienst des ↑*Shōgun* ↑*Tokugawa, Ieyasu* und heiratete eine Japanerin. Adams baute für Ieyasu mehrere hochseetüchtige Boote und organisierte den Handel mit den spanischen Philippinen, später mit Siam und Tongking (Vietnam) auf Rechnung der Britisch-Ostindischen Kompagnie von Hirado (Kyūshū) aus. Ausgestattet mit Rechten und Pflichten eines rangniedrigen ↑*Samurai* mußte Adams regelmäßig nach ↑*Edo* reisen, bei seinen Besuchen wurde er vom ↑*Shōgun* zu langen Gesprächen empfangen. Er gelangte nie nach England zurück, sondern starb 1620 in ↑*Edo;* sein Briefwechsel liegt im Archiv der Britisch-Ostindischen Kompagnie. Adams ist das Vorbild der Hauptfigur in Roman und TV-Spiel „Shogun" (James Clavell).

Adel. Gesellschaftliche und politische Elite, die in der Frühzeit des japanischen Staates ihren gesellschaftlichen und politischen Führungsanspruch auf göttliche Abstammung, Verwandtschaft mit dem Kaiserhaus oder (in frühester Zeit) auf koreanische und chinesische Einwanderer zurückführte. Mit Entstehung des jap. Zentralstaates gab es zwei Adelsgruppen, den Hofadel in Kyōto (↑*kuge*, z.B. die ↑*Fujiwara* in der ↑*Heian-Zeit*) und den Schwertadel (↑*buke*) in den Provinzen (↑*Kamakura*- bis ↑*Edo*-Zeit). Bis 1868 bildeten die ↑*Tokugawa*-Familie und ihre persönlichen Lehnsmänner (↑ *Daimyō*) die höchste Adelsschicht, der Hofadel lebte, politisch bedeutungslos, in Kyōto. Der neuzeitliche Adel (↑ *Kizoku*) wurde 1884 durch das Adelsgesetz bestimmt.

Ära-Devisen. Jap. „nengo". Seit der ↑ *Meiji-Zeit* (1868–1912) wird die jeweilige Ära-Devise eines Tennō kurz nach seiner Thronbesteigung festgelegt; die Bezeichnung wird von einem Komitee aus Wissenschaftlern, Politikern und sonstigen Persönlichkeiten des öffentlichen Lebens ausgearbeitet. Die Ära-Devise ist Grundlage der traditionellen japanischen Jahreszählung/Zeitrechnung. Die Rechnungsformel für die Jahreszählung: Thronbesteigungsjahr plus Differenz zum laufenden Jahr minus eins; das erste Jahr einer neuen Ära wird als „gannen" bezeichnet. Die gegenwärtige Devise ist ↑ *Heisei* (etwa: Den Frieden schaffen!) und zählt seit 1989 (= Thronbesteigung des Tennō ↑ *Akihito*). Das Jahr 1996 wäre demnach „Heisei 8", nämlich 1989 plus acht, minus eins. Nach dem Tode eines Tennō erhält er in der Geschichtsschreibung seine Ära-Devise als posthumen Namen, z. B. ↑ *Hirohito* wurde zu ↑ *Shōwa*-Tennō. Bisherige Ära-Devisen: Meiji (aufgeklärte Regierung, 1868–1912); Taishō („große Gerechtigkeit", 1912–1926); Shōwa („erleuchteter Friede"; 1926–1989; in dieser Epoche führte Japan seine blutigsten Kriege); Heisei („den Frieden schaffen", 1989 –?).

AIDS. A. wurde in Japan erst sehr viel später als in westlichen Staaten als bedrohliches Problem erkannt, allerdings traten A.-Fälle in Japan auch erst verzögert in größerer Zahl auf: 1986 wurden offiziell nur 5 Fälle von Erkrankungen genannt, aber 1993 waren bereits 364 (1992: 493) Fälle nachgewiesen. Mit 274 Erkrankungen lagen bei den Frauen die Ausländerinnen („Hostessen") an der Spitze; 156 japanische Männer waren erkrankt (1992: 144), 52 Ausländer, und 27 Fälle erkrankter Japanerinnen wurden verzeichnet (1992: 17). In 178 Fällen waren die Erkrankungen auf heterosexuelle Kontakte zurückzuführen (1992: 253), in 58 Fällen handelte es sich um Erkrankungen nach homosexuellen Kontakten unter Männern. Die noch vergleichsweise niedrigen Zahlen von AIDS-Fällen werden auch auf die übliche Form der ↑ *Empfängnisverhütung* (Kondome, „Antibaby-Pillen" sind offiziell nicht zugelassen) zurückgeführt. Für 1994 nannten die japanischen Gesundheitsbehörden 764 Fälle von Erkrankungen, davon 450 Bluter, die durch Blutkonserven infiziert worden sind. Seit dem ersten AIDS-Todesfall 1985 starben zwischen 324 und 441 Erkrankte an AIDS. Als HIV-positiv wurden 1994 insgesamt 3839 Personen registriert, doch dürfte die Dunkelziffer weit höher liegen. Im August 1994 tagte der 10. Internationale AIDS-Kongreß in Yokohama, und die japanische Regierung nutzte diese Gelegenheit, um die Aufklärung über AIDS zu verstärken. Noch immer gilt AIDS in Japan als typische „Ausländerkrankheit"; das Poster für den internationalen AIDS-Kongreß in Yokohama (Aug. 94) erinnerte thematisch an die berühmten „schwarzen Schiffe" des

Commodore ↑ *Perry*, traditionell eine Metapher für ausländisches Vordringen in Japan. Der japanische Sex-Tourismus in Südostasien und die Infektionen durch verunreinigte Blutkonserven werden auch in Japan für weiter steigende Zahlen von AIDS-Erkrankungen sorgen. Japanische Krankenhäuser sind nur unzureichend auf die Behandlung von AIDS-Patienten vorbereitet, in vielen Fällen wurde die Behandlung sogar grundsätzlich abgelehnt.

Aikidō. Jap. Kampfsportart, seit 1926 vom jap. Sportverband offiziell anerkannt. Dieser Sport betont stärker als andere Kampfsportarten fast meditative Versenkung, verbunden mit geistiger Disziplin; man nennt A. auch die „Zen-Form des Sports". Hier wird die Technik eines Kampfsports mit strenger Atemtechnik und Meditation verknüpft, Ziel ist das „Aufschließen der Energien des Universums". Die Bewegungen ähneln denen klassischer japanischer Tänze. Die „Kraft" strömt von den Fingerspitzen des Kämpfers aus, der Gegner wird geworfen, wenn sich Geist zu solcher physischen Kraft verdichtet. Anders als die übrigen Kampfsportarten ist A. rein defensiv, es gibt keine offensiven Griffe. Heute praktizieren ca. 600 000 Anhänger A., davon ein Drittel Frauen.

Ainu. Die A. sind eine rassische und sprachliche Minderheit, die auf Hokkaidō (bis 1946 auch auf den Kurilen-Inseln und Sachalin) lebt. Häufige Feldzüge des japanischen Reiches gegen die A. seit dem 8. Jh. und die Besiedlung Hokkaidōs im 19. Jh. hat die A. immer weiter zurückgedrängt; hinzu kamen dann starke Vermischungen mit ethnischen Japanern, so daß es heute kaum noch „reine" Ainu gibt. Der Ursprung der A. ist unklar, jedoch weisen Kulturmerkmale (Schamanismus, Bärenkult) auf Verbindungen mit Völkerschaften in Altrußland (Finno-Ugrier) und nordeurasische Jägerkulturen hin. Alte Fotos zeigen A.-Frauen mit kunstvollen Gesichtstätowierungen, die Männer mit starker Gesichtsbehaarung. Die letzten A., die sich bewußt zu dieser Minderheit bekennen, haben sich organisiert und versuchen, auf Hokkaido einen eigenen Lebensraum gegen die vordringende Tourismus-Industrie zu bewahren. Seit 1994 sitzt ein Vertreter der Ainu-Minderheit im ↑ *Oberhaus*, er wurde von der ↑ *Sozialistischen Partei Japans* aufgestellt.

Akihabara. Stadtteil in Tokyo an der ↑ *Yamanote*-Nahverkehrslinie; hier gibt es die besten „Schnäppchen" bei Audio-, Video- und Computer-Produkten. Konkurrenzlos niedrige Preise mit Rabatten zwischen 10 und 50% gegenüber normalen Ladenpreisen. Spezieller Touristen-Service: Gegen Vorlage des Reisepasses Befreiung von der MwSt. Über 600 Fachgeschäfte. S-Bahn, Station Akihabara; die Ladenzeilen beginnen direkt vor dem Stationsausgang. Die steile Yen-Aufwertung gegenüber der DM hat seit 1985 die Preisvorteile teilweise drastisch schrumpfen lassen, manche Artikel sind inzwischen in Deutschland billiger – sorgfältig Preise vergleichen!

Akihito. Persönlicher Name des jetzigen ↑ *Tennō*, der nach seiner Thronbesteigung die ↑ *Ära-Devise* ↑ *Heisei* gewählt hat. A. wurde am 23. 12. 1933 als ältester Sohn des ↑ *Shōwa*-Tenno geboren. 1952 begann er ein Studium der Politik- und Wirtschaftswissenschaften an der ↑ *Gakushūin-Universität.* Am 10. 11. 1952 wurden die Volljährigkeitszeremonie und die feierliche Investitur als Kronprinz abgehalten. Zum diskreten Entsetzen der erzkonservativen Hofkreise heiratete er am 10. 4. 1959 die Bürgerliche Michiko Shoda, die Tochter eines prominenten Industriellen. Nach dem Tode ↑ *Shōwa*-Tennos (7. 1. 1989) bestieg A. am 12. 11. 1990 als 125. Tennō den Thron. Nach seinem Tode wird A. den posthumen Namen Heisei-Tennō tragen. (↑ *Kaiserhaus,* ↑ *Kaiserin Michiko,* ↑ *Kaiserin-Witwe Nagako,* ↑ *Kronprinz Naruhito*).

Ako Samurai. Die berühmten 47 ↑ *Samurai* des Ako-Clans sind in einem kleinen Tempel *(Sengakuji)* in Tokyo (U-Bahn Tōei Asakusa, Station Sengakuji) beigesetzt. Sie rächten den Tod ihres Herrn, der zu rituellem Selbstmord (↑ *seppuku,* ↑ *Harakiri*) verurteilt worden war. Durch Sticheleien und Beleidigungen eines Feindes provoziert, hatte er im Palast des ↑ *Shōgun* sein Schwert gezogen – ein todeswürdiges Vergehen. Seine Vasallen, die 47 Samurai, stürmten nach sorgfältigen Vorbereitungen das Anwesen des Bösewichts, der den Tod ihres Herrn verursacht hatte, und töteten ihn. Auch sie wurden zu ↑ *seppuku* verurteilt und begingen gemeinsam Selbstmord (1702). Ihr Verhalten wird als mustergültige Vasallentreue, als Beispiel des ↑ *bushidō* noch heute gefeiert. Das Ereignis wurde dramatisch in dem ↑ *Kabuki*-Stück *Kanadehon Chushingura* (kurz: Chushingura) verarbeitet, das Drama ist unverändert populär.

Akutagawa, Ryūnosuke. (1. 3. 1892–24. 7. 1927) Vielleicht der widersprüchlichste Vertreter der japanischen Frühmoderne in der Literatur: Den meisten Kritikern gilt er als literarisches Genie, andere wollen in seinen Werken eher handwerkliche Perfektion sehen. A. beherrschte in der Tat alle Stilformen meisterlich, aber er bevorzugte die kurze Form. Akutagawa war ein typischer Literat der ↑ *Taishō*-Demokratie (1868–1912), der seine japanischen und chinesischen Klassiker beherrschte, zugleich europäische Schriftsteller las (Studium d. engl. Lit.) und mit dem Sozialismus sympathisierte. 1915 wurde er Schüler von Sōseki Natsume; seine erste Erzählung „Die Nase" (1916, dt. 1959) war bereits ein Erfolg. Neben seiner Mitarbeit bei der Tageszeitung „Osaka Mainichi Shimbun" fand er die Zeit zu zahlreichen weiteren Erzählungen und kurzen Romanen. Akutagawa verarbeitete Motive aus alten Textsammlungen, die er zu modernen psychologischen Charakterskizzen umformte („Die Qualen der Hölle", „Rashomon", „Im Dickicht", das die Kernerzählung des Films „Rashomon" von ↑ *Akira Kurosawa* bildet). In dem Roman „Kappa. (Wassergeister)" verspottete A. die Gesellschaft seiner Zeit, die Erzählung

„Der General“ hat deutlich pazifistische Elemente. A. kränkelte häufig und lebte beständig in der Furcht, wahnsinnig zu werden; in späten autobiographischen Fragmenten („Haguruma“/Zahnräder) versuchte er diesen Prozeß nachzuzeichnen. Mit nur 35 Jahren beging er 1927 Selbstmord.

Akutagawa-Preis. Der angesehenste Literaturpreis Japans; wird seit 1935 verliehen.

Alkohol. Gleichberechtigt neben dem traditionellen alkoholischen Getränk ↑ *Sake* („Reiswein“) stehen heute Bier und Whisky, wobei die japanischen Hersteller Nikka und Suntory inzwischen einen Whisky destillieren, der in der Qualität den amerikanischen Bourbons und Whiskys aus Schottland vergleichbar ist. Bier wird größtenteils im Lande gebraut (größte Brauerei: Kirin). Im Norden Japans gibt es auch einen akzeptablen Wein („Tokachi“). Der anteilige Verbrauch an der Gesamtmenge 1994: Bier (65%), Sake (16%), ↑ *shochu* (8%), Rest „sonstige“. ↑ *Sake.*

Altersstruktur. Im internationalen Vergleich sieht die japanische Alterspyramide noch relativ gut aus, nur 13,5% der Bevölkerung sind über 65 Jahre alt (Deutschland 1993: 15%, Frankreich 14,5%, Großbritannien 16%) Aber schon im Jahre 2000 wird der Anteil der Alten (ü. 65) in Japan bei 17% liegen, 2025 bis 25,8%; nur noch 14,5% der Bevölkerung wird dann jünger als 14 Jahre sein. Im Jahre 1995 hatte Japan 125,2 Mio. Einwohner, davon 16,9 Mio. über 65. Die Lebenserwartung lag für japanische Frauen bei 82,5 Jahren, für Männer bei 76,25 Jahren, also noch vor den bislang führenden Isländern! 1992 gab es 822 Männer und 3330 (!) Frauen, die über hundert Jahre alt waren. Die Altersgruppe 0–14 Jahre erreichte 1992 insgesamt 21,364 Mio. (1980: 27,5 Mio.), die Altersgruppe 15–64 Jahre 86,845 Mio. (1980: 78,83 Mio.) (↑ *Rentensystem*).

ama. 1. buddh. Nonnen. Wenn sie voll ordiniert sind, leben sie in speziellen Frauentempeln („amadera“) und unterwerfen sich denselben Lebensregeln wie buddh. Mönche; wie diese haben sie dann auch kahlgeschorene Köpfe.

2. Taucherinnen, früher bes. Perlentaucherinnen; heute tauchen die ama nach ↑ *Abalone* und pflegen Perlmuschel-Kulturen, spez. in den Buchten vor der Ise-Halbinsel (Nationalpark) (↑ *Mikimoto,* ↑ *Zuchtperlen*).

amae. Der Wunsch zugleich nach Geborgenheit und Abhängigkeit. Japanische Psychologen glauben zu erkennen, daß das japanische „Selbst“ sich nur abrundet in der Zuneigung und Unterstützung durch andere. a. drückt auch die Erwartung aus, bei diesen anderen Geduld und Toleranz zu finden; dabei ist der Begriff im Ggs. zu europäischen Empfinden durchaus positiv besetzt und wird als Voraussetzung für Gruppensolidarität und damit eine stabile Gesellschaft gesehen. Die Urform von a. ist die Mutter-Kind-Beziehung, die in der jap. Gesellschaft auf andere Beziehungsgeflechte übertragen wird:

Ehefrau-Ehemann, Professor-Student, Vorgesetzter-Mitarbeiter usw.

amakudari. Wörtl.: „Vom Himmel herabsteigen". Bezeichnet das Überwechseln von Spitzenbürokraten aus Ministerien in die Privatwirtschaft nach der Pensionierung. Besonders gesucht sind MITI- ↑ *Beamte,* sowie ranghohe Ministeriale des Finanz- und Bauministeriums. Häufig als Beweis für die enge Verflechtung von Politik und Wirtschaft zitiert. (↑ *Japan, Inc.,* ↑ *MITI,* ↑ *Ministerialbürokratie*).

Amaterasu. (**Amaterasu-omikami**) Die jap. Sonnengöttin; ihr Enkel Ninigi wurde dem Mythos nach zum Ahnherrn des jap. ↑ *Kaiserhauses.*

Amida, Amithaba, Budda der ↑ *Jōdō-shū*-Richtung des Buddh. (Sekte des „Reinen Landes"), gegr. 1175 durch den Mönch ↑ *Hōnen.* Diese Sekte lehrt die Erlangung des Heils, d.h. Eingang in das Paradies des „Reinen Landes", allein durch die Gnade Amida-Buddhas. In der späteren Richtung ↑ *Jōdō shinshū* (neue J.-Lehre, gegr. 1225) wurde der Gnadenaspekt noch stärker betont: Allein die Rezitation des Namens „Amida" kann zur Erlösung führen, Gebet: „namu Amida-butsu!" (Gelobt sei A. jap. ↑ *nembutsu*). Populär in der ↑ *Edo*-Zeit, aber auch heute noch verbreitetste buddh. Sekte Japans in versch. Unterströmungen. Wichtigster Tempel in Tokyo ist der *Zōzōji* (err. 1590).

Ampo (Anpo). Der Begriff leitet sich von dem japanischen Wort für „Sicherheitsvertrag" und den Kampf dagegen ab, nicht etwa von „Amerika" o.ä. Dieses Ereignis stürmischen Widerstandes gegen die Staatsmacht prägte die Jugendzeit einer ganzen Generation: 1960 ging es um die Verlängerung des Amerikanisch-Japanischen ↑ *Sicherheitsvertrages* (eben „Anpo"); junge Leute aus Studentenorganisationen, Gewerkschaften und Oppositionsparteien lieferten sich in den Straßen Tokyos mit der Bereitschaftspolizei wilde Straßenschlachten. Ihr Widerstand galt einem Vertrag, der Japan de facto in ein Militärbündnis mit den USA brachte. Der damalige Regierungschef Kishi peitschte dennoch den Vertrag durch das Parlament, und die Widerstandsbewegung brach in sich zusammen. Seither ist der „Anpo" romantisch verklärte Jugenderinnerung jener Generation, die heute in Führungspositionen sitzt. ↑ *Studentenbewegung,* ↑ *Sicherheitsvertrag.*

Amulette ↑ *o-mamori.*

ANA. „All Nippon Airways"; früher die innerjapanische Fluglinie (↑ *JAL*), heute auch zweite internationale Luftfahrtgesellschaft Japans. Geriet 1976 in die Schlagzeilen, weil sie bei der Beschaffung von Flugzeugen vom Ministerpräsidenten unter Druck gesetzt worden war, Lockheed-Maschinen zu bestellen. ↑ *Lockheed*-Skandal.

anago. Schmackhafter Meeres-Aal, der mit süßer Soya-Sauce gegrillt wird. A. ist sehr beliebt, gilt aber vielen Feinschmeckern nicht soviel wie ↑ *unagi*-Aal.

andon. Traditionelle jap. Stehlampe, meist aus Lack, mit rundem Papierschirm.

angura. Von engl. „underground"; das jap. Avantgarde-Theater auf Kleinbühnen.

Anti-Atomprinzipien. Die drei sog. „Anti-Atomprinzipien" sind ein Kabinettsbeschluß von 1976: Japan wird danach 1. keine Kernwaffen bauen, 2. keine Atomwaffen einführen und 3. keine solche Waffen lagern. Damit verzichtete Japan darauf, selbst Nuklearwaffen zu entwikkeln oder sie z.B. aus den USA zu erwerben, darüber hinaus wollte Japan auch keine Kernwaffen auf seinem Territorium dulden, selbst wenn es sich um US-Atomwaffen handelte. Die drei Prinzipien sind längt durchlöchert: Zum einen sind die US-Kriegsschiffe, die ihre japanische Stützpunkthäfen (z.B. Yokosuka) anlaufen, natürlich mit Kernwaffen bestückt. Zum anderen verfügt Japan über die Technologie, in kürzester Zeit, ohne lange Testreihen, eigene Kernwaffen bauen zu können. ↑ *Atombombenabwürfe.*

Aoyama. Zusammen mit ↑ *Harajuku* und Shibuya Viertel in Tokyo, die besonders bei Jugendlichen „in" sind (Discos, Boutiquen usw.). In Aoyama aber findet sich auch der erste städtische Friedhof Tokyos, der 1872 eröffnet wurde (Aaoyama Reien). Viele Ausländer wurden in der ↑ *Meiji-Zeit* hier beigesetzt, ihre Grabsteine sind Zeugnisse der neueren Geschichte Japans.

Apato. Kurzform von engl. „apartment (house)". Billige Kleinstwohnungen, oft in Holzbauweise errichtet. Die „apato"-Häuser sind meist zweistöckig und stehen dichtgedrängt auf engstem Raum in den Ballungszentren, häufig in unmittelbarer Bahnhofsnähe. Die einzelnen „apato" sind winzige Wohnungen, die schlecht belüftet werden und wenig Lichteinfall haben; die Sanitärausstattung ist oft primitiv. Eine Wohnform, aus der man sich wegwünscht? Weit gefehlt! Die „apato" bieten preiswerten Wohnraum, der ohne große Formalitäten gemietet werden kann, die Mietzeit beträgt meist zwei Jahre, danach wird verlängert. In den „apato"-Quartieren kann man zugleich intensivste Kommunikation pflegen – und anonym bleiben (manche „apato" werden unter falschem Namen gemietet). Die Bewohner sind Alleinstehende, Studenten, junge Paare, auch die Zukurz-Gekommenen der japanischen Gesellschaft. Gegessen wird in umliegenden Garküchen, gebadet im ↑ *sentō*, dem öffentlichen Bad. Für die meisten Bewohner ist das „apato" eine Übergangswohnform, zumal viele „apato"-Vermieter keine Kinder dulden oder nach Geburt eines Kindes die Miete drastisch erhöhen. Der nächste Schritt für junge Familien ist dann meist der Umzug in ein ↑ *danchi.*

aragoto. Figur im ↑ *Kabuki*-Theater. Der A. verkörpert einen zornigen Helden, der durch expressive Gestik und Sprechweise, besonders aber durch seine rote Schminkmaske Wildheit ausstrahlt. Kostümierung und z. B. die Waffen des a. sind grotesk vergrößert. Wohl berühmteste Szene ist der eindrucksvolle Auftritt des Helden im *Kabuki*-Stück „Shibaraku", wenn er quer durch den Zuschauerraum über die ↑ *hanamichi* auf die Bühne stampft und sein „shibaraku!"(Haltet ein!) ruft.

Arbeitslosigkeit. Scheinbar niedrige A.-Zahlen suggerieren Überlegenheit des japanischen Wirtschaftssystems; aber ein genauer Blick auf die Grundlagen der Statistik ergibt ein etwas anderes Bild. Im Dezember 1994 lag die A.-Rate bei 3,0% (Deutschland: 9,3%); die japanischen Zahlen werden aus einer monatlichen Umfrage (nicht jedoch über die Arbeitsämter) ermittelt. Dieser sog. „Labor Force Survey" (LFS) erfaßt 40000 „repräsentative" Haushalte (ca. 100000 Personen) und verzeichnet nur als „arbeitslos", wer weniger als eine Stunde pro Woche gearbeitet hat; diese Arbeitslosen werden in Bezug zur Gesamtheit der erwerbstätigen Bevölkerung gesetzt und ergeben so die A.-Quote. Die Zahlen der Arbeitsämter dienen dagegen zur Erfassung der Quote offener Stellen, d.h. Verhältnis zwischen gemeldeten freien Stellen und Stellensuchenden. Für Januar 1994 lag diese Quote bei 0,67, d.h. auf 100 Bewerber kamen 67 freie Stellen und signalisierte eine ernste Beschäftigungskrise – auch in Japan. Ein weiterer Unsicherheitsfaktor der jap. A-. Statistik ist der hohe Anteil mithelfender Familienangehöriger z.B. in der ↑ *Klein- und Mittelindustrie* (1991: 21,2%, in Deutschland: 11%). Ein weiterer verfälschender Faktor für die Statistik ist der hohe Frauenanteil an der Erwerbsbevölkerung (1994: 38,8%); die Frauen arbeiten mehrheitlich in Randbeschäftigungen (schneller Abbau bei Krisen) oder in der Teilzeitarbeit (von Statistik durch niedrige Wochenstundenzahlen nicht erfaßt) und fallen deshalb aus der Statistik heraus. Schließlich trägt eine weitere entscheidende Tatsache zur Verfälschung der A.-Statistik bei, die „verdeckte A.", (jap. „kigyōnai shitsugyō" firmeninterne A.) manchmal hierzulande als ↑ *madogiwa-zoku* bezeichnet. Es sind Arbeitnehmer, die für den Arbeitsablauf nicht mehr benötigt werden, aber als Stammbeschäftigte traditionell nicht entlassen werden können; sie werden mit Scheinaufgaben betraut, mit reduziertem Gehalt in „Urlaub" geschickt oder auch in Subkontrakt-Unternehmen versetzt; seit 1993 wird auch verstärkt der „vergoldete vorzeitige Ruhestand" angeboten, d.h. vorzeitiges Ausscheiden gegen Gehaltsprämien und Abfindungszahlungen. Japanische Untersuchungen für 1995 gehen davon aus, daß ca. 2,2 Mio. Arbeitskräfte dem Bereich „verdeckte A." zuzurechnen waren; noch im Januar 1994 gaben in einer Umfrage 46,3% von Unternehmen mit mehr als 30 Mitarbeitern an, sie hätten „zu viele" Arbeitskräfte, das Versicherungsunternehmen „Sumitomo Life" kommt in einer Untersuchung zu dem Ergebnis, daß seit 1992 die Zahl der verdeckt Arbeitslosen von 550000 auf 3 Mio. angestiegen ist. Die Wirtschaftskrise der frühen 90er Jahre wird zwar bald überwunden sein, dennoch rechnen Forschungsinstitute mit weiter ansteigender A., die sich auch statistisch niederschlägt: Das staatliche Wirtschaftsplanungsamt rechnet mit dem Abbau von 800–900000 Stellen bis zum Jahr 2000, private Forschungsinstitute rechnen schon für das Haushaltsjahr 1995 mit 2,7 Mio. Arbeitslosen, d.h. mit einer Rate von 4,1%. ↑ *Arbeitslosenversicherung.*

Arbeitslosenversicherung. Jahrzehntelang war dieser Bereich sozialer Sicherung weder für Arbeitgeber noch für ↑ *Gewerkschaften* ein Thema: Die Gewerkschaften vertraten nur Stammbeschäftigte, die internen Kündigungsschutz genießen, die Teilzeitbeschäftigten, vor allem Frauen, hatten keine Interessenvertretung – und sie wurden zuerst entlassen. Seit den sog. „Ölkrisen“ von 1973 und 1979 hat das Thema größere Aufmerksamkeit bei der Regierung gefunden. 1975 wurde ein Gesetz über A. verabschiedet: Für einen eng begrenzten Zeitraum (max. ein Jahr) wird Arbeitslosenunterstützung gezahlt, der Fonds wird gemeinsam von Unternehmen, Arbeitnehmern und Regierung finanziert. Die Politik aber zielt auf Arbeitsplatzerhaltung: Durch ein integriertes Beschäftigungssicherungsprogramm mit Beihilfen für strukturschwache Industriebereiche und Regionen, Beschäftigungsbeihilfen für Unternehmen, die ältere Arbeitnehmer einstellen; so erhalten z.B. Betriebe, die ältere Arbeitnehmer (ü. 45 J.) aus „Problembranchen“ einstellen, Beihilfen für deren Lohnzahlungen. 1994 zahlte die Regierung solche Beihilfen an ca. 4,7 Mio. Arbeitnehmer in 224 Branchen, die als rezessionsbelastet offiziell anerkannt waren; 1993 waren es nur 1,81 Mio. Beschäftigte in 75 Krisenbranchen. Weite Bereiche der Beschäftigten werden von der A. und Beschäftigungssicherung gar nicht erfaßt, dazu zählen viele ↑ *Teilzeitbeschäftigte,* Arbeiter in Land- und Forstwirtschaft sowie Beschäftigte in ↑ *Klein- und Mittelunternehmen* mit weniger als 5 Mitarbeitern; hier wird von mithelfenden Familienangehörigen ausgegangen, für deren Absicherung die Familie aufzukommen hat („Japanisches Modell der Wohlfahrtsgesellschaft“).

Arbeitsproduktivität. Bei der A. in der verarbeitenden Industrie konnte Japan zwischen 1983 (= Index 100) und 1991 starke Zuwächse erzielen: Japan 137,5, Südkorea 152,0, USA 130,1, Deutschland 109,3. In Kaufkraftparitäten ausgedrückt sieht das Bild 1989 (letzte Untersuchung; Japan = 100) für Deutschland etwas besser aus: Alle Industriebereiche – Deutschland 108, USA 141, Frankreich 120; A. pro Stunde – USA 162, Deutschland 139, Frankreich 146. A. ist hier BIP: Zahl d. Beschäftigten; bei A./pro Std. BIP: Zahl d. Besch. x Arbeitsstunden.

Arbeitstag
Morgengymnastik: Besonders in Betrieben der verarbeitenden Industrie wird auf gemeinsame morgendliche Gymnastik Wert gelegt, zum einen aus gesundheitlichen Gründen, zum anderen aber auch aus der Überlegung heraus, Gemeinsamkeitsgefühl zu stärken:
Morgenbesprechung: Der A. beginnt nach der Gymnastik für die meisten

↑ *sarariman* und gewerbliche Arbeitnehmer mit einer M., die der Abteilungsleiter, Vorarbeiter usw. abhält. Er umreißt die Aufgaben des Tages (der Schicht), weist auf besondere Probleme hin, die gelöst werden müssen und er gibt Informationen an seine Untergebenen weiter, die er selbst auf Abteilungsleiter-Sitzungen bekommen hat. Auf diese Weise wird die gesamte Abteilung in den Informationsfluß einbezogen, der die Grundlage des Entscheidungssystems im Umlauf (↑ *ringisei*) bildet. In vielen ↑ *Sōgo shōsha* entfällt die M., die Mitarbeiter informieren sich statt dessen durch Zeitungslektüre. Die M. in den Vertriebsabteilungen haben eher den Charakter von Selbstverpflichtungsritualen, bei denen man sich gegenseitig zu immer neuen Leistungen antreibt. In Warenhäusern dient der M. auch einem letzten Benimm-Schliff, bevor die Kunden eingelassen werden.

Mittagessen: Viele Industriebetriebe bieten ihren Beschäftigten preiswerte Kantinen-Mahlzeiten an; teilweise gilt das auch für die Angestellten in der Verwaltung, aber die meisten ↑ *sarariman* essen in einem der zahllosen kleinen Restaurants, die sich um große Bürozentren angesiedelt haben. Beliebt sind Nudelshops, wo man im Stehen ißt, oder Restaurants, die Standardmenüs (*teishoku*) anbieten. Manche Angestellten essen ihre mitgebrachten Lunchboxes (↑ *Bentō*, ↑ *Essen*) am Arbeitsplatz. Die ↑ *„OL"* gehen gern aus dem Büro, um mit Kolleginnen ein Schwätzchen zu halten oder auch – wie viele andere – in der Nähe zu joggen; leichte Ballspiele sind ebenfalls beliebt. Insgesamt steht für die Aktivitäten eine Stunde (12.–13.00 h) zur Verfügung.

Der anstrengende Abend: Der Arbeitstag endet selten um 18.00 h: Rund hundert Überstunden pro Monat sind abzuleisten, sie sind nur teilweise vergütet. Aber ein guter Teil des Abends gehört den Kollegen der Abteilung, Arbeitsgruppe usw., wenn keine Überstunden anstehen. Man geht gemeinsam in eine der kleinen Bars oder gemütlichen Restaurants in der Nähe des Büros, plaudert über die Arbeit (natürlich . . .); leicht beschwipst darf man hier seinen Ärger über Kollegen und Vorgesetzte loswerden: Gemeinschaftsgefühl und Team-Geist werden gestärkt, Frust abgebaut. Besonders freitags sind die späten Nahverkehrszüge voll mehr oder weniger angeheiterter und völlig erschöpfter ↑ *sarariman,* die wieder den Gemeinschaftsgeist gestärkt haben . . . Solche Züge durch die Bars sind keineswegs immer freiwillig, es gab schon Fälle, in denen sich Angestellte per Gerichtsbeschluß von der Pflicht zur feuchtfröhlichen Geselligkeit befreien lassen wollten. Aber die meisten Arbeitnehmer Japans schätzen den Abend mit den Kollegen sehr und schieben gern die Rückkehr nach Hause auf.

Arbeitszeit. Die durchschnittliche Jahresarbeitszeit japanischer Arbeitnehmer betrug 1992 1972 Stunden, bis 1996 soll diese Zahl auf 1800 reduziert werden. Die „normale" Arbeitszeit lag 1994 bei 1823 Stunden, hinzu kamen offiziell 149 ↑ *Überstunden.* Im internationalen Vergleich ergab sich 1990 (letzte Vergl.-

Zahl) folgende Jahresarbeitszeit (in Klammern = Überstunden): Japan 2124 (219), USA 1948 (192), Großbritannien 1953 (187), Deutschland 1598 (99). Die Wochenarbeitszeit in der verarbeitenden Industrie zeigt im internationalen Vergleich für Japan zwischen 1983 und 1992 durchaus starke Rückgänge: 1983 = 43 Std./Woche (Japan) gegenüber Deutschland/Großbritannien je 41,5 Std./W., 1992 = Japan 39,9 Std./W., Deutschland 40,2 Std./W. (1991), Großbritannien 43,2 Std./W.

Architektur. Klimatische Bedingungen, geographische Enge, religiöse Traditionen und Wohnformen, die durch gesellschaftliche Normen und ökonomisches Handeln vorgegeben waren, sind die Rahmendaten, die eine einzigartige japanische A. entstehen ließen. Holz war das vorherrschende Baumaterial, die hohe Luftfeuchtigkeit in den meisten Jahreszeiten und sommerliche Hitze erforderten eine gute Belüftung des gesamten Gebäudes, besonders auch des Fundaments. Luftige Räume mit beweglichen Bauelementen, flexible Tragkonstruktionen mit „arbeitenden" Verbindungen, weit vorspringende, schräg abfallende Dächer sowie strenge Funktionsteilungen zwischen Wirtschaftsräumen, Sanitär- und Wohnbereich kennzeichnen noch heute japanische Wohnbauten; wichtige Ausnahme: Wohn- und Schlafbereich sind im traditionellen Haus identisch, ein ↑ *tatami*-Wohnzimmer verwandelt sich abends in einen Schlafraum, wenn die ↑ *futon* ausgerollt werden. Als Baumaterial ist das Holz bei Großbauten durch Beton, Stahl und Glas verdrängt worden, aber auch heute werden kleinere Wohneinheiten noch mit Holz gebaut bzw. die Stahlkonstruktionen erinnern an die Holzkonstruktionen. Die frühe religiöse Architektur begann mit der Grundform von Bauernhäusern, um die „Wohnungen der Götter" zu errichten (z.B. ↑ *Ise-Schrein,* ↑ *Izumo-Schrein*); diese „Pfahlbauweise" wird von manchen Wissenschaftlern Einflüssen aus Südasien zugeschrieben.

Japans architektonische „Urform" wird am besten in der ↑ *Shintō*-Architektur bewahrt: Die schlichten Holzgebäude erheben sich über den Boden, sie sind aus unbehandelten, aber schön gemaserten Holzbalken errichtet, die tragenden Eckpfosten wurden einfach in dem Boden versenkt. Gedeckt sind diese frühen Bauten mit dicken Schilf- oder Rindenschichten, eine Deckung, die sich später auch bei buddhistischen Heiligtümern wiederfindet. Die Tempel des ↑ *Buddhismus* sind in ihrer A. stark von chinesischen Einflüssen geprägt, aber der sanfte Schwung der Dächer und die weit vorgezogenen Dachüberhänge sowie der elegante Kontrast zwischen gerader Linienführung und gerundeten Bauelementen sind rein japanisch. Frühe Beispiele buddh. A. sind das älteste Holzgebäude der Welt, der Hōryūji und der Yakushiji in ↑ *Nara* (7. Jh.). Kultischer und optischer Mittelpunkt buddh. Tempelanlagen ist stets die ↑ *Pagode,* die meist hoch aufragend fast ↑ *erdbebensicher* gebaut ist.

Privathäuser (des Adels) bestanden meist aus einer Gruppe von „Pavillons" um einen Innenhof oder auf einen Garten gerichtet, die durch Korridore verbunden waren. Schon früh waren auch Privathäuser mit beweglichen Wandelementen (Schiebetüren) ausgestattet, die Raumgröße wurde durch die ↑ *Tatami*-Maße vorgegeben. Die Bürgerhäuser der Großstädte in der ↑ *Edo*-Zeit waren meist ↑ *nagaya*-Zeilenbauten. Die winzigen Häuser standen also Wand an Wand (↑ *Feuer*), gedeckt waren sie mit Ziegeln, wie sie auch für religiöse Gebäude verwendet wurden. Wohn-, Schlaf-, Küchen- und Werkstattbereich waren nicht getrennt. Eine Sonderform jap. A. sind die ↑ *Burgen*, deren weitläufige und verwinkelte (Verteidigung) Anlagen von einem meist weiß verputzten hohen „Bergfried" mit geschwungenen Dächern überragt werden. (↑ *Himeji-Burg*).

Das früheste Beispiel westlicher A. in Japan war das „Rokumeikan" in Tokyo (geb. 1883 als staatl. Gästehaus), ein Ziegelbau. Die meisten der frühen westl. Gebäude aus der ↑ *Meiji-Zeit* sind heute in dem Freilichtmuseum „Meiji-mura" (Meiji-Dorf, Inuyama, Präf. Aichi) zusammengetragen. In den dreißiger Jahren wurden jap. Architekten stark von Bauhaus (Bruno Taut) und Le Corbusier beeinflußt, die ihre „japanischen" Eindrücke als Stil sozusagen nach Japan zurückbrachten. Erst nach 1945 stießen Japans Architekten eindrucksvoll an die Weltspitze zeitgenössischer A. vor; Yoshiro Taniguchi, Kenzo Tange, Seiichi Shirai sind heute unumstrittene Meister von internationalem Rang.

arubaito. Auch Japans Studenten brauchen Geld – für schicke Klamotten, Discos und Reisen, also wird emsig gejobbt: Man macht „arubaito" (ja, vom deutschen Wort Arbeit ...) oder einfach „baito" im Slang. Gejobbt wird meist in Coffee Shops, in Tag-und-Nacht-Läden, beim Warenvertrieb usw.

Asahi shimbun. Zweitgrößte jap. Tageszeitung (↑ *Medien*, ↑ *Presse*) Morgenausgabe 8,218 Mio., Abendausgabe 4,609 Mio.; fünf Regionalausgaben.

Asakusa. Bezeichnung eines Stadtteils in Tokyo, der sich um den buddh. Tempel Sensōji seit Beginn der ↑ *Edo*-Zeit entwickelte; der Sensōji ist der buddh. Gottheit ↑ *Kannon* geweiht. In der Nähe lagen das Theater-Viertel und vor allem das lizensierte „Rotlicht-Quartier" ↑ *Yoshiwara*. Für die wohlhabenden Bürger Edos, aber auch für allerlei fahrendes Volk und Schausteller war A. ein unwiderstehlicher Anziehungspunkt. Zahlreiche Gasthäuser, Delikatessen-Läden und Restaurants, aber auch Handwerker-Läden eröffneten im 18. Jh. ebenfalls hier und machten gute Geschäfte. Im Krieg wurde A. fast völlig zerstört, aber auch heute hat das Viertel um den Sensōji wieder einen unverwechselbaren Charme. Der Eingang zum Sensoji ist das ↑ *Kaminari-mon*, das Donner-Tor, mit seinen grimmigen Wächtergottheiten und dem riesigen roten Lampion im Durchgang. Vom Donner-Tor führt eine gerade Gasse bis zum Haupttor des Tempels. Die Atmosphäre um den Sensōji hat vieles vom alten Edo bewahrt.

Asakusa-Schrein. ↑ *Shintō*-Schrein, der drei Männern geweiht ist, die sich um die Errichtung der ↑ *Kannon*-Statue im Sensōji verdient gemacht haben. Gutes Beispiel für den Brauch, auch in einem buddh. Heiligtum einen Shintō-Schrein zu errichten, also eine örtliche Verschmelzung beider Religionen zu erreichen. Alljährlich im Mai findet hier das „Sanja Matsuri" (S.-Fest) statt, das berühmteste Fest in A. An den Umzügen nehmen über hundert ↑ *mikoshi* aus Tokyo teil.

ashizukai. Im ↑ *bunraku*-Puppendrama schwarz vermummte Spieler, die die Füße einer Puppe führen.

Aso. Aso-san; erloschener Vulkan auf der südl. Hauptinsel Kyūshū. In seinem Krater gibt es zahlreiche berühmte ↑ *Onsen* (heiße Quellen).

Atombombenabwürfe. Am 6. August 1945 über Hiroshima, am 9. August über Nagasaki. Die genaue Zahl der Bombenopfer ist unbekannt, geschätzt werden von japanischer Seite insgesamt 152 000 Tote und 150 000 Verletzte. Einige dieser *hibakusha* (etwa „Feuerbomben-Menschen") leben noch heute in abgelegenen Spezialkliniken, aus dem Bewußtsein der Öffentlichkeit verdrängt. 1989 wurden immerhin noch 445 000 Menschen auf Folgeschäden der Atombombenabwürfe hin behandelt. Hiroshima und Nagasaki sind zu Symbolen der Friedensbewegung und des Kampfes gegen Kernwaffen in Japan und weltweit geworden; dabei wird in Japan gelegentlich verdrängt, daß am Anfang dieses Grauens ein brutaler Eroberungskrieg stand, der von Japans Ultranationalisten angezettelt worden war.

Atombombenopfer. Diese „Feuerbombenmenschen" (jap. „hibakusha"), die als Überlebende von Hiroshima und Nagasaki bis heute unter den Spätfolgen der Verstrahlungen leiden, wurden lange in Japan totgeschwiegen. Die Regierung hat zwar eine amtliche Anerkennung der Opfer und ihrer engsten Angehörigen beschlossen, aber bis 1994 keine Entschädigungszahlungen geleistet. Es ist geplant, den Opfern über Staatsanleihen Mittel zukommen zu lassen, aber nach bisherigen Plänen handelt es sich dabei um sehr geringe Beträge (umgerechnet 1581 DM pro Person). Ein Sonderproblem sind die koreanischen Zwangsarbeiter, die zum Zeitpunkt der ↑ *Atombombenabwürfe* in Hiroshima und Nagasaki arbeiteten; auch sie haben bisher keine Wiedergutmachung erhalten.

Atomenergie. Die beiden ↑ *Atombombenabwüfe* mit ihren schrecklichen Verheerungen haben das eher positive Verhältnis der weitaus meisten Japaner zur Kernenergie nie beeinträchtigt, man ist sich sicher, daß auf die Kernenergie nicht verzichtet werden kann. Nur wenige Organisationen treten für einen Ausstieg ein, nachdem 1994 auch die ↑ *Sozialistische Partei Japans* diese Forderung aus dem Programm gestrichen haben. Dabei gelten sämtliche Atomanlagen grundsätzlich als erdbebensicher, und hier sind viele Japaner skeptisch, aber die meisten fügen sich resigniert in die nuklearen Notwendigkeiten. Die erste Ölkrise von 1972/73 hat zu einem gezielten Ausbau der Atomenergie geführt: 1973 wurden 1,5% der Energieversorgung aus Atomkraftwerken gedeckt, 1991 schon 9,8%, im Jahre 2000 sollen es 13,3% sein. Ende 1994 (letzte Zahl) erzeugten 48 Kernkraftwerke rund 24% des elektrischen Stroms in Japan. 1994 lag Japan bei der installierten Kapazität der Nuklearenergie auf Rang drei hinter den USA, und Frankreich – vor Deutschland. Japan verfügte 1994 über 24 Siedewasser-Reaktoren (5 im Bau), 19 Druckwasser-Reaktoren (4 im Bau), 1 gasgekühlten Reaktor; 11 weitere Reaktoren waren im Bau. Japan verfolgt überdies die Technologie-Entwicklung des „Schnellen Brüters" weiter, allerdings mit gestreckten Planungszeiträumen, da die Nachbarstaaten Japans mit Sorge auf die wachsende Menge waffenfähigen Plutoniums blicken, die zwangsläufig entsteht. Es bleibt für Japan auch das Problem der Wiederaufbereitung: Bisher ließ man abgebrannte Brennelemente in La Hague (Frankreich) und in Großbritannien aufbereiten und das entstandene Plutonium mit Spezialschiffen nach Japan zurückbringen; diese Transporte haben heftige Kritik in den Nachbarstaaten Japans ausgelöst. Es werden jedoch weitere Transporte folgen, denn Japan ist vertraglich verpflichtet, bis zum Jahr 2000 sämtliche Abfälle aus der Wiederaufbereitung in La Hague zurückzunehmen. ↑ *Anti-Atomprinzipien.*

Aum-Sekte. Japan ist ein Land der Sekten; nicht nur zahllose große und kleine buddhistische ↑ *Sekten* (besser wohl Schulen d. ↑ *Buddh.*), sondern auch esoterische Zirkel mit wenigen hundert Anhängern sind zu finden. Sie alle verbindet, daß der Staat sie schwer überblicken kann: Jede religiöse Gruppe, die sich als „Religion" registrieren läßt, genießt steuerliche Vorteile und ist weitgehend vor staatlicher Kontrolle geschützt. In diesem Freiraum konnte die totalitäre „Aum shinrikyō", die Sekte der „höchsten Wahrheit Aum" (von tibet. „om") entstehen, deren Heilslehre vor allem auch Intellektuelle anzog. Ihr Gründer Asahara, ein fast blinder Wunderheiler, verkündete den nahen Weltuntergang und seinen Anhängern die Rettung, wenn sie sich ihm bedingungslos anvertrauten. Asahara hatte ca. 10000 Anhänger, die ihm blind gehorchten. Asahara ist Sohn eines ↑ *Tatami*-Machers, er wurde Akupunkteur, handelte mit Wundermedizinen und gründete nach einem Tibet-Aufenthalt die Aum-Sekte, die ihn reich machte. Seine Lehre ist eine seltsame Mischung aus Buddhismus und Hinduismus mit magischen Praktiken (z.B. Fähigkeit zum Fliegen). Gegner verfolgte Asahara mit tödlichem Haß: So ist wohl das mörderische Giftgas-Attentat vom März 1995 zu erklären, das zwölf Menschenleben und mehr als 5000 Verletzte forderte; die Sekte hatte das Giftgas Sarin in U-Bahnhöfen Tokyos deponiert. Die Aum-Sekte verfügte über ein wahrhaft höllisches Arsenal von chemischen und bakteriologischen Giftstoffen, die Asahara offenbar gegen den Rest der Welt einsetzen wollte; selbst nach dem Eingreifen der Polizei – Asahara wurde wegen

Mordes verhaftet – gab es noch Giftanschläge. Die Aum-Sekte hat Anhänger in Rußland (ca. 30000), aber auch ein kleines Büro in Deutschland; selbst wenn sie in Japan endgültig verboten wird, könnte sie im Ausland überleben; aber ohne den Guru wird die „höchste Wahrheit" wohl verschwinden.

Automobil-Industrie
Autos, ausländische: Als eine Folge der ↑ *endaka*-Aufwertungen wurden seit Ende der 80er Jahre ausländische Autos auf dem jap. Markt deutlich billiger für einheimische Käufer. Besonders europ. Hersteller verstärken den Preiskampf noch, um Marktanteile zu erobern. Deutsche Marken liegen gut im Geschäft: 1994 wurden 100000 Einheiten nach Japan exportiert, ein Plus von 25% gegenüber 1993; im Jahre 1992 hatten deutsche Autos einen Anteil von 58% an allen ausländischen Kfz. Spitzenreiter sind Mercedes (ü. 30000 Einheiten, 1994) VW (26000) und BMW (25000) Gut verkaufen sich auch japanische Autos „Made in USA" (z.B. 1994 insgesamt 50000 Honda („Aecord" aus den USA).

Awashimado. Kleine buddh. Tempelhalle, westl. des Hauptgebäudes des Sensōji (↑ *Asakusa*). Das Tempelchen ist der Schutzgottheit aller Frauen geweiht (Awashima Myōjin). Einmal im Jahr (8. Febr.) bringen hierher Frauen ihre alten, zerbrochenen, abgenutzten Nadeln. (↑ *Feste in Tokyo,* „hari kuyō", d.h. Trauerfeier für (Näh-) Nadeln).

awabi ↑ *Abalone.*

Awa-odori. Lebhafter, festlicher Umzug und Straßentanz; Zentrum ist die Präfektur Tokushima (Shikoku). Typisch sind die runden, in der Mitte gratförmig gefalteten und nach vorn gezogenen Strohhüte der Tänzerinnen.

Ayatori. Kinderspiel. Auch hierzulande noch bekanntes Fadenspiel, bei dem mit Hilfe eines verknüpften Bindfadens über die zwei Hände versch. Figuren gespannt werden; auch Spiel zu zweit möglich („abnehmen", „weben" usw.).

Azabu, Azabu jūban. Ruhiger Stadtteil Tokyos, in der Nähe des lebhafteleganten Roppongi. Gutes Wohnviertel, viele Botschaften. Traditionelle Einkaufsstraßen, manche hier schon seit der ↑ *Edo*-Zeit.

azuki-Bohnen. Rote Bohnen; aus A.-Paste werden verschiedene Arten von typisch jap. Süßigkeiten hergestellt. Meist zum grünen Tee gereicht.

B

Bad, öffentliches (↑ *sentō, o-sentō*). Eine faszinierende Tradition in den japanischen Städten beginnt zu verschwinden. Das öffentliche Bad in der Nachbarschaft. Hinter einem ↑ *noren*-Vorhang – oft mit dem Zeichen für „heißes Wasser", kenntlich auch an einem hohen Schornstein mit einer stilisierten Schale und drei „Dampfsäulen" – verbirgt sich das Bad, wo nach Geschlechtern getrennt der tägliche Badegenuß stattfindet.

Man wäscht sich unter einem niedrigen Wasserhahn, dabei sitzt man auf einem Plastikhocker und spült mit einer Schale (manchmal auch Holzzuber) den Seifenschaum ab. Dann steigt man nackt in das brühend heiße Wasser, anschließend in ein kaltes Bad oder geht in den Dampfraum. Alle Badbenutzer steigen in dasselbe Wasser, deshalb ist peinliche Sauberkeit unerläßlich. Das Verfahren „erst reinigen – dann baden" gilt auch in den zahlreichen Badeorten mit heißen Quellen (↑ *Onsen*); der eigentliche Wasch- und Baderaum wird nur mit Handtuch, Seife und Spülschüssel (gibt es auch im Bad) betreten, die Kleidung wurde vorher eingeschlossen. Ausländische Besucher, die sich das Badevergnügungen probeweise gönnen, können manchmal feststellen, daß japanische Gäste plötzlich weit entfernte Waschgelegenheiten vorziehen, die Reinigungsfrauen aber plötzlich auffällig oft im „Baderaum mit Ausländern" saubermachen ... was übrigens nur in der Häufigkeit ungewöhnlich ist.

Fast alle Wohnungen haben heute Bäder, und die Existenz der öffentlichen Bäder ist dadurch bedroht; sie versuchen mit „Badelandschaften" und Fitness-Programmen gegenzusteuern, die Überlebenschancen steigen wieder. Nostalgisch klingt noch heute manchmal das melodische Klappern der hölzernen ↑ *geta*-Sandalen durch schmale Straßen, wenn sich die Besucher abends auf den Weg ins nächste Bad machen.

bakemono. Übernatürliche Wesen, die aber im Gegensatz zu ↑ *yūrei* (↑ *Geister, Gespenster*) für Menschen nicht unmittelbar gefährlich sind. Oft sind es Tiere, die zu manchmal allerdings recht groben Streichen aufgelegt sind, z.B. Dachse (Tanuki). ↑ *Fabelwesen.*

bakufu. Wörtl. „Zeltregierung", allgemein die Bezeichnung für die Militärregenten und ihre Herrschaftsapparate. Gebräuchlich seit den ↑ *Minamoto,* in engerem Sinne aber Bezeichnung für die ↑ *Tokugawa*-Herrschaft.

Banken. Im Gegensatz zu deutschen Banken sind japanische Banken noch mehrheitlich vom Trennbanken-System geprägt, d.h. im Gegensatz zum Universalbanken-System sind sie (City-Banken, Genossenschaftsbanken, Treuhandbanken, Wertpapierhäuser) auf einzelne Bereiche (z.B. Großkundengeschäft, Privatkunden- und Spardienstleistungen, Wertpapiergeschäfte usw.) spezialisiert. Man unterscheidet vor allem Geschäftsbanken (City-Banken f. Unternehmen, insges. 12), Regionalbanken (132), Genossenschaftsbanken, Treuhandbanken (7, sie verwalten vor allem Pensionsfonds jap. Großunternehmen), Long-Term Credit Banks (3, spez. auf langfristige Kreditvergabe), Wertpapierhäuser (210); auch Lebensversicherungsgesellschaften (25) und Sachversicherungen (24) zählen zu den Finanzinstitutionen. An der Spitze der „Banken-Hierarchie" steht die Bank of Japan (Noten- und Zentralbank), die zusammen mit dem Finanzministerium den Geldmarkt und die Kreditpolitik der Banken streng steuert. Die „Sparkasse des kleinen Mannes" ist noch immer die

Postbank – sehr zum Ärger der privaten Banken (Einlagen d. Postbank: 155 Trillionen Yen!). Ausländische Banken haben es trotz einiger Liberalisierungsmaßnahmen des Finanzministeriums noch sehr schwer auf den japanischen Finanzmärkten.

Die japanischen Banken sind wahre Giganten: Von 20 führenden Geldinstituten der Welt sind 13 japanische Banken, bis 1995 an der Spitze die „Dai-ichi Kangyō Bank" (DKB) mit Einlagen von umgerechnet 375,632 Milliarden $, die folgenden fünf japanischen Banken in der Liste haben jeweils ebenfalls über 300 Milliarden $ Einlagen. Nach dem Zusammenschluß von „Bank of Tokyo" mit der „Mitsubishi Bank" zur „Mitsubishi Tokyo Bank" (1995) ist die größte Bank der Welt entstanden. Mit umgerechnet 701 Mrd. $ Einlagen ist sie mehr als doppelt so groß wie die größte europäische Bank, die „Crédit Lyonnais" (338 Mrd. $). Unter den zehn größten Banken der Welt stehen japanische Kreditinstitute auf den ersten acht Plätzen, erst auf Rang neun ist „Crédit Lyonnais". Die meisten Banken gehören zu Unternehmensverbundgruppen und sind durch Beteiligungen mit den Mitgliedsunternehmen verflochten.

Zu Beginn der neunziger Jahre machten die japanischen Banken eine schwere Krise durch: Während der sog. ↑ *"Bubble economy"* der achtziger Jahre haben sie Riesenkredite gegen Immobiliensicherheiten ausgeliehen; nach dem Platzen der „Blase" waren diese Sicherheiten wertlos, so daß alle japanischen Großbanken Riesensummen an „faulen Krediten" verkraften müssen. ↑ *Sparraten.*

Für den Reisenden: Geldwechseln ist nicht bei jeder Bankfiliale möglich, achten Sie auf den Hinweis „Foreign Exchange Bank". ↑ *Geldwechsel.*

banzai! Die japanische Form des „Hurra!". Wörtl. eigentlich „zehntausend Jahre", also auch „lang lebe ...". Mit „banzai" wird besonders der Tennō geehrt; aber auch z.B. Politiker nach einer erfolgreichen Wahl reißen dreimal die Arme hoch und rufen dreimal „banzai!"

Baseball. Ein „ur-amerikanisches Ballspiel"? Weit gefehlt: Es ist *der* Sport in Japan! Baseball (jap.: „besuboru") gelangte um 1870 durch einen amerikanischen Professor nach Japan; er begeisterte seine Studenten für diesen Sport. 1896 wurde B. zum wahren Nationalsport, als eine Hochschulmannschaft aus Tokyo im ersten B.-Länderspiel gegen die USA überhaupt das Mutterland des B. mit 29 : 4 besiegte. Schon früh von Zeitungsverlagen als werbewirksame Sportart entdeckt und als „Profi-Sport" gefördert, eine der ersten – noch bestehenden – Profi-Mannschaften waren die „Yomiuri Giants" (Mannsch. d. Zeitung „Yomiuri shimbun", ↑ *Tageszeitungen*). Im jap. B. gibt es heute zwei professionelle Ligen, die „Zentral-Liga" und die „Pazifik-Liga" mit je sechs Mannschaften. Die Mannschaften jeder Liga absolvieren 130 Spiele, dann werden zwischen den Ligen die nationalen Meisterschaften ausgespielt. Ein sportliches Riesenereignis ist die alljährliche Highschool-Meisterschaft, die seit 1916 in Osaka ausgetragen wird. B. ist mit Abstand die populärste Sportart in Japan, deutlich vor ↑ *Sumo* und ↑ *Fußball.*

Bashō, Matsuo Bashō, (1644–94) der bedeutendste und hierzulande vielleicht bekannteste ↑ *haikai-* (↑ *"haiku-"*) Dichter Japans. B. widmete sein ganzes Leben der Dichtkunst; er entwickelte unter taoistischem und ↑ *Zen-buddh.* Einfluß das klassische „haikai". Subtiles Naturerleben, aber auch Eindrücke aus der Alltagswelt – gesammelt auf vielen Wanderungen durch Japan (Reisetagebücher) – wurden in schlichte Sprache, aber eindringliche und strenge Formen gegossen. Ein klassisches Beispiel (5-7-5 Silben, hier auch in der deutschen Ü. versucht):

Kumo nomine	Die Wolkengipfel
ikutsu kuzurete	sind zu Fetzen zerfallen –
tsuki no yama	Berg im Mondeslicht

(↑ *haikai/haiku,* ↑ *renku,* ↑ *Renga,* ↑ *Tanka,* ↑ *Toyotomi, Hideyoshi*).

Bauern ↑ *Landwirtschaft.*

Beamte gibt es in deutschem Sinne in Japan nicht. Die Beschäftigten des öffentlichen Dienstes in der zentralen Staatsverwaltung, in den ↑ *Präfekturen* und in den Gemeinden haben jedoch vergleichbare Rechte und Pflichten, auch sie dürfen z.B. nicht streiken.

Beerdigungen gibt es in Japan praktisch nicht: Eine Erdbestattung wäre angesichts der Bodenknappheit ein zu großer Luxus. Außerdem herrscht bei ↑ *Trauerfeiern* der buddh. Ritus vor, der nur Feuerbestattung kennt.

Begrüßung „Guten Tag": Konnichiwa (sprich: konnitschi-wa); „guten Abend": Konban-wa; „guten Morgen": ↑ *ohaiyō gozaimas'.*

bentō. Lunchbox m. kaltem Reis, Gemüse, Fisch, wenig Fleisch. Ersetzt in Japan häufig das „Butterbrot", das man mit zur Arbeit nimmt. ↑ *eki-bentō.*

Beschäftigungssystem. Das jap. B. unterscheidet zwischen Stammbeschäftigten (ca. 30% aller Beschäftigten, nach Universitätsabschluß angeworben) mit lebenslanger Beschäftigungsgarantie und Randbeschäftigten (70%, vom Arbeitsmarkt oder nur mit Oberschulausbildung), die häufig den Arbeitsplatz wechseln.

Bevölkerung. Alle fünf Jahre wird in Japan ein Großzensus durchgeführt; nach den letzten Erhebungen 1992 lag die Zahl der Gesamtbevölkerung bei 124452 Mio., davon 61,092 Mio. Männer und 63,356 Mio. Frauen. Im internationalen Vergleich der Bevölkerungszahlen lag Japan auf Rang sieben.

Bevölkerungsdichte. Die durchschnittliche B. in Japan beträgt 333 Personen/qkm; unter den Ländern mit mehr als 10 Mio. Einwohnern liegt Japan nach UN-Statistiken damit hinter Bangladesh, Südkorea und den Niederlanden auf Rang vier.

Bevölkerungsverteilung. In den drei Metropolregionen Tokyo, Yokohama, Osaka leben zusammen 43% der japanischen Gesamtbevölkerung. Allein in Tokyo und Osaka ballen sich 11,85 bzw. 8,73 Millionen Menschen zusammen. Tokyo-Stadt (im Ggs. zur ↑ *Präfektur* Tokyo) hat in 23 Stadtteilen 8,16 Mio. Einwohner, gefolgt von Yokohama mit 3,22 Mio., Osaka-Stadt mit 2,62 Mio. und Nagoya mit 2,15 Mio. Einwohnern Tokyo hat die höchste ↑ *Bevölkerungsdichte* mit 5430 E./qkm, Osaka liegt bei 4640 E./qkm.

Bier. Neben ↑ *Sake* und Whisky das populärste Getränk, sowohl gezapft, als auch in Flaschen (0,7 l). Die größte Brauerei ist „Kirin", gefolgt von „Asahi", „Sapporo" (Hokkaido-Spezialität) und „Suntory". Im Sommer sind die Biergärten auf den Dächern großer ↑ *Warenhäuser* äußerst beliebt.

Biwa jap. Laute ↑ *Musikinstrumente, klassische.*

Biwa-See. Jap. „Biwa-ko". Mit einer Fläche von 670,5 qkm der größte See Japans. Lage: O-NO von ↑ *Kyōto.* Für Dichtung und Literatur ein poetisches Schlüsselwort, das nebelverhangene Wasserflächen, entfernte Segel im Dunst, raschelndes Schilf usw. als Assoziationen auslöst. Heute ist der See in weiten Teilen eutrophiert („umgekippt") und mit industriellen Schadstoffen belastet; an seiner Regenerierung wird jedoch gearbeitet.

Blockdrucke. Früheste und verbreitetste Form der jap. ↑ *Grafik.* Texte und Bilder werden in Holzplatten geschnitten und von diesen im Hochdruck durch Abreibeverfahren abgezogen (also kein Druck im westl. Sinne). Die Vorlagen werden auf dünnes Reispapier gemalt, seitenverkehrt auf die Holzplatte geklebt und dann den Linien entlang ausgeschnitten (Schwarzdrucke); bei den ↑ *Farbholzschnitten* ist dieser Druck der Abschluß, zuvor wurden die Farben mit paßgenauen Farbplatten angedruckt. Der Druck erfolgte durch Reiben mit einem Reiber, der mit Schale von Bambusschößlingen bezogen ist.

Blumenstecken ↑ *chabana,* ↑ *chanoyu,* ↑ *Ikebana,* ↑ *kenzan,* ↑ *moribana,* ↑ *sadō,* ↑ *Senno-Rikyū,* ↑ *Teezeremonie.*

Bogen. Als Waffe o. später als Sportgerät in Japan schon aus vor- und frühgeschichtlicher Zeit belegt. B. wurden früher aus Holz oder Bambus hergestellt; der klassische Sport-B. (↑ *Kyūdo*) ist aus Holz und entspricht im wesentlichen auch dem ursprünglichen Kampf-B.: Leicht geschwungen, häufig doppelt, der Spannpunkt liegt im unteren Drittel.

Bohnenfest. Jap. „setsubun" am 3. Februar. Familienmitglieder und/oder Freunde gehen durch das Haus und verstreuen geröstete Bohnen, die Krankheit und Unglück vertreiben sollen; dabei tragen die Kinder manchmal Dämonenmasken, um böse Geister zu erschrecken. „Setsubun" ist auch eine gute PR-Gelegenheit: ↑ *Sumo*-Ringer oder andere berühmte Persönlichkeiten werden eingeladen, die Zeremonie an ↑ *Schreinen* oder öffentlichen Gebäuden auszuführen.

bōnenkai. Wörtl. „Jahres-Vergessensfeier". Ausgelassene Feier am Ende eines Jahres, meist im Kreis der Kollegen oder Studienfreunde; es wird viel gegessen – und noch mehr gezecht; manche Schranke zwischen Vorgesetzten und Untergebenen fällt oder wird eingerissen ... ↑ *shinnenkai.*

Bonsai. Die Kunst, Zwergbäume zu züchten, die in Form, Belaubung, Rindenstruktur usw. vollständig ihren großen Vorbildern gleichen, wurde wahrscheinlich schon in der ↑ *Heian*-Zeit entwickelt. Erste Höhepunkte erreichte die B.-Kunst im 12. und 14. Jh. parallel zur Ausformung der Landschaftsgärten. In der ↑ *Tokugawa*-Zeit wurde die Zucht und Pflege von B. ein bürgerliches Vergnügen, und seither haben die B. Scharen begeisterter Anhänger, auch im Ausland. Nadel- und Laubbäume, vor allem Kiefern, werden in Töpfen und Schalen durch Beschneiden zu Zwergwuchs gezüchtet: Kiefern erhalten dabei bizarre Formen. Die B. können viele Jahre alt werden, vertragen aber Wohnungsklima nur unter Schwierigkeiten; in Japan stehen die B. häufig auf Regalen vor den Häusern.

Bonze. Ein „Bonze" (jap. „bozu") ist – im Gegensatz zum westlichen Verständnis dieser Bezeichnungen – in Japan der Abt eines buddh. Klosters, verantwortlich für die materielle Versorgung wie auch für die „geistige Speisung" der Klosterbrüder.

bon, o-bon. Buddhistisches „Allerseelenfest", ursprünglich (alter Kalender) am 15. Juli, heute am 15. August (auch 13., 14.). Die meisten Japaner versuchen an diesen Tagen die Gräber ihrer Ahnen zu besuchen. Gemeint ist dabei immer die Grabanlage der Vorfahren des männlichen Familienoberhauptes in dessen Heimatort. Man besucht das Grab (beigesetzt wird die Asche), begießt den Grabstein mit Wasser, stellt Schnittblumen vor den Stein und brennt Weihrauch ab. In manchen Gegenden werden Lichter in Papierschiffchen aufs Meer hinausgeschickt oder die Flüsse hinabgesandt. Abends versammelt sich die ganze Familie zu einem fröhlichen Familienfest. O-bon ist stets eine Hauptreisezeit, alle Verkehrsmittel sind überfüllt.

Bonus. Japanisch „boonas" ausgesprochen, ist Musik in den Ohren aller ↑ *sarariman:* Zweimal, manchmal auch dreimal im Jahr schüttet jedes japanische Unternehmen (auch die Ministerien) Bonus-Zahlungen aus, die sich nach a) Dienstalter und Position der Beschäftigten und b) nach der Ertragslage des Unternehmens richten. Die Boni sind fester Bestandteil der Jahresvergütung, variieren aber stark, so daß dadurch z.B. ein Vergleich der monatlichen Vergütungen japanischer Arbeitnehmer mit denen deutscher Arbeitnehmer unmöglich ist. Ein Vergleich der Jahresvergütungen ist zwar eher möglich, aber die Boni sind z.B. dabei nicht mit den Regelungen über Urlaubsgelder oder 13. Monatsgehälter zu vergleichen. Jeder ↑ *sarariman* freut sich über seine Bonus-Zahlungen, aber seltsam: Der Kollege nebenan scheint immer mehr zu bekommen . . . ↑ *Lohnsystem.*

bōsatsu. Indisch: Bodhisattva. Menschen, die die Erleuchtung (↑ *Satori,* Buddhaschaft) erfahren haben, aber noch nicht ins ↑ *Nirvana* eingegangen sind oder darauf verzichtet haben, um lehrend und helfend unter den Menschen zu wirken. Im Volksglauben spielen vor allem ↑ *Kannon*-bosatsu und ↑ *Jizō*-bosatsu eine zentrale Rolle.

Brettspiele ↑ *go,* ↑ *Shōgi.*

Briefkästen sind in Japan rot und tragen das weiße Postsymbol: zwei waagerechte Linien mit einer kleinen senkrechten Linie nach unten; in Tokyo häufig zwei Einwurfschlitze für Stadtbereich (meist links) bzw. übriges Japan/Ausland.

„Bubble economy“. Bezeichnet die Phase eines künstlichen Wirtschaftsbooms in den achtziger Jahren, als Japans Banken ohne Zögern Riesenkredite gegen Sicherheiten aus weit überbewertetem Immobilienbesitz ausreichten. Diese Immobilien verloren ab 1985 in kürzester Zeit ihren Wert als Sicherheiten, so daß die japanischen Banken zu Beginn der 90er Jahre mit ungeheuren Summen „fauler Kredite“ (engl. „non-performing loans“) sitzenblieben. Die gut „gepolsterten“ japanischen ↑ *Banken* konnten diese Belastungen zwar mit Anstrengung verkraften, aber zahlreiche Industrie- und Handels-Unternehmen mußten wegen hoher Verschuldung Konkurs anmelden, selbst „erste Industrieadressen“ verzeichneten schwere Umsatz- und Gewinneinbußen.

buchō. Abteilungsdirektor; zusammen mit dem ↑ *kachō* die „Seele“ jedes Unternehmens in Japan. ↑ *Management,* mittleres.

Buddha. Jap. „butsu/butsuda“ (↑ *Daibutsu,* „großer Buddha“). Der historische B., auf den alle buddhistischen ↑ *Sekten* ihre Lehren zurückführen, war der indische Prinz Siddharta (Gautama; ca. 560–480 v. Chr.). Er stiftete den ↑ *Buddhismus* nach den sog. „Grenzerlebnissen“ von Leid in der Welt (in Form von Krankheit, Alter und Tod), denen er auf vier Ausfahrten begegnete. Er gab alle Reichtümer auf und zog lehrend durch Indien; gegen Ende seines Lebens erlangte er die Erleuchtung unter dem Bodhi-Baum. Nach indischer Sitte wurde er eingeäschert, zurück blieben Asche und Knochen und Zähne, Reliquien, die später verehrt wurden. Die Beisetzungsmonumente dieser Reliquien (dazu zählten auch u.U. buddh. Lehrtexte) waren die Stupa, aus denen sich in Japan die ↑ *Pagoden* entwickelten. Es gibt nach buddh. Lehre nicht nur den einzigen historischen B., sondern zahllose Bs. Siddharta ging nach seinem Tod ins ↑ *Nirvana* ein („Erlöschen“, d.h. völliger Austritt aus dem Wiedergeburtszyklus), deswegen kann er auch im eigentlichen Sinne nicht als „Gott“ angebetet werden. B. hatte schon vor seinem Tod vor der unvermeidlichen Zerrüttung seiner Lehre gewarnt und den B. der zukünftigen Zeitalter (nach „5000 Jahren“) angekündigt, der als

Maitreya-B. die Lehre erneuern würde; er wird in Japan besonders verehrt. Die Sehnsucht nach einem überirdischen Wesen, das unmittelbar heilend und rettend in das Schicksal der Menschen eingreift, hat zahlreiche buddh. Gottheiten oder Bs. in anderer Erscheinungsform entstehen lassen, in Japan z.B. Yakushi, den „Herrn des östlichen Paradieses" oder ↑ *Amida,* den „Herrn des reinen Landes", den Erlöser der gegenwärtigen Endzeit. Jeder Mensch trägt die Buddha-Natur in sich und kann die Erleuchtung (jap. ↑ *Satori*) erlangen. ↑ *Kannon,* ↑ *Amida,* ↑ *Jōdō-shū,* ↑ *Jōdō-shinshū.*

Buddhismus. Im Jahre 552 sandte der König des koreanischen Reiches Paekche eine Buddha-Statue und buddh. Schriften nach Japan, damit begann die buddh. Missionierung in Japan. Nach heftigen Kämpfen zwischen verschiedenen Adelsgeschlechtern fand die neue Religion erst unter den Herrschaftseliten, später auch im Volk zahlreiche Anhänger. Mit Gründung der ersten festen Hauptstadt ↑ *Nara* (710) wurde der B. zur Religion der entstehenden Zentralmacht. Die Verschmelzung von B. mit der einheimischen Religion des ↑ *Shintō* und die Entstehung eines buddh. Mönchtums mit machtbewußter Priesterschaft machte den B. auch zu einer politischen Kraft. In der ↑ *Heian-Zeit* erreichte der B. mit der ↑ *Jōdō-*, ↑ *Tendai-* und der ↑ *Shingon*-Schule eine weitere Blüte, Kaiser, Hofadel und niederes Volk bekannten sich gleichermaßen zum B. Sittenverfall in der Priesterschaft und politische Unruhen lösten im Mittelalter buddh. Erweckungsbewegungen aus: Getragen vom Schwertadel verbreitete sich der ↑ *Amida*-B., der die Erlösung allein durch Anrufung Amidas lehrte. Daneben gewann der ↑ *Nichiren*-B. an Bedeutung; der Mönch Nichiren stützte sich auf das ↑ *Lotus*-Sutra als allein seligmachende Schrift. Schließlich gewann auch der ↑ *Zen*-B. zahlreiche Anhänger besonders unter den ↑ *Samurai.* In einer weiteren Niedergangsphase wurden die mächtigen buddh. Klöster selbst wiederum zu politischen Machtzentren mit eigenen Heeren, die aktiv in die Bürgerkriege des 16. Jh. eingriffen, ihre Macht konnte erst nach blutigen Feldzügen gebrochen werden. Nach Einigung des Reiches unter den ↑ *Tokugawa* im 17. Jh. wurde der B. zu einem Instrument der Verwaltung: Alle Familien mußten sich in „ihrem" Tempel registrieren lassen. Im 19. Jh. wurde der ↑ *Shintō* zur „offiziellen" und Staatsideologie, so daß der B. in Existenznöte geriet. Dennoch machte eine philosophisch geschulte Priesterschaft den B. im 20. Jh. wieder zu einer geistigen Kraft, die im modernen Japan einen unverzichtbaren Teil der japanischen Philosophie bildet. Neue Impulse erhielt der B. auch aus der Entstehung und Herausforderung durch die sog. ↑ *„neuen Religionen".*

budō. Kampf„künste"; zusammenfassende Bezeichnung von z.B. ↑ *Judō,* ↑ *Aikidō,* ↑ *Karate,* ↑ *Kendō* (Schwertkampf).

Bücher. Die ersten Bücher sind aus dem 8. Jh. erhalten; teils sind es

Blockbücher mit Fadenheftung (auf dem Block, nicht am Rücken!) teils Schriftrollen (die lange übliche Form der B.). Die ↑ *emakimono*-Schriftrollen zwischen dem 11. und dem 14. Jh. waren die Form, in der Literaturwerke verbreitet wurden; auch Tempelchroniken, Eigentumsverzeichnisse und Geschichtswerke wurden auf diese Weise handschriftlich festgehalten. Gedruckte Bücher (↑ *Sutras*) im ↑ *Blockdruck* gab es schon seit dem 11. Jh., die großen ↑ *Tempel* verlegten diese Drucke. Es folgten zahlreiche Drucke anderer buddh. Schriften, konfuzianischer Lehrtexte, seit dem 15. Jh. auch Gedichtsammlungen und später Kriegererzählungen. Seit dem 16. und 17. Jh. wurden Bücher auch mit beweglichen Lettern gedruckt, die Technik hatte man aus Korea übernommen; auf Anordnung verschiedener ↑ *Tennō* wurden so chinesische Gedichte und chines. Historiographien gedruckt. Seit dem 17. und 18. Jh. war das jap. Druck- und Verlagswesen voll ausgebildet; es erschienen Bücher zu allen denkbaren Themen und fanden reißenden Absatz. Doch populär wurden Bücher in der ↑ *Edo*-Zeit, als mit dem ↑ *Blockdruck* Romane, Reisebeschreibungen, Theaterprogramme usw. massenhaft Verbreitung fanden. Heutige Zahlen: 1994 wurden 48 824 Titel mit zusammen 361 140 000 Exemplaren verlegt.

buke. Familien des Schwertadels. ↑ *Adel*, ↑ *kuge*.

bunraku. Puppenspiel. Ein Meister und zwei Gehilfen führen je eine ca. 1,20 m hohe Handpuppe. Die Spieler laufen auf hohen ↑ *geta*; der Meister führt den rechten Arm und das Gesicht, die Gehilfen die Gliedmaßen. Berühmte Dramatiker wie ↑ *Chikamatsu, Monzaemon* haben speziell für das Puppentheater geschrieben. Bes. in Osaka. ↑ *Theater*, ↑ *Chikamatsu, Monzaemon*.

Buraku. Wohnviertel diskriminierter Minderheit der ↑ *Burakumin*. In besonderen Verzeichnissen werden diese Viertel lokalisiert, sie kursieren in großen Unternehmen und zwischen besonderen Detektivbüros. Wer aus einem solchen Viertel stammt, hat noch heute kaum Aufstiegschancen; Ehen scheitern häufig an der „buraku"-Herkunft eines Partners.

Burakumin. Angehörige einer stark diskriminierten Minderheit, die früher in besonderen Vierteln lebte (↑ *buraku*). Die Vorfahren der B. gingen im buddh. Sinne „unreinen" Tätigkeiten nach, z.B. Schlächter, Abdecker oder waren in der Lederverarbeitung tätig, noch heute arbeiten viele als Schuh-Hersteller.

Burgen. Mächtige Festungen, die meist im 16. und 17. Jh. errichtet wurden. Der Zugang zu den weiträumigen Anlagen führt durch bewehrte Tore auf winklige Gänge, die gut verteidigt werden konnten. Zentrum der Anlage und letzter Zufluchtsort der Burgbesatzung war der Bergfried, eine mehrgeschossige Anlage, die die übrigen Burggebäude überragte. Besonders ↑ *Tokugawa, Ieyasu* war darauf bedacht, seine

Macht durch Burganlagen zu sichern, in die er Lehensleute schickte, die ihm treu ergeben waren. Nach 1628 durften keine neuen Burgen mehr gebaut werden. Aber die Bedeutung der Burgen war ohnehin geschwunden, denn sie konnten zwar Belagerern mit Handfeuerwaffen standhalten, nicht aber der modernen Artillerie. ↑ *Himeji-B.*

bushi. Andere Bezeichnung für ↑ *Samurai,* „Ritter" wäre eine fast adäquate Übersetzung. ↑ *Buke* sind die Familien der Bushi. ↑ *Samurai.*

bushidō Ethik des Kriegeradels zwischen 1192 und 1867 (Abschaffung der ↑ *Samurai*-Klasse). Grundwerte des Samurai waren Treue gegenüber dem (Lehens)herrn, Waffentüchtigkeit, Selbstzucht und Todesverachtung. Der ideale geistig-religiöse Ausdruck des b. fand sich im ↑ *Zen-Buddhismus,* wenn auch viele ↑ *konfuzianische* Elemente im b. zu finden sind (Gehorsam, Verpflichtung u. ä.).

Business Hotels. Vergleichsweise preiswerte Hotels in größeren Städten, speziell für Geschäftsreisende; meist nur Einzelzimmer. Einfache Ausstattung, bei vielen B. H. ist das Frühstück nicht im Preis eingeschlossen. Die B. H. liegen meist in den Innenstädten, in Fußweg-Entfernung von den Bahnhöfen. Restaurants befinden sich manchmal im Haus, auf den Etagen gibt es Getränkeautomaten. Der Preis pro Nacht beträgt ca. 7000 Yen (Einzelzimmer/Bad).

Butoh. Modernes jap. Tanztheater mit stark expressiven Elementen. Tänzerinnen und Tänzer tragen sparsame Kostüme, sie tanzen teilweise fast nackt, Körper und Gesichter häufig kalkweiß geschminkt. ↑ *angura,* ↑ *Theater.*

byōbu ↑ *Stellschirm;* eine Art Raumteiler, meist mit zwei oder drei Segmenten.

C

chabana. Blumengesteck von besonders raffinierter Einfachheit, speziell für die Teezeremonie (Cha = Tee, Hana/bana = Blume).

cha-no-yū ↑ *Teezeremonie*

chawan. Teeschale, vor allem für die ↑ *Teezeremonie.*

chawan-mushi. Eierspeise m. versch. Zutaten, in einem ↑ *chawan* zubereitet und serviert.

Chikamatsu, Monzaemon (1653–1724). Jap. Dramatiker der ↑ *Edo-*Zeit, der Stücke speziell für das Puppentheater verfaßte. Chikamatsu schrieb auf die bürgerliche Gesellschaft der Hauptstadt Edo und griff soziale Probleme auf, die den Menschen seiner Zeit vertraut waren, z. B. tragische Liebesgeschichten über die strengen Klassenschranken hinweg, die fast stets im Doppelselbstmord endeten. ↑ *Bunraku.*

choko. Kleiner ↑ *Sake*-Becher; im Ggs. zum größeren Trinkgefäß ↑ *guinomi* gehören immer zwei c. und eine

↑ *tokkuri* (Weinflasche aus Steingut o. Porzellan) als Set zusammen.

Christentum. Gelangte durch spanische und portugiesische Missionare im 16. Jh. über Macao und die Philippinen nach Japan (z.B. der Jesuitenpater Francisco de Xavier, 1506–1552). Die Fürsten in Kyūshū duldeten bzw. förderten das Chr. anfangs, nach der Machtübernahme der ↑ *Tokugawa* aber wurde 1614 das Chr. verboten; das endgültige Ende des Chr. kam mit dem Aufstand von Shimabara (Kyūshū) 1638, bei dem die letzten Christen niedergemetzelt wurden. Erst im 19. Jh. begann wieder eine christliche Missionstätigkeit, aber gegen die staatliche Förderung des ↑ *Shintō* blieben die Erfolge gering. Auch heute ist mit wenigen Ausnahmen das Chr. in Japan eine Minderheitenreligion. Von Bedeutung ist jedoch die christliche Sophia-Universität (jap. Jochi Daigaku), die von Jesuiten geführt wird. ↑ *Abschließungspolitik*, ↑ *Religion*.

Chrysantheme. Neben Kirschblüten, Kiefern, Bambus wichtigste japanische „Symbolpflanze“; wird oft stilisiert in Stoffdekors, im Architekturschmuck oder im Design von Gebrauchsgegenständen verwendet. ↑ *Kaiserhaus*, ↑ *Tennō*, ↑ *Wappen*.

chūgen, o-chūgen. Dritter Tag des ↑ *bon, o-bon* im Sommer. Neben dem Neujahrsfest wichtigste Zeit für Geschenke; ↑ *Warenhäuser* bieten spezielle Geschenkzusammenstellungen an.

Chukaku-ha. Sektiererische Gruppe aus der linksradikalen Bewegung; entstammte ursprünglich der ↑ *Studentenbewegung*. Bekämpft im Untergrund heute vor allem die Gegengruppe ↑ *Kakumaru-ha*.

D

Daibutsu. Wörtl. „großer Buddha“. Bezeichnet die zahlreichen großen Buddha-Statuen Japans, im engeren Sinne die zwei riesigen Bronzeplastiken ↑ *Buddhas* in ↑ *Kamakura* und ↑ *Nara*. Die Kamakura-daibutsu steht frei, der D. von Nara im Tempel Todaiji (↑ *Shōsōin*) in einem gewaltigen Holzgebäude.

Daimyō. Feudalfürsten mit eigenem Landbesitz und eigenen Truppen (13., 14. Jh.) vor allem in der ↑ *Sengoku-Zeit*. Sie regierten ihre Lehensgebiete selbständig und waren oft nur nominell Lehensleute eines anderen Fürsten. In der Bürgerkriegszeit des 16. Jh. führten sie blutige Kriege gegeneinander. Nach der Machtübernahme der ↑ *Tokugawa* wurde D. ein fester Titel für Lehensfürsten mit Einkünften aus der Reisernte von mehr als 10000 ↑ *koku*. Die größten D. waren meist unmittelbar mit den Tokugawa verwandt.

Daisenin. Untertempel des Daitokuji in Kyōto. Berühmt für seinen Garten, einen sog. Abthaus-Garten, der nicht betreten wird, sondern bei geöffneten Schiebetüren aus dem Inneren des Hauses betrachtet wird. Es handelt sich um einen der frühesten Trockengärten (↑ *kare-sansui*) mit geharktem Sand, Kies und Felsen als

Gestaltungselemente; der Garten wird einem Künstler des 16. Jh. zugeschrieben. ↑ *Gartenkunst.*

danchi. Genormte Wohnungen, meist in riesigen Wohnanlagen am Rand der Großstädte (↑ *„new towns“*). Die Anlagen sind entweder von Wohnungsbaugesellschaften errichtet worden oder werden von Unternehmen für Familien jüngerer Mitarbeiter zur Verfügung gestellt. Oft ballen sich solche Wohnanlagen an den Endpunkten der Nahverkehrslinien.

Daruma. Jap. Name für den indischen ↑ *Zen*-Lehrer Bodhidharma. Im jap. Alltag eine rundliche rot-weiße Figur, nur ein Auge eingemalt, mit grimmigem Bart, die Glück bringen soll. Man malt nach einer erfolgreichen Unternehmung (z.B. Wahlkampf) das fehlende Auge ein: Immer ein publikumswirksamer Akt für Persönlichkeiten des öffentlichen Lebens.

dashi. Fischbrühe; Grundlage fast aller Suppen. Gekocht aus Thunfischspänen v. hart getrocknetem Thun (↑ *Katsuobushi*), die in heißes Wasser gehobelt und gekocht werden; m. ↑ *Miso* zu ↑ *Miso-shiru.*

Dejima. Künstliche Insel vor Nagasaki, auf der die Holländer als einzige Ausländer, streng abgeschirmt, seit dem 17. Jh. eine Faktorei unterhalten durften. Seit Beginn der ↑ *Abschließungspolitik* 1636 wurde über Nagsaki/Dejima der japanische China- und Europa-Handel abgewickelt. Die Ärzte der holländischen Handelsniederlassung waren die Ersten in Europa, die wissenschaftlich über Japan nach Europa berichteten, und über D. kamen auch die ersten zuverlässigen Informationen über europäische Wissenschaft und Politik nach Japan: Die ↑ *Rangakusha* („Hollandwissenschaftler“) befragten die Gesandten aus Dejima, die jedes Jahr nach ↑ *Edo* reisen mußten, und sammelten so Informationen.

Demokratisch-Sozialistische Partei (DSP). Jap. „Minshato“. Entstand 1960 als einer Spaltung der ↑ *Sozialistischen Partei (SDPJ)*, nachdem sich rechter und linker Flügel der SDPJ wegen der Verlängerung des Amerikanisch-Japanischen ↑ *Sicherheitsvertrages* zerstritten hatten; die Führung der späteren DSP war für den Vertrag, die Sozialisten wollten unbewaffnete Neutralität für Japan. Seit ihrer Gründung hat die DSP häufig mit der ↑ *Lib.-Dem. P.* gestimmt und schuf damit eine „stille“ Koalition. 1993/94 nach dem Regierungswechsel kurze Zeit in einer Koalitionsregierung; seit 1995 aufgelöst und Teil der ↑ *Neuen Fortschrittspartei.* (NFP) Die DSP konnte sich jahrelang auf einen Teil der ↑ *Gewerkschaften* stützen, ihre Zukunft als Teil der NFP ist jetzt höchst unsicher.

„Dinks“. Engl. für „Double income, no kids“, also doppelt verdienende Ehepaare ohne Kinder. Ein Phänomen, das auch in Japan zunimmt und der jap. Regierung zu denken gibt: Die ohnehin sinkende Geburtenrate wird durch diese Lebensform noch verstärkt.

dō. Wörtl. „Weg"; bezeichnet in zusammengesetzten Wörtern eine Lehre, Fertigkeit oder auch Kunstform, z. B. ↑ *Sadō* (= Weg des Tees, die Lehre vom Tee) oder ↑ *budō* (Kampf„künste"). ↑ *Sportarten.*

dōjō. Halle für Kampfsportarten. ↑ *Sportarten.*

domburi. Keramikschale, meist für Reisgerichte, z. B. ↑ *Oyako-domburi.*

Drogen. Auch Japan bleibt von diesem Problem nicht verschont, wenn es auch noch nicht die Dimensionen wie in den USA oder in Europa angenommen hat. Modedroge Nr. 1 ist Kokain: Die Polizei beschlagnahmte 1990 insgesamt 69 kg Kokain, 1991 waren es 23 kg, 1992 wieder 32 kg. Die Kunden sind Top-Manager, Stars aus dem Showbusiness oder Prostitutierte, die zugleich auch als Dealer arbeiten. 1993 erregte der Drogen-Fall des Großverlegers Kadokawa öffentliche Aufmerksamkeit, auch er soll Kokain geschnupft haben. Der „Stoff" gelangt aus Kolumbien über Okinawa und (bis zum Erdbeben) über Kobe ins Land, Verteiler sind die ↑ *Yakuza.* Gedealt wird in Discos oder im Rotlicht-Milieu, seit Kokain das „(Lack)verdünner-Schnüffeln" als „in"-Drogenkonsum vor allem unter Schülern und Studenten abgelöst hat. US-Drogenfahnder, die in Japan stationiert sind, schätzen die Zahl der Kokain-Schnupfer weit höher als die offiziell genannten 150–160000. Aufputsch-Mittel sind bereits seit vielen Jahren in der Show-Szene verbreitet, aber harte Drogen tauchen erst in jüngster Zeit auf. 1994 gab es 16396 Festnahmen wegen Vergehens gegen das Rauschmittel-Gesetz, darunter 764 Ausländer (Iraner, Thai, Philippinos, Amerikaner).

E

ebi. Große Garnelen, heute fast ausschließlich aus Thailand und Vietnam importiert. Werden gekocht als ↑ *Sushi*-Belag verwendet oder schwimmend ausgebacken in ↑ *Tempura*-Gerichten. Eine besondere Delikatesse sind Ise-ebi, d. h. Langusten aus der Ise-Bucht.

Edo. Zuerst belegt als der Ort, an dem 1457 eine starke ↑ *Burg* entstand. 1590 erhielt ↑ *Tokugawa, Ieyasu* das ↑ *Kanto*-Gebiet um die Burg als Lehen. Er machte Burg und nahegelegenes Dorf zum Hauptsitz seiner Lehensverwaltung. Nachdem er 1603 zum ↑ *Shōgun* ernannt war, entwickelte sich E. rasch zu einer blühenden Stadt; auch mehrere Großbrände hielten diese Entwicklung nicht auf: Seit 1636 mußten die 80000 direkten Vasallen der Tokugawa sich hier niederlassen, alle 260 ↑ *Daimyō* waren nach dem ↑ *Sankin-kōtai*-System verpflichtet, in E. Residenzen zu unterhalten und ihre Familien dort wohnen zu lassen. Die Versorgung dieser anspruchsvollen Klientel zog Scharen von Handwerkern, Kaufleuten, aber auch allerlei fahrendes Volk nach E. 1787 hatte E. schon 1367900 Einwohner. E. wurde mit seiner Stadtbürger-Kultur prägend für eine ganze Epoche: Die

Edo-Zeit. ↑ *Theater*, ↑ *Sumo*, Freudenviertel (↑ *Yoshiwara*) und viel Geld prägten diese städtische Kultur. 1868 wurde E. zur „östlichen Hauptstadt", d.h. Tokyo; der ↑ *Tennō* zog von Kyōto dorthin und nahm im Schloß der Tokugawa seine Residenz.

edokko. Ein „Kind des alten ↑ *Edo*"; gemeint sind Mann oder Frau, die ihre Familien über Generationen ohne Unterbrechung als Bürger Edos zurückverfolgen können. Den E. wird nachgesagt, daß sie besonders geschäftstüchtig, verschmitzt und schlagfertig seien.

Einladungen. Unter japanischen Geschäftsleuten ist es noch immer unüblich, z.B. den ausländischen Geschäftspartner in das eigene Haus einzuladen. Die Gründe sind vielschichtig: Zum einen gehört es nicht zu jap. Traditionen, „das Geschäft mit nach Hause zu nehmen"; zum anderen wirken auch die Häuser selbst hochrangiger Unternehmensmitarbeiter verglichen mit den Wohnverhältnissen europäischer oder gar amerikanischer Geschäftsleute eher bescheiden – ein Gesichtsverlust wäre unvermeidlich. Schließlich ist es für japanische Geschäftsleute selbstverständlich, ihre Partner großzügig zu bewirten, hier wäre die Frau des japanischen Geschäftsmannes durch die aufwendige jap. Küche einfach überfordert. Statt dessen ist es üblich, nach den geschäftlichen Besprechungen in ein gutes jap. Restaurant einzuladen, eine Geste, die sehr teuer werden kann. Ausländische Besucher tun gut daran, sich ein gutes, aber bezahlbares Restaurant empfehlen zu lassen; in jedem Fall ist eine Gegeneinladung unumgänglich. Für informelle, geschäftliche Gespräche bietet sich der Coffee-Shop eines guten Hotels an.

Andererseits ist es für Touristen heute in Japan leicht, Familienkontakt zu finden; anders als Geschäftsleute, denen es um das Gesicht (Ansehen) gehen muß, können Touristen das „Homestay-Programm" nutzen, um japanische Familien in ihrer häuslichen Umgebung kennenzulernen. Unter Freunden ist es natürlich ohnehin selbstverständlich, sich gegenseitig nach Hause einzuladen, vor allem unter jungen Leuten gibt es hier keine Probleme. Ein ↑ *Geschenk* aber sollte trotzdem nicht fehlen, dabei aber sind Blumen ganz unüblich.

Einreiseformalitäten. Staatsangehörige der Bundesrepublik Deutschland, Österreichs, der Schweiz und Liechtensteins benötigen kein Visum, sondern nur einen gültigen Reisepaß, wenn sie als Touristen einreisen oder der Aufenthalt sechs Monate nicht überschreitet. Übersteigt der Aufenthalt jedoch 90 Tage, ist eine Registrierung beim Ortsamt/Bezirksamt (Kuyakusho) nötig, die vor Ablauf der 90 Tage-Frist erfolgen muß. Für einen Arbeitsaufenthalt in Japan ist ein besonderes Visum erforderlich, das im Heimatland bei einem Konsulat oder der Botschaft Japans beantragt werden muß. Bei Ein- und Ausreise ist dem Grenzbeamten die Ein- bzw. Ausreisekarte (in den Paß geheftet) vorzulegen.

Eisenbahnen. Die erste jap. E. wurde 1872 unter Leitung englischer Ingenieure gebaut, sie verband Tokyo-Shimbashi mit Yokohama. Heute umfaßt das Eisenbahnnetz Japans rund 27000 km. Die früheren japanischen Staatsbahnen wurden 1988 privatisiert und in sechs regionale Aktiengesellschaften aufgeteilt; hinzu kam eine Bahnfracht-Gesellschaft. Die sechs Personenverkehrsgesellschaften kürzen sich alle mit „JR" ab und fügen die Region hinzu; also: JR East (Region um Tokyo), JR Central, JR West, JR Kyushu, JR Hokkaido, JR Shikoku sowie JR Freight; alle Gesellschaften fahren in der Gewinnzone.

eki-bento. Lunchbox (↑ *bentō*), die an Bahnhöfen verkauft werden. Manche als regionale Spezialitäten berühmt. Früher in Keramik- oder Holzgefäßen, heute meist in Pappbehältern; die Tradition der e.-b. ist vielfach schon ausgestorben.

ema. Hölzerne Votivtäfelchen, oft mit Abbildung eines Pferdes (wörtl. Übers. „Bildpferd") die in ↑ *Shintō*-Schreinen oder auch in ↑ *Tempeln* dargebracht werden. Die Täfelchen nennen Namen und Wunsch des Bittenden, oft sind es Schüler und Studenten, die vor wichtigen Prüfungen solche Votivgaben darbringen.

emakimono. Querrollen; fortlaufende (illustrierte) Bücher oder ↑ *Sutra*-Texte seit dem 11. Jh. Erhalten sind e. des ↑ *„Genji, monogatari"*, die berühmten satirischen e., die im 12. Jh. in Tiergestalten die zeitgenössische Gesellschaft verspotteten. Höhepunkt in der frühen Landschaftsmalerei und auch später unübertroffen war die Querrolle, die der Künstler Sesshū 1486 in ↑ *Tuschmalerei* vollendete.

Empfängnisverhütung. Noch immer ist in Japan „die Pille" offiziell verboten; das wohlhabende Industrieland ist damit der einzige Staat außerhalb der katholischen Welt, wo der freie Verkauf von oralen Contraceptiva untersagt ist. Das Gesundheitsministerium hat zuletzt 1992 noch einmal die grundsätzliche Ablehnung dieser Verhütungsmethode bekräftigt. Vielerorts wird unterschwellig „die Pille" als Ursache für verschiedene Erkrankungen verteufelt, zuletzt hat das Gesundheitsministerium die Anwendung der Pille auch in den Zusammenhang mit der Ausbreitung von AIDS gestellt, man will „restlose Aufhellung". Viele japanische Frauen glauben offenbar fest an schädliche Nebenwirkungen. Die Regierung erlaubt aber die Verschreibung oraler Verhütungsmittel mit hoher Hormondosis, ca. 300000 Frauen nehmen gegenwärtig diese Mittel – in der Tat unter beträchtlichen Gesundheitsrisiken; Mittel mit niedriger Hormondosis sind nicht zugelassen. Staatliche Stellen, aber auch die japanische Gesellschaft insgesamt haben bisher jede offene Diskussion über orale Verhütungsmethoden und ihre medizinischen Fortschritte vermieden; die „Abteilung für neue Medikamente" blockiert auch Mittel, die bereits in Japan kontrolliert getestet worden sind. Nach einer Untersuchung der *Mainichi*-Zeitung von 1993 benutzen 73,9%

der Ehepaare Kondome, 8% verlassen sich auf die Basis-Temperatur-Methode, die übrigen benutzen verschiedene andere Methoden. ↑ *Abtreibungen.*

endaka. In Japan der übliche Begriff für die steile Aufwertung der jap. Währung seit dem sog. „Plaza (Hotel)-Abkommen" von 1985; der unterbewertete Yen schoß seither gegenüber dem US-Dollar um rund das Doppelte nach oben und brachte besonders für die jap. Exportindustrie während der ↑ *Bubble Economy* zusätzliche Probleme. Yen = jap. *en, taka* = hoch, i.e. *hoher Yen.*

Erdbeben. Die vier japanischen Hauptinseln liegen geographisch in der Reibungszone dreier Kontinentalplatten: Ein kleines Stück der eurasischen Platte reicht bis zu den Inseln, während sie unmittelbar vor der japanischen Pazifikküste an die Philippinen-Platte und Pazifische Platte stößt. Erdbeben werden durch gegengerichtete Bewegungen dieser Platten ausgelöst. Häufig liegen die Epizentren solcher Beben unter dem Pazifikboden und lösen dann riesige Flutwellen aus, die bis zu 30 m Höhe erreichen können. (↑ *Tsunami*) Die meteorologischen Dienste Japans verzeichnen jährlich mehrere hundert, oft über tausend deutlich spürbare Erdstöße (etwa 2,0 auf der Richter-Skala). 1994 waren es 800 Beben, in den vorangegangenen Jahren 750 (1990), 1321 (1991), 1981 (1992) und 1301 (1993). Das schlimmste Erdbeben der jüngeren Geschichte ereignete sich 1923 in der Region um Tokyo, also „Kantō", deshalb ist diese Katastrophe als Kantō-Erdbeben bekannt: 140000 Menschen kamen um, mehr als 500000 Häuser wurden zerstört, die meisten durch verheerende Großbrände. (↑ *Feuer,* ↑ *Feuerwehr*). Stets hatte die ↑ *Kantō*-Region als jenes Gebiet gegolten, das am stärksten von Erdbeben bedroht ist; aber im Januar 1995 traf es auch die ↑ *Kansai*-Region, also Kobe und Osaka: Das Beben hatte eine Stärke von 7,2 auf der Richter-Skala – die Stadt Kobe versank großenteils in Schutt und Asche, über fünftausend Menschen kamen um. Japan erlebte ein Trauma: Moderne Bauten galten als absolut erdbebensicher (↑ *erdbebensicheres Bauen*) – und brachen doch zusammen; die Kansai-Region schien als fast sicher – und jetzt traf es auch dieses Gebiet, das zweite große Ballungszentrum Japans. Die schwersten Beben der jüngeren Vergangenheit:

1. 9. 1923	Region Tokyo: Stärke 7,9 140000 Tote
7. 3. 1927	Kyōto: 7,3; 2935 Tote
1945	Mikawa, Zentraljapan: 6,8; 1961 Tote (aus milit. Gründen geheimgehalten)
21. 12. 1946	Zentraljapan u. Kyūshū: 8,0; über 1300 Tote
28. 6. 1948	Präfektur Fukui: 7,1; 3769 Tote
7. 1. 1995	Kobe-Osaka: 7,2; über 5000 Tote (sog. „Hanshin"-Beben)

Erdbebensicheres Bauen. Eines der größeren Mißverständnisse zwischen Japan und Europa, aber auch in Japan selbst verbreitet: Kein japanischer Architekt behauptet, seine Bauten seien sicher vor Erdbebenschäden oder Zerstörung – gemeint ist mit e.B. vielmehr eine Bauweise, die bei größeren Beben die Schäden *minimiert.*

Erneuerungspartei. Jap. „Shinseitō"; gegr. 1992 von ehemaligen Politikern der ↑ *Lib.-Dem. P.*, darunter früheren Spitzenpolitikern. Die E. ging 1994/95 in der ↑ *Neuen Fortschrittspartei* auf.

Essen ↑ *abalone*, ↑ *anago*, ↑ *dashi*, ↑ *eki-bento,* ↑ *Eßgewohnheiten*, ↑ *Eßstäbchen*, ↑ *Fugu*, ↑ *kamaboko*, ↑ *katsuobushi*, ↑ *Kōbe-Beef*, ↑ *kombu*, ↑ *mirin*, ↑ *miso*, ↑ *mochi*, ↑ *nabemono*, ↑ *Nudeln*, ↑ *o-nigiri*, ↑ *oyako-domburi*, ↑ *ponsu*, ↑ *Reis*, ↑ *Sashimi*, ↑ *Schüsselgerichte*, ↑ *Seetang*, ↑ *senbei*, ↑ *Shabu-shabu*, ↑ *shichimi*, ↑ *shiitake*, ↑ *shōyū*, ↑ *soba*, ↑ *Soya-Sauce*, ↑ *Sushi*, ↑ *Tai-Fisch*, ↑ *takuan*, ↑ *Tempura*, ↑ *tsukemono*, ↑ *unagi*, ↑ *wasabi*, ↑ *yaki-imo*, ↑ *yakitori*, ↑ *yōkan*.

Eßgewohnheiten. Jap. Gerichte werden noch immer m. Stäbchen (↑ *hashi*, O-hashi) gegessen. Meist Hauptgericht, Suppe (↑ *miso*, miso-shiru) und Reis mit mariniertem Gemüse (↑ *tsukemono*); ↑ *Sushi*, ↑ *Tempura* auch m. Fingern. Üblicherweise wird Tee zum Essen gereicht, manchmal ↑ *Bier* oder ↑ *Sake*; eine Runde Tee schließt die Mahlzeit ab. ↑ *Tischsitten*.

Eßstäbchen. Wichtigstes „Besteck", meist aus Holz, manchmal aus ↑ *Lack*; einfache Holzstäbchen werden nach Gebrauch weggeworfen und türmen sich zu Riesenmengen. Der enorme Verbrauch von Holz für Eßstäbchen droht zu einem Umweltproblem zu werden. Achtung: Niemals die Stäbchen senkrecht nebeneinander in den Reis stecken – das tut man nur bei Opfergaben für Verstorbene! ↑ *Hashi*, *o-hashi*.

F

Fabeltiere, Fabelwesen. Der japanische Volksglauben kennt eine ganze Reihe geheimnisvoller Wesen, die den Menschen schaden oder ihnen helfen. Meist lieben es diese Wesen aber, den Menschen mehr oder weniger boshafte Streiche zu spielen. Die populärsten Fabelwesen:
kappa: Ein Wasserkobold, halb Schildkröte halb Frosch mit Schwimmhäuten zwischen den Zehen und Fingern. Kennzeichen: Auf dem Kopf eine schüsselartige Vertiefung, die mit Wasser gefüllt sein muß; der k. verliert seine Zauberkraft – und sein Leben, wenn dieses Wasser trocknet. K. ziehen an Flußübergängen gern Pferde unter Wasser. Berühmt ist der Roman „Kappa" von R. ↑ *Akutagawa*, in dem der Schriftsteller die Gesellschaft seiner Zeit im Kappa-Reich karikiert.
Kitsune: Der Fuchs, ein ganz heimtückisches Tier: Er verkleidet sich gern als ein schönes Mädchen und verführt Wanderer, die danach meist elendiglich sterben. Man kann der Gefahr entgehen, wenn man darauf achtet, ob bei der schönen fremden Frau hinten, unter dem Kimono-Saum die Spitze eines Fuchsschwanzes herauslugt. Andererseits aber ist

der Fuchs der ↑ *Shinto*-Gottheit Inari (Reisgott) heilig.
tanuki (Dachs): Wie auch die ↑ *maneki*-neko (↑ *Katzen*) ist der t. besonders bei Barbesitzern beliebt. Tonfiguren aus grobem Steinzeug, weiß und schwarz glasiert, stehen vor vielen Bars und Restaurants. Der t. trägt stets in der einen Pfote einen Weinkrug, in der anderen einen Rechnungsblock. Wie auch der Fuchs kann sich der t.-Dachs in Menschengestalt verwandeln und kauft dann gern Wein – auf Pump. Will der Weinhändler oder der Wirt Geld, bekommt er es, aber die Münzen verwandeln sich später in sehr unappetitliche Dinge, wenn der t. verschwunden ist. Die t.-Figuren zeigen stets einen großen Hoden, der auf japanisch „kin" heißt, „kin" bedeutet aber auch „Geld" ... ↑ *bakemono*, ↑ *yūrei*.
tengu: Langnasiger Dämon der Lüfte. Ähnelt einem Menschen, hat aber eine Riesennase und zwei Flügel. Meist mit rotem Gesicht und in mittelalterlicher Hoftracht dargestellt. Die ersten Europäer, die nach Japan kamen, erinnerten die Japaner mit ihren großen runden Augen und langen Nasen manchmal an t.

Fächer. Weit mehr als nur ein Mittel zu Abkühlung und Erfrischung: Der dekorative F. ist ein wichtiges Gerät beim traditionellen japanischen Tanz, unerläßlich als Teil der formellen Kleidung, und für den Geschichtenerzähler des ↑ *rakugo* unverzichtbares Requisit, das alle möglichen Gerätschaften darstellen kann. Seit der ↑ *Heian-Zeit* war der F. auch Rangabzeichen bei Hofe, die Zahl der Gräten bei den Klapp-F., die Farben und das Material waren genau vorgeschrieben. Feldherren trugen häufig einen eisernen F. Es gibt zwei Grundformen des F.: Den Falt(Klapp)-F. (jap. ↑ *ōgi*), meist aus Bambusgräten mit Papierbespannung und den starren F., wie ihn z. B. einige der ↑ *Glücksgötter* auf Abbildungen tragen. Der Falt-F. ist eine japanische Erfindung, die in China rasch übernommen wurde. Oft sind die F. kunstvoll bemalt, das Fächerbild ist in der japanischen ↑ *Malerei* eine eigene Bildform.

Farbholzschnitte. Im 17. und 18. Jh. zur Perfektion entwickelte Drucktechnik, die vor allem zur Verbreitung der ↑ *Ukiyōe* („fließend vergängliche Welt") diente. Die Technik des Druckens von geschnittenen Holzplatten gelangte bereits im 9. Jh. aus China nach Japan, aber die massenhafte Verbreitung preiswerter Farbdrucke erreichte erst in der ↑ *Tokugawa*-Zeit ihren Höhepunkt. Das ↑ *Ukiyōe* kannte auch die Malerei, aber mit den Farbdrucken konnte auch die bürgerliche Gesellschaft ↑ *Edos* an den Raffinements der Halbwelt des Theaters und der Rotlicht-Viertel teilhaben. Berühmte Künstler schufen die schwarzen Umrißzeichnungen der Blätter, Holzschneider schnitten diese Zeichnungen seitenverkehrt in Langholzplatten, so daß die Linien als Stege stehenblieben. Im Auftrag von Verlegern erarbeiteten dann Handwerker die Farbplatten, die in vorher ablaufenden Arbeitsgängen mit Paßmarken übereinander gedruckt wurden, die Schwarzplatte bildete den Abschluß. Im 18. Jh. erreichten die F. höchste technische Perfektion: Es wurde mit Blindprägung gearbeitet, Glimmer, Goldfolien usw. wurden aufgebracht; im ersten Viertel des 19. Jh. fanden Anilin-Farben zunehmend häufiger Verwendung, was den Niedergang der F. ankündigte, denn die pflanzlichen und mineralischen Farben der früheren F. gaben ihnen eine besondere graphische Wirkung, die von den pastosen Farben der Spätzeit nicht mehr erreicht wurde. Die F. erreichten in Sonderdrucken ihre größte künstlerische Wirkung: ↑ *Neujahrs*-Karten oder ↑ *shunga*-Blätter (↑ *Pornographie*) wurden zu wahren Kostbarkeiten. Die Technik der F. lebt auch heute weiter, Künstler wie Shikō Munakata entwickelten die traditionelle Technik zu neuer expressiver Kraft.

Feiertage und Jahresfeste. Die im folgenden genannten Daten umfassen staatliche Feiertage und Traditionsfeste:

1. *Januar:* Neujahrsfest (Shogatsu)
15. *Januar:* Volljährigkeitstag (Seijin no hi)
3. *Februar:* ↑ *„Bohnenfest"* (Setsubun; Bohnenwerfen im Haus, um Unglück zu vertreiben)
11. *Februar:* Staatsgründungstag
3. *März: Mädchenfest* (Hina-matsuri)
20. *März:* Frühlingsfest (Shunbun no hi)
8. *April:* Buddhas Geburtstag (Hanna-matsuri; Blumenfest)
29. *April:* Tag des Grüns (eine Art „Umweltschutztag")
3. *Mai:* Verfassungstag
5. *Mai:* Kinderfest (Kodomo no hi; auch „Knabenfest")
7. *Juli:* Tanabata-Fest (Sternenfest: Der einsame Himmelshirte darf einmal die Weberin am Himmel besuchen)
Mitte September: Die Zeit der Mondbetrachtungen – viel Sake, Gedichte und beste Stimmung!
15. *September:* Tag der Ehrfurcht vor dem Alter
23. *September:* Tag der herbstlichen Tag- und Nachtgleiche
10. *Oktober:* Tag des Sports und der Gesundheit
3. *November:* Tag der Kultur
15. *November:* ↑ *“Shichi-go-san“* (Fest der drei-, fünf- und siebenjährigen Kinder)
23. *November:* Tag des Dankes für die Arbeit
23. *Dezember:* Geburtstag des Tenno (In diplomatischen Vertretungen Japans als Nationalfeiertag begangen)
31. *Dezember:* Jahresende (meist zusammen mit Neujahrstag und einigen folgenden Tagen als Freizeit)

Fällt ein gesetzlicher Feiertag auf einen Sonntag, ist der folgende Montag frei. *Wichtig:* Die erste Mai-Woche gilt als „goldene Woche", auch im Japanischen engl. „Golden Week" genannt; in diese Zeit fallen kurz hintereinander drei gesetzliche Feiertage. Viele Japaner nehmen einige Tage Urlaub und machen eine Ferienwoche: Sehr schlecht für Termine! Für eigene Reisen in dieser Zeit ist zu bedenken, daß ganz Japan unterwegs ist, die Verkehrsmittel sind überfüllt, die Flughäfen wimmeln von Menschen – frühzeitige

Reservierungen sind unbedingt nötig! ↑ *"Golden Week"*, ↑ *Jahresfeste*, ↑ *Feste*, ↑ *Feste für Kinder*, ↑ *bōnenkai*, ↑ *shinnenkai*, ↑ *matsuri*.

Feste. Wie auch in anderen Kulturen ist der Jahreslauf im japanischen Volksglauben nach Festen mit religiösem Ursprung gegliedert; *en-nichi*, ein Festtag, ist gleichermaßen für den ↑ *Buddhismus* wie für den ↑ *Shintō*-Glauben wichtig. Feste für Gottheiten sind immer verbunden mit bunten Märkten, wo süße und pikante Leckereien angeboten werden, Spielzeug, Andenken usw. ↑ *matsuri* ist das andere Wort für Fest, gemeint sind dann aber nur ↑ *Shintō*-Feste. Typisch für die Shinto-matsuri sind die tragbaren Schreine (↑ *mikoshi*), die unter lauten, rhythmischen Rufen durch die Straßen getragen werden; in vielen Küstendörfern trägt man sie auch ins Meer hinein. In Tokyo z. B. hat jeder Stadtteil seinen eigenen ↑ *mikoshi*. ↑ *Tanabata*-Fest.

Feste für Kinder. Im Jahreslauf vor allem das Mädchenfest (3. März, ↑ *Hina-matsuri*), das Knabenfest (5. Mai, Kodomo no hi, wörtl. „Kinderfest") und vor allem das ↑ *„Shichi-go-san"* am 15. November; Mädchen- und Knabenfest sind staatliche Feiertage.

Feste in Tokyo
hari-kuyo: Das „Ehrenfest" der alten, stumpfen, krummen, zerbrochenen – überhaupt aller ausgedienten Nähnadeln; gefeiert wird am 8. Februar. Im ↑ *Awashimado*-Tempel, westlich der großen Halle des ↑ *Kannon*-Tempels in ↑ *Asakusa* liegen große Stücke ↑ *Tōfu* („Bohnenquark") vor dem Altar, in die festlich gekleidete Frauen (zahlreiche ↑ *Kimono*!) feierlich ihre alten Nadeln stecken und so ein letztes Mal dem treuen Werkzeug Respekt erweisen.
Sanja matsuri: Eines der größten traditionellen Feste Tokyos; es findet ebenfalls in ↑ *Asakusa* statt, genauer: im Asakusa-Schrein (nicht in dem buddh. Tempel). Es wird jedes Jahr im Mai veranstaltet, mehr als hundert ↑ *mikoshi* (tragbare Schreine) werden durch die Straßen des Asakusa-Viertels getragen. An dem Fest nimmt die ↑ *Geisha*-Gilde genauso teil wie Traditionsverbände der Feuerwehrleute in ihren bunten ↑ *hanten*-Jacken. Eine weitere Attraktion ist der Löwentanz (shishimai), bei dem zwei Tänzer einen Löwen mit furchterregender Maske darstellen. Die einzelnen Festveranstaltungen beginnen am dritten Sonntag im Mai und dauern über vier Tage. ↑ *Bohnenfest*, ↑ *bōnenkai*, ↑ *bon, o-bon*, ↑ *chūgen*, ↑ *Feiertage*, ↑ *Geschenke*, ↑ *hina-matsuri*, ↑ *Jahresfeste*, ↑ *Knabenfest*, ↑ *matsuri*, ↑ *Neujahrsfest*, ↑ *Shichi-go-san*, ↑ *Shinnenkai*, ↑ *Tanabata*-Fest.

Feuer. Die Japaner leben sozusagen „auf dem Feuer": Dichter als anderswo liegt unter der Erdoberfläche hier das glühende Magma, und viele tätige ↑ *Vulkane* zeugen davon. Die Schrecken verheerender Erdbeben werden noch gesteigert durch große Flächenbrände, die unvermeidlich den Beben folgen, ausgelöst durch geplatzte Gasleitungen, umgestürzte Gasöfen, Kurzschlüsse zerrissener

Hochspannungsleitungen usw. Japan ist auch das Land der Großbrände: 1991 (letzte Zahl) gab es pro Tag 150 Brände mit durchschnittlich fünf Todesopfern; insgesamt wurden 54 879 Brände registriert, bei denen 1817 Menschen umkamen und 6948 verletzt wurden. Die Brandursache war überraschend häufig Brandstiftung (17,5% aller Fälle), gefolgt von defekten Gaskochern (11,2%), Zigaretten (10,8%) und offenes Feuer (8,4%).

Aber Feuer spielt in der japanischen Kultur nicht nur eine verhängnisvolle Rolle: Die Feuerstelle war Mittelpunkt in den Bauernhäusern, wo sich die Familie versammelte; die Hausfrau hütete das Feuer, es durfte besonders in der Neujahrsnacht nicht ausgehen. Feuer hat reinigende Kraft, weist besonders zu Neujahr den toten Seelen den Weg, auch Fakkeln werden bei vielen Festen entzündet, usw. Ohne Feuer wären die kunstvolle ↑ *Keramik* und die ausgezeichneten ↑ *Schwerter* nicht zu denken.

Feuerwehr. Schon in der ↑ *Tokugawa*-Zeit gab es in den großen Städten ↑ *Edo* und Osaka besonders ausgebildete Feuerwehrleute, die in straff organisierten Stadtteil-Wehren Brände bekämpften, diese Wehren wurden aus rangniedrigen ↑ *Samurai* aufgestellt und sie sollten nur „Staatsgebäude" schützen. Ihre Werkzeuge waren vor allem lange Haken, mit denen brennende Häuserteile auseinandergerissen wurden und Leitern, von denen aus auf angrenzende Häuser Wasser geschüttet wurde, um ein Übergreifen der Flammen zu verhindern. Ab 1718 wurden Wehren aus Stadtbewohnern gebildet, und die Stadtviertel und Straßenanwohner mußten dafür sorgen, daß an bestimmten Stellen gefüllte Wassereimer standen, denn Brände waren die größte Gefahr für die japanischen Städte, die aus engstehenden Holzhäusern bestanden. Heute gibt es in den Großstädten natürlich Berufsfeuerwehren, aber noch immer wachen auch Nachbarschaftsgruppen über die Sicherheit: Regelmäßig erinnern Freiwillige ihre Nachbarn durch Rundgänge mit Klappern an Feuergefahren. Die Berufsfeuerwehren unterstehen den Gemeinden, die Zentrale ist im Innenministerium angesiedelt, sie überwacht alle Gemeindewehren. Die Berufsfeuerwehren werden in fast allen Gemeinden von Freiwilligen Feuerwehren unterstützt, Spezialwehren sind in Raffineriezentren und in besonders gefährdeten Gebieten (z. B. Flug- und Seehäfen) stationiert. Trotz allen Trainings der Berufswehren hat sich gezeigt, daß sie 1995 bei dem Erdbeben von Kobe versagten: Es fehlte Löschwasser und in vielen Fällen kamen die Löschfahrzeuge nicht zu den Bränden durch.

Feuerwerk. Die Technik des Feuerwerks gelangte wahrscheinlich im frühen 16. Jahrhundert aus China nach Japan; das erste Feuerwerk, das die Chroniken verzeichnen, fand 1613 für den ↑ *Shōgun,* ↑ *Tokugawa, Ieyasu* statt. Seither wurde in den Familien der Pyrotechniker eine Vielzahl von hochkomplizierten Feuerwerkskörpern zur Perfektion entwickelt. Besonders eindrucksvoll sind die „waridama“, Raketen, die in großer Höhe Kaskaden von bunten Sternen ausschütten. In einer äußeren Hülle je nach Muster angeordnet werden kleine Ladungen für farbige Lichter mit einer großen Treibladung hochgeschossen und verzögert gezündet. Die Feuerwerkskünstler unterscheiden dabei z. B. „Kirsch- und Pflaumenblüten“, „Trauerweiden“, „Goldregen“ usw. Die schweren Feuerwerkskörper wurden schon früh mit eingebautem Fallschirm abgeschossen, am Schirm hängend kamen die Kaskaden- und Blütenwirkungen beim langsamen Sinken erst richtig zur Wirkung. In Tokyo wird das berühmteste Feuerwerk über dem Sumida-Fluß (Sumidagawa) abgebrannt – und das seit 1733.

Film. Im internationalen Vergleich zählt Japans Filmschaffen z. Zt. so gut wie nicht, sondern lebt von früherem Ruhm; Regisseure wie ↑ *Akira Kurosawa* sind da nur Bindeglieder zwischen unfruchtbarer Gegenwart und großer Geschichte, in Japan selbst sind weltberühmte Künstler wie Kurosawa oder Nagisa Oshima („Im Reich der Sinne“, produziert in Frankreich, wegen der Zensur in Japan noch nie im Original gezeigt) kaum populär. Das klassische jap. Filmungeheuer „Godzilla“ erlebt zahllose Remakes, aber von den zehn populärsten Filmen in Japan 1993 waren fünf US-Produktionen (Nr. 1 „Jurassic Park“). Populär sind daneben Hongkonger Kung-fu-Filme und europäische Produktionen, auch Chinas neuer Film findet ein gutes Publikum in Japan. Hauptproblem der jap. Filmszene sind sinkende Besucherzahlen: 1983 gingen 170 Mio. Menschen ins Kino, 1994 waren es nur noch 122 Mio. Kritiker begründen dies damit, daß jap. Produktionen zu wenig „action“ und nicht genügend technischen Aufwand bieten; daneben sind jap. Filme eben nicht aus der Traumfabrik und bieten zu wenig Illusionen. Der vermeintliche Ausweg Sex-Film ist nur teilweise offen, da die japanische Zensur noch den Anblick von Schamhaar und Genitalien verbietet. Der Vorstoß japanischer Verleihfirmen nach Hollywood (Ankauf von Columbia und MCA) kann letztlich auch nur bedeuten, US-Produktionen für den japanischen Markt zu übernehmen. Ein Lichtblick wie der Regisseur Jūzō Itami mit seinem internationalen Erfolg „Tampopo“ (die lustige Geschichte einer „ultimativen“ Nudelsuppe, 1987) oder dem Anti- ↑ *Yakuza*-Film „Minbo no onna“ (1992) über eine energische Anwältin, die Itami fast das Leben kostete (Mordanschlag der ↑ *Yakuza*), kann insgesamt das eher düstere Bild des japanischen Filmschaffens nicht aufhellen. Vielleicht bringt die wachsende Video-Produktion einen neuen Durchbruch.

Firmenloyalität, ausgedrückt durch Symbole. Drei Symbole stehen für die Loyalität eines ↑ *sarariman* zu seiner Firma: 1. Die „Unternehmenscharta“, die in manchen Betrieben morgens rezitiert wird (dann ist es eher ein „Morgenappell“), 2. die Firmenhymne, die auf Betriebsfesten gesungen wird und das „shasho“, das Firmenwappen, das am Revers getragen wird.

Fisch. Seit Jahrhunderten der wichtigste Proteinspender Japans, lange bevor man begann, „vierfüßiges" Fleisch zu essen; Geflügel wurde ursprünglich nur in den Bergregionen gegessen. Es werden fast alle Fischsorten aus dem Meer und den Flüssen verzehrt, außer sie wären giftig – und selbst dann noch, z.B. der Kugelfisch ↑ *Fugu.* Konservierungs- und Zubereitungsarten sind meist Trocknen, Salzen, Einfrieren bzw. Grillen, Dünsten, seltener Kochen – vor allem aber und ganz überwiegend wird Fisch roh gegessen. Als Fisch„pudding" (↑ *kamaboko, chikuwa*) oder in Stücken gehört Fisch in viele ↑ *nabemono*-Gerichte; weniger gebräuchlich ist Räuchern.

Fischfang. Die einheimischen Fänge Japans sinken wegen des Rückgangs der Küstenfischerei kontinuierlich ab, seit 1989 ist das Land als Fischfangnation hinter China, aber vor Rußland auf Rang zwei zurückgefallen. Dennoch machte die japanische Produktion (Fänge plus Aquakultur) 1990 insgesamt 10,9% der Weltproduktion von 101,58 Mio. t. aus. 1991 wurden insgesamt 9,978 Mio. t Fisch/Meeresprodukte angelandet; davon waren 1,179 Mio. t aus Fängen der Tiefseefischerei, Meeresfischerei 5,438 Mio. t, Küstenfischerei 3,156 Mio. t (davon aus Fischzucht-Erz. 1,262), Flußfischerei 205000 t (davon aus Fischzucht-Erz. 97000 t); 1990 lag die Gesamtmenge der Anlandungen noch bei 11,052 Mio. t.

Die Zahl der Berufsfischer nimmt stetig ab: 1970 waren noch 550000 Menschen (363000 Haushalte) hauptberuflich, 1980 waren nur noch 460000 Menschen in der Fischerei tätig (317000 Haushalte), 1991 schließlich 360000 (247000 H.). Noch 1990 erreichte das Einkommen von Fischereihaushalten nur 95% der Einkommen von Industriearbeitnehmer-H., seit 1991 aber überschreitet es diese. Dabei waren von einem durchschnittlichen Jahreseinkommen der Fischereihaushalte in Höhe von 6,666 Mio. Yen nur noch 3,439 Mio. Yen direkt aus Fischfang, der Rest kam aus Zuerwerbstätigkeiten.

Fischkonsum. Im Jahre 1991 (letzte Zahlen) wurden in Japan 8,277 Mio. t Fisch und sonstige Meeresfrüchte verbraucht. Davon waren 3,098 Mio. t (37,4%) Frischfisch oder tiefgekühlter Fisch, 3,100 Mio. t gesalzener oder geräucherter Fisch (37,5%), 1,634 Mio. t Fisch„pudding" (↑ *kamaboko*, chikuwa u.u.) sowie 445000 t Fischkonserven. Die einheimischen Fänge lagen 1991 bei 9,268 Mio. t, die Einfuhren erreichten 4,320 Mio. t; der Verbrauch lag bei 13,182 Mio. t, darin eingeschlossen auch als Tierfutter verwendeter Fisch. Pro Kopf und Jahr konsumierten die Japaner zwischen 1984 und 1986 (letzte Maßzahl) 69 kg Meeresprodukte; zum Vergleich: Deutschland 10 kg, Island 91 kg. Japan ist das weltgrößte Importland für Fisch, die Einfuhren von Meeresprodukten liegen doppelt so hoch wie die der Nummer zwei USA. So importierte Japan allein im ersten Halbjahr 1994 70 Mrd. Yen Meeresprodukte, davon hochwertige Hummerkrabben im Wert von 1,89 Mrd. Yen.

Fischmarkt in Tokyo. Für Frühaufsteher (vor 5.00 h) eine faszinierende Attraktion: In Tsukiji (Station „Tsukiji“, Hibiya-Linie) liegt Tokyos zentraler Fischmarkt, wo die Fischhändler der Stadt und die wählerischen Köche der Spezialitäten-Restaurants ihren Fisch, Muscheln, Schalentiere, Quallen, Seegurken usw. kaufen. Besucher stören in dem quirligen Treiben nicht: Hier wird in atemberaubendem Tempo eine Partie tiefgefrorener Thunfische versteigert, die im Licht der Bogenlampen vor Kälte dampfen, einige Schritte weiter werden sie auf kreischenden Bandsägen zerlegt, Tintenfische aller Größen ringeln und krabbeln durcheinander, seltsame Muscheln in großen Tanks. In den Gängen zwischen den Ständen drängen sich die Kunden, dazwischen bahnen sich die Träger mit ihren Handkarren einen Weg. In den riesigen feuchten Hallen (210 000 qm) herrscht ein hektisches Durcheinander. Um den Fischmarkt gibt es die wahrscheinlich besten ↑ *Sushi* und ↑ *Sashimi* Tokyos. Der Markt ist längst schon wieder zu klein und eine Verlegung ist bereits geplant.

Flughäfen. Neben den zahlreichen Regionalflughäfen (z.B. in allen 47 Präfektur-Hauptstädten), die fast alle, auch internationale Flugverbindungen bedienen, gibt es vier Großflughäfen: „New Tokyo International Airport, Narita“, „Kansai International Airport“ (Osaka/Kobe), „Haneda Airport“ (Tokyo), „Osaka International Airport“. Haneda ist der „alte“ Flugplatz Tokyos, mitten im Stadtgebiet gelegen; von hier aus werden heute nur noch innerjapanische Linien und einige internationale Verbindungen bedient. Das große internationale Flugaufkommen in Tokyo wird seit den 70er Jahren über den Flughafen Narita abgewickelt. Gleiches gilt heute für Osaka: Der neue Großflughafen Kansai International Airport (s. 1994; auf einer riesigen künstlichen Insel in der Osaka-Bucht, 24-Stunden-Betrieb) bedient internationale Linien, der ältere Stadtflughafen von Osaka Binnenfluglinien und Charter. Die beiden Großflughäfen liegen recht weit außerhalb der Innenstadtbereiche. Von Narita (Tokyo) aus gelangt man mit sog. „Limousine-Busses“ bis zum City Airport Terminal bzw. vor den Hauptbahnhof Tokyo; auch fahren Busse bestimmte große Hotels an (Hinweistafeln m. Linien). Die zweite Möglichkeit: Keisei-“Skyliner“, d.h. Schnellbahn von (Privatbahn) Keisei-Line bis Uenō (Tokyo), dort umsteigen in die S-Bahn. Die Fahrzeiten betragen zwischen einer und eineinhalb Stunden, Staus müssen einkalkuliert werden, wenn man mit dem Bus fährt. Schließlich fährt auch die ehem. Staatsbahn, heute „JR“, vom Bahnhof Narita (Pendelbusse) zum Hauptbahnhof Tokyo. Vom Kansai International Airport fahren ebenfalls Pendelzüge und Busse die Innenstadtbereiche von Osaka und Kobe an.

Frauen. Die Stellung jap. F. in der Gesellschaft ist nur schwer zu definieren: Aus westlicher Perspektive sind Japans F. noch keineswegs gleichberechtigt (eine Tatsache, die sie mit ihren deutschen Partnerinnen teilen); andererseits werten die jap. F. z.B. die Konzentration auf die Familie als ihren Wirkungskreis viel höher, als es in Deutschland üblich ist: F. verwalten selbständig den gesamten Familienetat, treffen allein die Entscheidung auch über kostenintensive Konsumgüter und wachen als ↑ *kyōiku-mama* über die Ausbildung der Kinder. Bis weit in die Gegenwart waren verheiratete F. (galt lange Zeit als Ideal, heute sehr differenziert) wirtschaftlich praktisch völlig abhängig vom Ehemann, eine Scheidung kam aus finanziellen Gründen für die meisten F. nicht in Betracht. Nach einer Änderung des Scheidungsrechts ist diesem Mangel abgeholfen. Japans F. prägen die jap. Gesellschaft viel stärker, als es z.B. in Deutschland wahrgenommen wird: als kritische Konsumentinnen und wachsame Wählerinnen, durch ihren Einfluß auf die Kinder (Väter sind bis spät abends in der Firma) und nicht zuletzt durch die intensiven Nachbarschaftsbeziehungen, die auch für Japans Großstädte typisch sind.

Frauen im Erwerbsleben: 1992 waren 38,6% aller Beschäftigten Frauen, davon die meisten im Sektor Finanzen/Immobilien 50,4%, allgem. Dienstleistungsbereich (z.B. Wäschereien usw.) 50,2%; im Vertrieb (Groß- und Einzelhandel) sowie im Restaurantbereich waren 48,8% tätig, in der verarbeitenden Industrie 35,7%, in Transport/Verkehr und Bauindustrie je 16,3%. Die wachsende Beschäftigung von Frauen gestaltet sich zu einem „interessanten" Lohnkostenfaktor, da im japanischen Lohnsystem die Regel „gleiche Arbeit, gleicher Lohn" nicht gilt, obwohl rechtlich Männer und Frauen am Arbeitsplatz gleichgestellt sind. Das Lohnverhältnis bei Durchschnittsverdiensten in allen Branchen lag 1991 bei 304000 Yen/Monat für Männer und 184000 Yen für Frauen; in der Altersgruppe 45–49 Jahre ist die Diskrepanz am stärksten: 386000 Yen (Männer) zu 202000 Yen (Frauen). Viele Frauen verdienen sich durch den Verkauf von Versicherungspolicen oder in der Wohnraumvermittlung ein zusätzliches Einkommen, deshalb der hohe Anteil Finanzen/Immobilien. Die meisten Frauen aber sind Teilzeitbeschäftigte, rund 70% dieser Beschäftigungsgruppe sind Frauen; die meisten von ihnen arbeiten ohne Vertrag, erhalten keine Bonus-Zahlungen und sind nicht versichert. Die Löhne der teilzeitbeschäftigten Frauen betragen nur 70% dessen, was ihre Vollzeit-Kolleginnen bekommen und nur 44% der Entlohnung für Männer.

Freizeit. Auf Japanisch klingt das etwa wie „reescha", d.h. von engl. „leisure". Trotz langer Arbeitszeiten und wenig Urlaub eine echte Industrie, denn fast immer ist F. auch mit Konsum verbunden: Auf Fragen nach F.-Beschäftigungen nennen die Japaner „Video ansehen", „Essen gehen", „Reisen in Japan", ↑ *Karaoke*, aber auch ↑ *Wetten* bei Pferde- und Motorbootrennen. ↑ *Pachinko-"Flippern"* wird bei Umfragen kaum als F.-Beschäftigung genannt, es ist Alltag. ↑ *Film.*

Fugu. Kugelfisch; eine ebenso teure wie manchmal gefährliche Delikatesse: Die Lebern und das Blut dieser Fische enthalten ein hochwirksames Nervengift, der Fugu muß mit größter Sorgfalt geschlachtet und zubereitet werden; nur speziell lizensierte Restaurants mit Fachköchen dürfen den Fisch servieren. Meist wird Fugu als ↑ *sashimi* gegessen, serviert auf flachen Schalen aus Porzellan. Es zirkulieren zahlreiche Horror-Geschichten über den Fugu, und tatsächlich hat es auch schon Todesfälle gegeben, aber die meisten waren auf schiefgegangene Mutproben zurückzuführen. Den Namen „Kugelfisch" verdankt der Fugu seinem Abwehrverhalten: Bei Gefahr bläst er sich zu einer stachligen Kugel auf.

Fuji(yama) Besser: „Fuji-san". Höchster Berg (3776 m) und zugleich Wahrzeichen Japans. Das Wort ist wahrscheinlich aus der Sprache der ↑ *Ainu* übernommen, dort bezeichnet es den Feuergott. Der Vulkan Fuji ist mit seinen sanft geschwungenen, fast symmetrischen Umrißlinien von makelloser Schönheit, die Künstler aller Epochen begeisterte. In Gedichtsammlungen wie dem ↑ *Manyōshu* wird er gefeiert, Maler wie ↑ *Hokusai* haben ihn immer wieder dargestellt. Jährlich pilgern zahllose Besucher auf den Gipfel des Fuji, vor allem um den Sonnenaufgang zu erleben. Der Vulkan genießt religiöse Verehrung; bis 1868 war Frauen der Aufstieg verboten. Der letzte Ausbruch wurde 1707 verzeichnet, aber fast immer steht eine leichte Rauchfahne über dem Gipfel.

Fujiwara. Mächtige Adelsfamilie, die vom 9. bis zum 11. Jahrhundert durch geschickte Familien- und Heiratspolitik zu einzigartiger Macht gelangte. Aus der Großfamilie gingen Kaisergattinnen, Regenten unmündiger Tennō, aber auch Dichter und Künstler hervor. Die F. prägten das politische und kulturelle Leben Japans besonders in der ↑ *Heian-Zeit*, so daß die Hochblüte der Heian-Kultur schlicht mit dem Begriff „Fujiwara-Zeit" bezeichnet wird. Erst Mitte des 12. Jahrhunderts verloren die F. ihre Machtposition an die ↑ *Taira-Familie.*

furo, O-furo. Das tägl. sehr heiße Bad, in Japan fast eine eigene Kunstform. In Familien badet traditionell zuerst d. Vater (o. mögl. männl. Gäste), dann Mutter u. Kinder. Gründliches Waschen *vor der Badbenutzung* ist selbstverständlich, man spült sich natürlich außerhalb des Bades ab. Das Badewasser ist wirklich sehr heiß, dennoch ist es unhöflich, *vor* den anderen Badbenutzern kaltes Wasser nachlaufen zu lassen – besser anderen den Vortritt lassen! ↑ *sento.*

furoshiki. Geknotetes Einwickeltuch, kunstvolles Design; violett b. feierl. Anlässen. Wird allm. von Plastiktüten o.ä. verdrängt, aber bei Feiern immer noch üblich für Geschenke.

Fußball. Jap. „sakka" (soccer). Jahrzehntelang ein Minderheiten-Sport, seit Beginn der neunziger Jahre aber immer populärer, besonders auch bei jungen Mädchen, die eine stetig wachsende, schrille Fan-Gemeinde stellen. 1993 wurde die „J-League" (Japan-Liga) gegründet, zu der zehn Profi-Vereine gehören. Damit wurde aus dem Amateur-Fußball, der ein Schattendasein führte, ebenfalls ein werbewirksamer Profi-Sport, Vereine wie „Flugels“ (Yokohama), „Verdy“ (Kawasaki) oder „Sanfrecce“ (Hiroshima) erinnern mit ihren Namen an den europäischen Ursprung des F., und nicht wenige „leicht angestoßene“ Profis aus Europa erhielten in den frühen neunziger Jahren als „Legionäre“ in Japan Traumhonorare.

fusuma. Papierbespannte Schiebetür, häufig vor einem Wandschrank; Bespannung läßt kein Licht durch, manchmal bemalt. ↑ *shōji.*

futon. Jap. „Bettzeug“: Gefüllte, steppdeckenartige Unter- und Oberdecken, die als Schlafgelegenheit auf ↑ *tatami*-Böden ausgerollt werden. Tagsüber werden die f. in Wandschränken verstaut. ↑ *Wohnen.*

G

Gärten. Japanische G., gleich ob Miniaturanlagen oder begehbare, parkartige G., sind fast ausschließlich Landschaftsgärten, die eine Atmosphäre raffinierter Einfachheit ausstrahlen; nicht nur physisch, sondern auch geistig soll der Betrachter in die Stimmung der dargebotenen Landschaft eintreten. Drei Hauptarten von Gärten sind zu unterscheiden: „Tsuchiyama“ (wörtl. Mond und Berge), „Karesansui“ (Trockengarten, d.h. nur Steine u. Kies, wenige Moose) und „Chaniwa“ (spez. Gärten für die ↑ *Teezeremonie*). Die wichtigsten Gestaltungselemente japanischer G. sind Steine (Felsen), Wasser, Kiefern, nur sehr wenige blühende Sträucher oder Blumen (Ausnahmen: z.B. Azaleen, Iris); in einigen Gärten findet sich, meist versteckt, eine bemooste Steinfigur. Die umliegende Landschaft wird „aus der Natur“ optisch einbezogen. In größeren Gärten steht nicht selten ein ↑ *Teehaus*, von dem aus man den Mond über dem Garten betrachten kann. Beim „Karesansui“-Typ des G. wird die landschaftliche Abstraktion durch die gestaltenden Elemente auf die Spitze getrieben: Wasserfälle aus Felsen, Flüsse werden durch Kiesel nachgebildet, Berge und Wasserflächen bestehen aus Kies und Sand, also „trokkene Landschaften“, wie der Ausdruck übersetzt lautet. Der „Chaniwa“ (wörtl. „Teegarten“) grenzt an ein Teehaus, die Teilnehmer einer ↑ *Teezeremonie* lassen während des Teegenusses ihre Blicke durch den betont schlichten Garten gleiten. Man sieht etwa dekorative Steinlaternen (jap. ↑ *ishidōro*), einfache Wasserbecken aus Stein oder kunstvoll bizarr verwachsene Kiefern. Über die moosbedeckte Gartenfläche und in den Teichen sind Trittsteine verteilt, im Hintergrund ein Bambushain. Berühmte G. finden sich im *Ryōanji* (Trockengarten) und im ↑ *Daisenin* (beide Kyōto). ↑ *Gartenkunst.*

gaiatsu. Der politische Druck anderer Staaten, insbesondere der USA auf Japan; z.B. zum Abbau der Handelsbilanzüberschüsse, zur Öffnung der Ausschreibungen bei Staatsaufträgen auch für ausländische Bieter, für Liberalisierung des Reis-Marktes usw.

Gaijin. Der „von draußen“; recht abfällige Bezeichnung für Ausländer. Allerdings kann die Bezeichnung auch durchaus freundlich gemeint sein, wenn z.B. Kinder noch heute dem Fremden „gaijin, gaijin!“ hinterherrufen oder wenn der Fisch-, Gemüse- oder Reishändler nebenan den ausländischen Stammkunden oder die Stammkundin als „gaijin-sama“ anredet.

gakubatsu. Wörtl. „Studiencliquen“. Absolventen derselben Universität bzw. sogar desselben Jahrgangs an einer Hochschule bilden ein enges Netzwerk gegenseitiger persönlicher Beziehungen, die ein Leben lang halten. In Politik und Wirtschaft sind es noch immer die Absolventen der Universität Tokyo (↑ *Tōdai*) die die einflußreichsten Gruppen stellen. ↑ *OB*.

Gakushūin-Universität. Elite-Universität; ursprünglich die Adelsschule, besonders für Mitglieder des Kaiserhauses. Gegründet schon zu Ende der ↑ *Tokugawa*-Herrschaft als Ausbildungsstätte für Kinder der führenden Familien, vermittelte besonders konfuzianische Ideen. (↑ *Konfuzianismus*) 1847 erst in Kyoto eingerichtet, seit 1877 in Tokyo unter Kontrolle des „Kunaisho“ (↑ *Haushofamt, kaiserl.*) neu gegründete Ausbildungsstätte für Mitglieder des Kaiserhauses und Kinder von Adelsfamilien. Nach 1945 erstklassige Privatuniversität.

Gartenkunst ↑ *Gärten*, ↑ *Kare-sansui*, ↑ *Landschaftsgärten*.

Gastarbeiter. Der japanische Wirtschaftsboom in den achtziger Jahren hat zahlreiche ausländische Arbeitnehmer angezogen; teils wurden sie von Unternehmen als „Trainees“ nach Japan geholt, um dort Arbeitskräftemangel auszugleichen, teils kamen sie mit Touristenvisa ins Land, um dann illegal zu arbeiten. Den Anfang machten philippinische und thailändische „Hostessen“ in der Vergnügungsindustrie, die von ↑ *Yakuza*-Organisationen illegal nach Japan geschleust wurden, es folgten gewerbliche Arbeitnehmer, die ebenfalls illegal in den sog. „3-D“-Bereichen (nach engl. „dirty, dangerous, demanding“ = schmutzig, gefährlich, anstrengend) vor allem der ↑ *Klein- und Mittelindustrie* Beschäftigung fanden. Regelmäßige Abschiebeaktionen der jap. Polizei helfen nicht: Thai, Koreaner, Iraner, Bangladeshi, Chinesen, Philippinas usw. kommen immer wieder. Skrupellose Schlepperbanden und Arbeitsvermittler aus der kriminellen Szene helfen dabei, sie behalten später den größten Teil der Verdienste. Eine Sondergruppe mit „halblegalem“ Status waren die Südamerikaner japanischer Abstammung z.B. aus Brasilien. Das japanische Justizministerium schätzte die Zal der illegalen Ausländer, d.h. also „Gastarbeiter“, 1994 auf 280000, allerdings mit sinkender Tendenz; tatsächlich jedoch dürften die Zahlen weit höher liegen.

„gebaruto“. Sprich „gebaart“: Vom deutschen „Gewalt“ [!]. In den sechziger Jahren, zur Blütezeit studentischer Aktionen gegen das Establishment, war „g.“ die Propaganda der Tat in der Studentenbewegung. Wilde Straßenschlachten mit der Polizei, Besetzungen der Universitäten u. ä. prägte die Aktionen – heute fast nur noch Nostalgie.

Gebietskörperschaften. Im Gegensatz zu Deutschland sind die jap. G. nur sehr begrenzt autonom in ihrem politischen Handlungspielraum; am ehesten können die 47 ↑ *Präfekturen* mit den deutschen Bundesländern verglichen werden: Sie haben eigene, direkt gewählte Parlamente, an der Spitze steht ein Gouverneur (auch direkt gewählt), und viele Spitzenpolitiker der 80er und 90er Jahre begannen ihre Karriere in den G. Aber die ↑ *Präfekturen* haben keine eigene parlamentarische Vertretung wie den Bundesrat, sondern sind weitgehend weisungsgebunden an Tokyo. Die meisten Japaner erleben in den Städten und Dörfern, d.h. in ihrem unmittelbaren Lebensumfeld, Politik am intensivsten; die Stadtverwaltungen regeln die Abwässerbeseitigung, die Wasserversorgung, den Nahverkehr, in Großstädten die Elektrizitätsversorgung, die standesamtlichen Maßnahmen u. ä. Bürgermeister und Stadtverordnete werden getrennt gewählt. Unterhalb der größten G., den ↑ *Präfekturen*, gibt es die Verwaltungseinheiten Großstädte – Städte – Dörfer. 1994 gab es 11 Großstädte mit mehr als einer Million Einwohner, darunter Tokyo mit 23 selbständigen Bezirken; 662 Großstädte (shi; 30000–1 Mio) und 2576 Kleinstädte und Dörfer (cho, son; 1000–40000 E.). Die Präfekturen sind in Bezirke (gun) aufgeteilt, die ebenfalls begrenzte Verwaltungshoheit haben. Zehn Großstädte (außer Tokyo, Osaka, Kyoto) genießen Sonderstatus, d.h. die Verwaltungen können Verordnungen mit Rechtsverbindlichkeit erlassen und Zwangsmaßnahmen ohne Rücksprache mit Tokyo durchsetzen.

Geisha. Heute durchaus seriöse Unterhaltungskünstlerinnen, die schon als sehr junge Mädchen für ihren Beruf durch eine lange Ausbildung in klassischem Tanz, Gesang, Spiel auf der *shamisen* (jap. Saiteninstrument, ↑ *Musikinstrumente, klass.*) usw. vorbereitet wurden. Ursprünglich (17. Jh.) sorgten sie in Teehäusern der „Rotlichtviertel“ für Vergnügungen der Gäste, einschl. der Prostitution. Der soziale Status der G. entsprach auch nur dem der Dirnen. Erst mit dem Ende des 19. Jh. wurde eine förmliche Trennung zwischen G. und Prostituierten vorgenommen. Die G. genossen in der frühen Moderne höchstes Ansehen in Japan, auch bei der politischen Prominenz: Zwischen 1868 und 1912 heirateten allein 12 Minister ehemalige G. Es blieb dennoch ein Rest Verachtung in der breiten Öffentlichkeit. Vor dem Krieg waren 70000 G. offiziell registriert, zu Beginn der neunziger Jahre sind es nur noch einige hundert. Die Unterhaltungskünstlerinnen sind heute kostspieliger Mittelpunkt der an sich schon verschwenderisch teuren G.-Parties, die wenigen modernen G. pflegen dabei nur noch die klassische Unterhaltung, weitergehende „Dienstleistungen“ werden von Hostessen übernommen. ↑ *maiko*.

Geld. Bis in das 8. Jh. wurde der geringe Warenverkehr durch Tauschhandel abgewickelt (Maßstab waren Reis u. Stoffe), danach wurden erste runde Kupfermünzen geprägt (708), die nach chinesischem Vorbild in der Mitte ein eckiges Loch hatten, um sie auf Schnüre aufziehen zu können. Dennoch kann man erst im Mittelalter (ab 16. Jh.) von einer Geldwirtschaft sprechen; die Münzen wurden aus China importiert und mit Gold bezahlt. Mit der Einigung des Reiches unter den ↑ *Tokugawa* bildete sich ein festes Währungssystem heraus, Gold-, Silber- und Kupfer-Münzen (oder Barren) wurden jetzt in eigenen Münzstätten (z.B. ↑ *Ginza*) geschlagen und mit festen Paritäten im innerjapanischen Handel verwendet. Das Münzrecht hatte nur die Zentralregierung (↑ *bakufu*), aber in den ↑ *Daimyō*-Lehen konnten „Banknoten" zirkulieren, die gegen Gold- und Silberdeckung ausgegeben und vom *bakufu* garantiert wurden. Diese verloren jedoch schnell an Wert, und auch die Münzen wurden schon bald durch Verfälschung mit Blei (Silbermünzen) oder Kupferkern (Goldm.) entwertet; Anfang des 19. Jh. war das Währungssystem vollständig zerrüttet. Die ↑ *Meiji*-Regierung ordnete das Geldwesen neu und führte Geldumlauf gegen Gold- und Silberdeckung ein.

Die japanische Währung heute ist der „Yen", abgekürzt ¥. Es gibt Münzen zu 1 ¥, 5 ¥, 10 ¥, 50 ¥, 100 ¥ und 500 ¥. Mit einer Münze von 10 ¥ kann man von einem Münzfernsprecher ein dreiminütiges Stadtgespräch führen; 50 ¥- und 100 ¥-Münzen sind in Bussen oder an Automaten gebräuchlich. Banknoten gibt es in den Werten 500 ¥ (auslaufend), 1000 ¥, und 10 000 ¥.

Geldwechsel. Gegen Vorlage eines Reisepasses ist der Umtausch ausländischer Währungen in Yen bei bestimmten Banken („Foreign Exchange Bank") unbegrenzt möglich. Es empfiehlt sich, Reiseschecks mitzunehmen, am besten auf US-Dollar oder Yen lautend (bei japanischen Bankfilialen im Heimatland besorgen); Sorten (i.e. Bargeld) bringen i.d.R. Umtauschverluste. Rücktausch japanischer Währung ist unbegrenzt möglich; die Ausfuhr von bis zu 5 Mio. Yen ist zulässig.

Generalhandelshäuser ↑ *Sōgo shōsha*, ↑ *Zaibatsu*.

Genji monogatari. „Die Geschichte vom Prinzen Genji" (ca. 1010 entst.). Vielleicht der erste wirkliche Roman in der Weltgeschichte der Literatur. Die Autorin Murasaki Shikibu (Hofdame im Kyōto d. ↑ *Heian-Zeit*) erzählt die Geschichte des „strahlenden Prinzen" Genji, seine Karriere am Kaiserhof, das schmerzvolle Exil weit von der glänzenden Hauptstadt, seine zahlreichen Liebesabenteuer, und schließlich, nach Genjis Tod, das Schicksal seiner Freunde, Geliebten und Verwandten. Über dem Glanz des höfischen Lebens liegt in der Romanhandlung unübersehbar die Sehnsucht nach Erlösung im buddhistischen Paradies der ↑ *Jōdō*-Lehre. ↑ *Literatur*.

Geschenke. Das Übereichen von Geschenken hat sich in Japan von einer bloßen gesellschaftlichen Konvention zu einer wahren Kunstform im Ausdruck zwischenmenschlicher Beziehungen entwickelt. Es gibt zahllose Anlässe, um Geschenke zu überreichen, aber einige der wichtigsten sind: Die zwei Haupt-Geschenk-„saisons" „o-chūgen" (↑ *chūgen*, ↑ *bon*-Fest, Mitte Juli) und „o-seibo" (Neujahr); der Besuch bei einem Geschäftspartner, die Einladung zu einer Hochzeit oder auch zu einer Trauerfeier. In beiden Fällen schenkt man stets Bargeld im Spezialumschlag (rot-weiß für Hochzeiten, schwarz-weiß zu Trauerfeiern; erhältlich im Schreibwarenhandel). Besonders beliebt bei den jungen ↑ *"OL"* (Büroangestellte, d.h. „Office Ladies") ist der Valentinstag, wenn die Vorgesetzten beschenkt werden. In den Geschenksaisons bieten die Warenhäuser genormte Geschenksortiments an, deren materieller Wert recht genau zu erkennen ist. Jedes Geschenk erfordert bei passender (nächster) Gelegenheit ein Gegengeschenk (möglichst etwas höherwertig). Geschmackvolle Verpackung ist überaus wichtig, Einschlagpapier von berühmten ↑ *Warenhäusern* entfernt man nicht. Ausländische Besucher bringen am besten ein (kleines) Geschenk mit, das Bezug zu ihrer Heimat hat. Muß man in Japan ein Geschenk kaufen, bieten sich z.B. ↑ *„senbei, o-senbei"* an, also Reiscracker oder auch eine Melone; die Melone nicht im Kaufhaus besorgen – zu teuer! Der Obsthändler nebenan macht es billiger. Blumen sind unüblich; bei mehreren kleinen Geschenken sollte man die Zahl „vier" vermeiden, weil jap. „shi" sowohl vier als auch Tod bedeutet.

Gespenster, Geister sind auch in Japan zahlreich und grausig. Gewaltsam Verstorbene erscheinen ihren Mördern, ruhelose Totengeister bringen Unheil, Dämonen fressen Menschen oder rauben Vieh usw. Man kann sich durch Zauberpraktiken gegen die unheilvollen Wesen schützen, z.B. durch das ↑ *setsubun* (Bohnenwerfen). Bestimmte Plätze sollte man meiden, z.B. Trauerweiden. ↑ *Kitsune*, ↑ *tanuki*, ↑ *bakemono*, ↑ *yūrei*, ↑ *tengu*.

geta. (Holz)sandalen m. hohen Absätzen. ↑ *tabi*.

Gewerkschaften. Japans Arbeitnehmer waren nie stark organisiert; selbst beim Höchststand gewerkschaftlicher Organisationsraten 1970 waren nur 35% aller Arbeitnehmer Gewerkschaftsmitglieder. Ab 1970 sank die Organisationsrate Jahr für Jahr bis auf 23% im Jahre 1993. Neben der niedrigen Organisationsrate ist die starke Zersplitterung der Gewerkschaftsbewegung in Japan auffallend: Die meisten Gewerkschaften sind Betriebs- oder Unternehmensgewerkschaften der Großunternehmen, die Arbeitnehmer der ↑ *Klein- und Mittelindustrie* sind kaum organisiert. Zudem sind die G. Interessenvertretungen der Stammarbeitnehmer. Leiharbeitnehmer, Kontraktbeschäftigte und Frauen z.B. werden nicht von den Gewerkschaften vertreten. Die Betriebsgewerkschaften können durchaus hart gegenüber den Betriebsleitungen auftreten, in manchen Fällen wurden sogar Vorstände „gekippt", aber es gibt kaum branchenweite Solidarität oder Koordination in tarifrechtlichen Fragen; auch die „Frühjahrslohnkampagnen" (sog. ↑ *shunto*) sind nur unzulänglich koordiniert. Politisch dagegen sind die Dachverbände, die es gibt, recht aktiv, sie stehen meist hinter den Sozialisten oder der ↑ *DSP*. Die Verbände sind: ↑ *Rengo* (7642 Einzel-Gew.), *Zenrōren* (859), *Zenrōkyō* (296); Industriegewerkschaften sind die Seeleute-Gew., der Verband der Beschäftigten der Regional- und Kommunalverwaltungen und die Textilarbeiter-Gew.

Ginkgo. Eigentlich jap. „Ginkyō"-Baum; schon Goethe hat diesen urweltartigen Baum beschrieben. Dem Drucker der Schriften *Engelbert* ↑ *Kaempfers* war ein Lesefehler unterlaufen, er machte aus „Ginkyō" „Ginkgo". Die „Ginkgo"-Blätter sind wie ein Fächer geformt, viertel- oder halbrund, nach oben leicht gewellt und entlang den Rippen „eingerissen/gespalten", oft genau in der Mitte; ein solches Blatt in stilisierter Form ist das Wappen der Tokyoter Stadtverwaltung. Die Früchte des „Ginkgo"-Baum (G.-Nüsse) werden im Herbst gegessen, z.B. als Suppeneinlage.

Ginza. Stadtteil in Tokyo, bekannt für seine zahllosen Bars, Restaurants und luxuriösen Kaufhäuser. Ursprünglich die „Silbermünzstätte", wo in der ↑ *Edo*-Zeit die Silbermünzen des Landes geprägt wurden.

Gion. Das ↑ *Geisha*-Viertel in Kyōto. Das Viertel hat viel vom Charme alter japanischer Städte bewahrt: Traditionelle Holzhäuser, enge Gassen und zahllose Restaurants, Bars und Geisha-Clubs prägen die Atmosphäre Gions.

Glücksgötter (sieben). Jap. „shichifukujin". Die Runde der sieben Glücksgottheiten umfaßt sechs Götter und eine Göttin, eine Gruppe überirdischer Wesen aus Indien und China, die sich zu japanischen Gottheiten gesellt haben. Die „Lebensgeschichte" der Glücksgötter ist verwickelt, teils stammen sie als Gottheiten aus dem *Shintoismus* (↑ *Shintō*), teils aus dem ↑ *Buddhismus* oder Taoismus, Brahmanismus usw. Sie sind zuständig für alle Lebenslagen, Berufe und Stände, kurz: für jedermann und immer dann, wenn Glück nötig ist. Nicht selten werden sie als Passagiere des ↑ *Takara*-bune (Schatzschiff) abgebildet; dieses Glücksschiff bringt besonders zu Neujahr reiche Fracht. Besonders verehrt werden die sieben Glücksgötter in der Handelsmetropole Osaka, vielleicht weil die wagenden Kaufleute schon immer viel Glück brauchten? Die Sieben sind:

Daikoku: Gott des Reichtums. Er trägt über der Schulter einen Sack mit Schätzen, in der rechten Hand hält er den dicken Glückshammer.

Ebisu: Gott des Fleißes, aber auch Schutzgottheit der Fischer und Kaufleute. Er hält in der Linken einen großen ↑ *Tai-Fisch*, in der Rechten eine Angel.

Fukurokuju und Jurojin: Die beiden Götter für Glück, langes Leben und Weisheit werden manchmal als Einheit dargestellt. Fukurokuju ist unverwechselbar in der Runde der Sieben: Er wird immer mit einem überlangen Schädel abgebildet. In der rechten Hand hält er einen Stab, an den eine Schriftrolle gebunden ist, in der linken einen ↑ *Fächer*. Jurojin wird meist als Mann mit langem weißen Bart dargestellt, ein Symbol des langen Lebens.

Benten/Benzaiten: ist die einzige Göttin im Kreis der Sieben. Sie gilt als Schutzgottheit der Liebe, der Musik, der Beredsamkeit und auch der Weisheit; sie ist wahrscheinlich auf Umwegen aus Indien zu der Runde gestoßen. Dargestellt wird sie fast immer mit einer ↑ *Biwa* (jap. Laute) in den Händen.

Bishamon: Er ist eigentlich einer der vier Himmelskönige und bewacht den Norden. In voller chinesischer Rüstung wird er dargestellt, in der Linken eine kleine Pagode; das Gesicht ist finster, hinter ihm eine Flammenlohe: alles in allem ein grimmiger Geselle, der auch alles Böse verjagt.

Hotei: ist der Dickste der sieben Götter. Glücklich lächelnd sitzt er an einen gewaltigen Reissack gelehnt, in der Hand einen Fächer. Es heißt von ihm, er sei der einzige Mensch, der sich unter die Göttergruppe gemogelt habe. Hotei ist allgemein die Gottheit des Glücks und der Zufriedenheit.

Glücksspiele sind in Japan streng verboten, entsprechend populär sind ↑ *Wetten*. Natürlich gibt es illegales Glücksspiel, das von den ↑ *Yakuza* straff kontrolliert wird. Kartenspiele, ↑ *Mahjong*, auch ↑ *Pachinko* können dazu zählen, wenn man sie „richtig spielt". Gruppenreisen in Länder, in denen Poker, Baccarat, Roulette u.a. legal sind, erfreuen sich großer Beliebtheit. Bei solchen „Glücksspielreisen" können Interessierte ganze Pakete buchen: Anreise, Spielangebote, Sightseeing und „andere" Formen von Unterhaltung – alles von japanischen Veranstaltern.

Go, Igo. Brettspiel mit schwarzen und weißen Steinen. Gespielt wird auf einem dicken Holzblock mit runden Füßchen; der Block ist von unten ausgehöhlt, so daß die Steine beim Setzen einen schönen Klang erzeugen; sie werden mit leichtem Anschlag gesetzt. Schwarz hat 181 Steine, Weiß 180, Schwarz beginnt stets. Das Feld ist durch jeweils 19 waagerechte und senkrechte Linien aufgeteilt, die Steine werden auf die Schnittstellen gesetzt, die Grundlinien zählen mit. Es geht darum, Territorium des Gegners zu besetzen, seine Steine einzukesseln und gefangenzunehmen; gewonnen hat der Spieler mit dem größten besetzten Territorum. ↑ *shogi*.

„Golden Week". Zwischen dem 29. April (Tag des Grüns), 3. Mai (Verfassungstag) und dem 5. Mai (Knabenfest) fallen drei staatliche Feiertage in eine Woche; die meisten Japaner nehmen einige Urlaubstage hinzu und verreisen. Geschäftsreisen und Termine sind in dieser Zeit fast ausgeschlossen!

Goldlack. Schwarzer oder roter Lack, dem im flüssigen Zustand Gold-, aber auch Kupfer- oder Silberstaub beigemischt wird.

Golf ist in Japan mehr als ein exklusiver Sport: Golf ist vor allem Statussymbol und Privileg der Eliten in Wirtschaft und Politik. Zahllose Japaner spielen eine Art Golf in großen, käftigartigen Anlagen, wo man in mehreren Etagen Abschläge üben kann. Nur eine Minderheit von Golf-Enthusiasten aber kann sich eine Mitgliedschaft in einem der sündhaft teuren ↑ *Golfclubs* leisten. Als Spitzenmanager in einem angesehenen Unternehmen ist es ein absolutes Muß, Golf zu spielen; fast alle Manager geben Golf als Hobby an, gleiches gilt für Politiker. Wer nicht in einem japanischen „Country Club" spielen kann, bucht z.B. eine Golf-Reise nach Südostasien, wo geschäftstüchtige Golf- und Reiseunternehmen aus Japan inzwischen hunderte von Golfplätzen angelegt haben, nicht selten ohne Rücksicht auf die Umwelt und die Interessen der örtlichen Bevölkerung. Aber viele Politiker in Südostasien machen einen schönen Schnitt bei solchen Geschäften und sorgen dafür, daß es keinen (sichtbaren) Widerstand gibt. Die mehr als 2500 Golfplätze in Japan selbst sind inzwischen auch dort zu einem Umweltproblem geworden: Pestizide werden in großen Mengen eingesetzt, um einen gepflegten Rasen zu erhalten, Wasser wird verschwendet, um die Anlagen bei Trockenheit bespielbar zu halten, und nicht zuletzt wird wertvolles Land besetzt.

Golfclubs: sind in Japan sehr exklusive Einrichtungen: Es genügt längst nicht, sich die exorbitanten Beitrittsgebühren, Mitgliedsbeiträge und Spielgebühren (green fees) leisten zu können – man muß auch den „richtigen Kreisen" angehören. Die Wartelisten für Mitgliedschaften sind lang; Unternehmen halten für ihr mittleres Management Unternehmensmitgliedschaften bereit, eine der Zusatzvergünstigungen beim Aufstieg in das Top-Management ist die individuelle Golfclub-Mitgliedschaft. Zum Beispiel der exklusive Koganei Country Club (westl. Tokyo): Mindestalter 35 Jahre, Mitgliedsbeitrag ab 100 Millionen Yen (1,52 Mio. DM), die regelmäßigen Spielgebühren (green fees) pro Runde betragen umgerechnet 480 DM. Jahresbeiträge von umgerechnet mehr als 500 000 DM sind keine Seltenheit. Viele Golfanlagen der Clubs werden als Aktiengesellschaft an der Börse notiert. Die finanziellen und gesellschaftlichen Hürden zielen auf Ausgrenzung: Wenn z.B. der Ministerpräsident Japans mit einem Konzernchef in seinem Club einige Runden Golf spielt, möchte er nicht auf Herrn Jedermann treffen, auch wenn der schwerreich ist ... Die Wirtschaftskrise und immer neue Golfanlagen haben inzwischen die Kosten leicht gesenkt, aber in den Exklusivclubs bleibt „man" noch immer unter sich.

Grafik. Gemeint ist der Druck von Holzplatten. Im 8./9. Jh. aus China nach Japan gebracht, vor allem genutzt, den ↑ *Buddhismus* durch bildliche Darstellungen zu propagieren. Seit dem 17. Jh. im ↑ *ukiyōe* Mehrfarben-Drucke aus dem Bereich der Mode, der Freudenviertel, Unterhaltung oder als Illustrationen zu Romanen, Theaterstücken o.ä. Die moderne G. setzt alle gängigen Techniken ein.

Groß-Ostasiatische Wohlstandssphäre. Japanisch *Dai-tōa kyō-eiken*, das ideologische Konzept der japanischen Expansion, 1937–1945 in Ost- und Südostasien. Unter dem Vorwand der Vertreibung europäischer Kolonialmächte aus Asien (auch der USA auf den Philippinen), also der „nationalen Befreiung", sollten die Völker vor allem Südostasiens unter japanischer Führung zu einer wirtschaftlich mächtigen, politisch selbständigen Region werden. „Asien den Asiaten!" – zum Vorteil Japans, versteht sich. Mit der japanischen Niederlage ging das Konzept unter; böse Zungen behaupten, heute wäre es wiederbelebt, nur weitaus erfolgreicher.

Großraumbüro. Nur die Manager der höchsten Führungsebene eines Unternehmens verfügen über eigene Büros mit Vorzimmern. Die meisten Büros in japanischen Unternehmen oder Ministerien sind als Großraumbüros angelegt. Aber auch in diesen großen Räumen sind Hierarchien klar zu erkennen, wenn man die „Geographie der Macht" nachzeichnet. Hinter der Eingangstür, direkt am Eingangsbereich sitzt eine ↑ *"OL"*, eine Office Lady also, die zuerst den Besucher anspricht. Die Rangstufung steigt von dort stetig bis in die Tiefe des Raums; am hinteren Ende einer Reihe von Schreibtischen, die eigentlich einen einzigen großen Schreibtisch bilden, sitzt der ↑ *kachō* (Abteilungsleiter); hinter ihm, an einem einzelnen Schreibtisch, neben sich oft die Sitzecke (niedriger Tisch, Sessel, Sofa, beides mit weißen Schondecken), sitzt der ↑ *buchō* (Abteilungsdirektor). Häufig sitzt er so, daß er aus dem Fenster sehen kann: Ein Privileg, zugleich aber auch eine doppeldeutige Position, denn „am Fenster sitzen" auch jene Mitarbeiter, die man zwar nicht entlassen kann (↑ *Lebenszeitbeschäftigung*), die aber keine sinnvolle Arbeit mehr wahrnehmen. ↑ *madogiwa-zoku*, ↑ *Industriestruktur.*

guinomi. Größeres Trinkgefaß für ↑ *Sake*. Im Gegensatz zum ↑ *choko* meist Einzelstücke, oft ausgesucht schöne Keramik. ↑ *tokkuri.*

H

Hachiko. Vielleicht der beliebteste Treffpunkt in Tokyo, vor dem Bahnhof Shibuya. Es ist die Statue eines Hundes mit Namen Hachiko, der seinen Herrn, einen Universitätsprofessor, in den zwanziger Jahren täglich zum Bahnhof Shibuya brachte und ihn abends dort abholte. 1925 starb sein Herr, aber der Hund kam noch elf Jahre lang jeden Tag zum Bahnhof, um auf seinen Herrn zu warten; die Bürger des Stadtteils Shibuya errichteten ihm zu Ehren eine kleine Statue, vor der sich heute jeden Tag Hunderte von Menschen verabreden.

hachimaki. Kopf- bzw. Stirnbinde der Handwerker und Arbeiter, die den Schweiß aufsaugt; auch Teil der Tracht der ↑ *mikoshi*-Träger.

hai! Oder: „Ja" ist keine Antwort. Japanische Gesprächspartner pflegen

Äußerungen ihres Gegenübers mit „hai!", „hai, hai" oder auch einem langgedehnten „eeee", oft auch mit einem „a so des' ka?" (= „ach ja?") zu begleiten. Dabei ist „hai", was oft irreführend mit „ja" übersetzt wird, keinesfalls unser bestätigendes „ja", also eine Zustimmung; die Äußerung bezeichnet nur die fortgesetzte Aufmerksamkeit des japanischen Partners.

haikai/haiku. Das haikai ist als „Posse", „Schabernack" eine Form der komischen Poesie, aus der sich im 16. Jh. durch Betonung der Anfangsstrophen (hokku = haiku: 5-7-5) das haiku entwickelte.

hakama. Weiter Hosenrock d. traditionellen festlichen Kleidung von Männern (Ausnahme = die ↑ *miko*-Schreinmädchen an Shintō-Heiligtümern), meist in grau gestreift; wird über dem (schwarzen) wappengeschmückten Kimono mit ↑ *haori* getragen. ↑ *Kimono.*

hanabi. Wörtl. „Feuerblumen", jap. ↑ *Feuerwerk.*

hanami. „Blütenschau"; gemeint sind die Kirschblüten (↑ *Sakura*), die von März bis April zu betrachten sind. Das Fernsehen meldet im Frühjahr regelmäßig den „Weg" der Kirschblüten durch Japan, von Süden nach Norden. Sind die Blüten geöffnet und in voller Pracht, treffen sich Freunde, Kollegen usw. und veranstalten unter den blühenden Kirschbäumen eine ↑ *Sake*-feuchte Party, bei der die Blüten gar nicht mehr wichtig sind . . . Ausländische Besucher werden gern in den Kreis der fröhlich feiernden Blüten-Betrachter aufgenommen.

hanamichi. Ein Steg, der mitten durch den ↑ *Kabuki*-Theatersaal führt; über die h. treten manche Figuren eindrucksvoll quer durch die Zuschauer auf. Ein gutes Beispiel ist „Shibaraku" (Haltet ein!), hier tritt der Held rechtzeitig mit mächtigem Stampfen über die h. auf, um ein Unrecht zu verhindern.

Handbewegungen, Gesten. Unbewußt verwenden die Japaner Gesten, die betont nicht aggressiv sind. So werden beim „Fingerzählen" nicht die Finger nach außen gestreckt, sondern nach innen geklappt. „Bin ich gemeint?" deutet man mit dem rechten Zeigefinger an die eigene Nase gelegt an. „Bitte komm'" wird nach unten gewunken, mit dem Handrükken nach vorn (genau umgekehrt wie in Europa). Feierliches Versprechen wird oft mit verschlungenen kleinen Fingern besiegelt. Der kreisende ausgestreckte Zeigefinger an der Schläfe bedeutet nach außen kreisend: „cleveres Bürschchen", nach hinten kreisend „leicht plem-plem!"

haniwa. Frühgeschichtliche (3.–6. Jh. n. Chr.) Tonfiguren von Kriegern, Dienerinnen, Tieren, Häusern, die um oder auf Grabhügeln aufgestellt wurden. Die h. sind eindrucksvolle Zeugnisse einer früh schon hochentwickelten ↑ *Plastik* als eigenständiger Kunstform. Daneben geben sie Informationen über Kleidung, Wohnformen in der frühen Epoche des japanischen Staates.

hanko. Persönliches Unterschriftsiegel. Einfache hanko kann man in Schreibwaren-Geschäften kaufen, sie werden für den täglichen Gebrauch statt der Unterschrift verwendet. Als „dokumenten-echtes“ hanko ist im Bezirksamt für jeden Bürger der Abdruck eines kostbareren Siegels registriert; dieses hanko wird für geschäftliche Transaktionen oder andere Rechtsgeschäfte verwendet. Meist aus Elfenbein, Jade oder einem anderen kostbaren Material in einem Brokattäschchen verwahrt. Die hanko-Abdrücke sind stets rot. Auf Postämtern, in Banken usw. steht immer ein Topf mit roter Stempelfarbe bereit. Im Entscheidungsverfahren per Umlauf (↑ *ringisei*) in Unternehmen werden die Entscheidungsvorlagen durch hanko-Abdruck der Mitarbeiter beglaubigt.

hanten. Kurze Jacke mit schmalem Gürtel zusammengehalten. Traditionelle Berufsbekleidung von Händlern und Handwerkern: Entlang der Revers ist der Name des Geschäfts in kunstvoller Schrift gedruckt, auf dem Rücken häufig das Firmenemblem. Die hanten gehören auch zur traditionellen Tracht der ↑ *Feuerwehr.* Andere Bezeichnung = happi.

haori. Halblanger Seidenmantel, der über dem Festtagskomono getragen wird. Vorn mit einer Seidenkordel gebunden, die in langen Quasten endet. Auch der haori ist mit dem Familienwappen geschmückt. ↑ *Wappen*, ↑ *montsuki.*

Harajuku: Open-air Musik in Tokyo. Eine ganze Stadtautobahn in Tokyo verwandelt sich sonntags in eine Straße voller Pop-Musik und schriller Typen. Die achtspurige Durchgangsstraße im Stadtteil Harajuku wird für den Verkehr gesperrt; an den Straßenrändern bauen die verschiedensten Rock-, Heavy Metal-, Techno-, Jazz- und sonstige Gruppen ihre Sound-Türme auf, und die zahlreichen Besucher können phonstarke Gratis-Konzerte genießen: Musik als Körperverletzung . . . Schon am Ausgang des kleinen Bahnhofs von Harajuku (Yamanote-Linie) beginnt das quirlige Treiben: Teenies im neuesten Outfit, biedere ↑ *sarariman*, ausländische Gastarbeiter (legal und illegal) – vor allem jede Menge Selbstdarsteller: Auffallen ist erwünscht!

Harakiri. Andere Lesart von ↑ *seppuku*; ritueller Selbstmord. ↑ *Selbstmord.*

Hashi, o-hashi ↑ *Eßstäbchen.*

hashi-oki. Kleine Keramik-, Holz- oder Bambus-„Bänkchen“, auf denen mit dem spitzen Vorderteil die Eßstäbchen abgelegt werden, damit sie nicht die Tischfläche berühren. Die h. sind nicht selten wahre Kleinkunstwerke.

Hauptbahnhof Tokyo. Ein schönes Beispiel für das Miteinander von Tradition und Moderne in Japan: Die zwei Eingangsgebäude des Bahnhofs repräsentieren das frühe moderne Japan der ↑ *Meiji-*/ ↑ *Taishō-Zeit*, also spätes 19. und frühes 20. Jh. einerseits und das Japan von heute, genauer der 70er Jahre andererseits. Die ↑ *Marunouchi*-Seite (Marunouchi-Stadtteil) ist in Pseudo-Renaissance nach dem Vorbild des Hauptbahnhofs von Amsterdam errichtet (1914), die gegenüberliegende Yaesu-Seite ist ein modern sachliches Stahl- und Glasgebäude (unten Bahnhofshalle, oben Warenhaus).

Haushalte der letzte Großzensus von 1990 (alle fünf Jahre) ergab 41,02 Mio. Haushalte in Japan, ein Anstieg um 7,6% gegenüber 1985; die Zuwachsrate der Haushalte lag über der Zuwachsrate der Bevölkerung, was auf eine Verkleinerung der Haushalte schließen läßt. Im Durchschnitt gehören heute 3,01 Personen zu einem Haushalt. Die Regel ist inzwischen also die Kernfamilie (Eltern/Kinder) mit 39,3% aller Haushalte (1980 noch 43,1%). Die traditionelle Drei-Generationen-Familie macht nur noch 14,2% aller Haushalte aus, dagegen steigt die Zahl der ↑ *„Dink"*-Paare (↑ *Dink* = Double income – no kids also Doppelverdiener ohne Kinder) mit inzwischen 16% aller Haushalte (1980: 13%).

Haushofamt, kaiserl. Jap. *Kunaishō*, seit 1949 *Kunaichō* (chō = Behörde). Führt seit 1869 die Geschäfte des Kaiserhofes; das „K." gilt als extrem konservative Behörde, die noch immer den Zeiten nachträumt, in denen ihre gesichtslosen Würdenträger das gesamte Leben des Kaiserhauses bestimmten. Der Vater des jetzigen ↑ *Tennō* durfte z.B. in den zwanziger Jahren noch keine vollständige Zeitung lesen, das „K." legte ihm nur Pressemappen vor. Die Macht des „K." ist zwar seit 1949 geschrumpft, aber die Behörde ist noch immer wichtig. Ihr unterstehen die kaiserlichen Villen („Katsura", „Shūgakuin" in Kyōto) sowie die Bestände des Schatzhauses ↑ *Shōsōin* in Nara. Jährlich hat das „K." einen Etat von 4,3 Mrd. Yen zur Verfügung (1993), der Tennō selbst verfügt über 4,8 Mrd. Yen.

Heian-Zeit. 794–1185; erste Hochblüte japanischer Kultur, die ästhetische Verfeinerung der Gesellschaft am Kaiserhof in Kyōto (= Heiankyō) erreichte höchstes Niveau: Geschmack, Eleganz in Dichtung und Malerei, Mode und Auftreten entschied über das Ansehen bei Hofe. Frauen brillierten in der Literatur (Roman ↑ *„Genji monogatari"*, ↑ *Tagebuch-Lit.*) und waren so prägend, daß Männer sie nachzuahmen suchten. Benannt nach dem ursprünglichen Namen ↑ *Kyōtos*, Heiankyō, das nach ↑ *Nara* neue Hauptstadt geworden war.

Heiratsalter. Das H. ist seit 1971 ständig gestiegen, eine Entwicklung, die vor allem auf das stärker ausgeprägte Streben nach Unabhängigkeit durch bessere Ausbildung bei jungen Frauen zu erklären ist; aber auch junge Männer verschieben den Heiratstermin immer häufiger um einige Jahre. 1971 lag das durchschnittliche Heiratsalter der Frauen bei 24,2 Jahren, das der Männer bei 26,8 Jahren. 1992 (letzter Großzensus) betrug das durchschnittliche Heiratsalter bei Frauen 25,9 Jahre, das der Männer 28,4. ↑ *Hochzeit.*

Heisei. Ära-Devise des jetzigen ↑ *Tennō*; etwa: „den Frieden schaffen“.

Hikari. „Lichtstrahl“; schnellster Typ des ↑ *Shinkansen*, ↑ *Kodama.*

Himeji-Burg. Der „Phönix“; vielleicht die schönste erhaltene Burganlage Japans. Die strahlend weißen Gebäude, überragt vom mehrgeschossigen Burgturm, vermitteln einen guten Eindruck von der Wehrhaftigkeit solcher Befestigungen – bis die Artillerie aufkam. Die Burg wurde ursprünglich von ↑ *Tōyotomi, Hideyoshi* errichtet, später von einem Gefolgsmann ↑ *Tokugawa, Ieyasus* in ihrer heutigen Form 1609 ausgebaut. Die Burg kontrolliert die rückwärtigen Land-Zugänge nach Osaka, der ehemaligen Hochburg der Tokugawa-Gegner.

hina-matsuri. „Mädchenfest“ am 3. März, wird seit der ↑ *Edo*-Zeit gefeiert. Typisch für dieses Fest ist die kunstvolle Dekoration: Auf einer Art Stufenpodest werden prächtige Puppen aufgebaut, die den kaiserlichen Hofstaat des 11. Jahrhunderts darstellen, an der Spitze der Tenno und seine Gattin, darunter der Hofstaat, Prunkkarossen, Sänften usw. Ursprünglich spielten die Mädchen mit diesen Puppen, aber sie sind heute meist so kostbar, daß sie zu reiner Dekoration wurden. In einigen Teilen Japans hat sich noch eine andere Form des h. erhalten: Alle Sorgen werden auf eine Papierpuppe „abgeladen“, die man ins Meer hinaus oder Flüsse hinabtreiben läßt.

hiragana. 46 Silbenzeichen, aus vereinfachten chinesischen Zeichen im 9. Jahrhundert entwickelt. Die h.-Zeichen geben alle Lautwerte des Japanischen wieder; Kinder lernen diese Silbenschrift spätestens in der Grundschule, die meisten eignen sich die Schrift jedoch schon im Kindergarten zusammen mit der ↑ *katakana*-Silbenschrift an. Die h.-Zeichen werden meistens für grammatische Formenbezeichnungen, seltener für Bedeutungsträger verwendet. ↑ *kanji.*

Hirtohito. Persönlicher Name des ↑ *Shōwa*-Tennō.

Hiroshige (1797–1858). Eigentlich Utagawa Hiroshige; ein echter Sohn der Hauptstadt, also ein ↑ *edokko.* Sein Vater war ein rangniedriger ↑ *Samurai*, der für die örtliche ↑ *Feuerwehr* zuständig war. Hs. Familienname war Andō, den man als Samurai-Namen nicht zusammen mit dem späteren Künstlernamen H. gebrauchen sollte. Seit 1809 in der Utagawa-Schule des ↑ *ukiyōe* (deshalb der „Vorname“). Sein älterer Zeitgenosse ↑ *Hokusai* inspirierte ihn stark; auch er widmete sich der Landschaftsmalerei, wobei die ↑ *Farbholzschnitt*-Serie „53 Stationen des ↑ *Tōkaidō*“ vielleicht größe Berühmtheit erlangt hat. Er hatte eine Reihe von Schülern, die unter dem Namen H. seine Bild-Traditionen fortsetzten.

Hochzeit. Auch in Japan ist mehr oder weniger spontane Liebesheirat zur Regel geworden, aber noch immer heiraten viele junge Menschen nach einer Vermittlung oder sie holen nach der „zündenden Begegnung“ mit dem Partner die förmliche Vermittlung nach. Vermittler ist häufig der Vorgesetzte eines der beiden Partner; er arrangiert als ↑ *nakodo* die Eheschließung und bleibt für lange Zeit Ansprechpartner der jungen Eheleute. Die spontane „Liebesheirat“ wird als „ren-ai“ bezeichnet, die vermittelte Ehe als „o-miai“. Bei der förmlichen Vermittlung wird sehr auf gemeinsame Hobbies, den Ausbildungshintergrund (z.B. dieselbe Universität, Firma etc.) und auf den sozialen Status der beteiligten Familien geachtet. Die Partner tauschen Fotos aus, bevor man sich mit dem „nakodo“ zu einer ersten Begegnung trifft. Auch nach einem solchen Treffen können beide Partner noch „zurücktreten“; traditionell war es für eine junge Frau nicht gut, allzu viele „o-miai“ abgebrochen zu haben, heute wird das gelassener gesehen.

Die Hochzeitszeremonie beginnt mit dem Austauschen zeremonieller Geschenke zwischen den Familien der nun Verlobten. Es sind neun verschiedene Gaben, alle glückbringend in rotes und weißes Papier gewickelt: Bargeld (f. ↑ *Sake*), ein ↑ *Fächer*, Seetang, getrockneter Tintenfisch, ein weiteres Päckchen mit Bargeld, Scheiben von getrockneter ↑ *Abalone*, getrockneter Bonito (Thunfischart für Brühe), Leinenfäden und schließlich ein Verzeichnis aller Gaben, elegant geschrieben in einem festlichen Umschlag. Der Austausch der Geschenke findet in einem förmlichen Rahmen statt: Vor der ↑ *tokonoma* (Bildnische) im Hause einer der beiden Familien. Die zukünftige Braut, neben sich eine Freundin, nimmt die Gaben an; der Bräutigam wird von einem Freund begleitet. An der Zeremonie nehmen auch der „nakodo“ und seine Gattin teil.

Bei einer traditionellen Hochzeitszeremonie trägt der Bräutigam einen schwarzen Zeremonialkimono mit Familienwappen (↑ *Wappen*, ↑ *montsuki*), die Braut einen prächtigen Hochzeitskimono aus roter und weißer Seide mit eingewebten Glückssymbolen. Über die kunstvolle Frisur (heute meist Perücke) ist ein weißes Tuch gefaltet, das sog. „tsuno-kakushi“, das „die Hörner der Eifersucht“ verdecken soll . . . In der ↑ *Shintō*-Zeremonie der eigentlichen Trauung werden Reinigungsriten vom Priester vollzogen; danach trinken die Gatten dreimal aus Lackschalen heiligen ↑ *Sake*; zuerst aus einem kleinen, dann aus immer größeren Schälchen. Während der anschließenden Feier wechselt die Braut mehrmals ihren Kimono, das letzte Kleidungsstück ist aber häufig ein elegantes westliches Modellkleid. Vor dem Festsaal liegen Listen aus, in die sich die Gäste eintragen und anschließend ihre Geschenke überreichen; es ist immer Bargeld, das in speziellen Umschlägen mit Glückssymbolen (Schreibwarenhandel) steckt. Das Brautpaar sitzt vor einem Wandschirm, meist goldfarbig, flankiert von dem „nakodo“ und seiner Frau. Es gibt Festreden u.a. des „nakodo“, und mit dem Anschneiden der Hochzeitstorte ist der Höhepunkt der Feier erreicht.

Die meisten Paare halten die Trauungszeremonie heute in einem großen Hotel ab, das die Räumlichkeiten, die Bewirtung und auch den Shintō-Priester stellt. Die Ausgaben für Speisen, Saalmiete, Zeremonie-Kosten und die Geschenke für die Gäste kosten ein kleines (manchmal auch ein großes) Vermögen, und viele Familien (der Braut versteht sich!) müssen sich dafür verschulden.

Höflichkeit drückt sich in Körpersprache, Gestik und vor allem in sprachlichen Wendungen aus. Beim Grüßen im Vorbeigehen ist es unter (sozial) Gleichgestellten z.B. üblich, kurz zu winken und mit einem gedehnten „yaaa" weiterzugehen; trifft man einen Vorgesetzten, ist es höflich, den Kopf kurz vorzuneigen und „doomo" zu sagen. Sehr hochrangige Personen (z.B. Präsident e. Unternehmens, Minister usw.) werden gegrüßt, indem man stehenbleibt, sich verbeugt und förmlich z.B. mit „ohaiyoo gozaimas'" (Guten Morgen!) grüßt. Der Neigungswinkel beim Verbeugen ist in vollendeter Form wohl nur von Japanern zu meistern, die Nuancen sind zu zahlreich; eine tiefere Verbeugung ist man jedenfalls dem Höhergestellten schuldig, sie wird u.U. mehrfach wiederholt. In letzter Perfektion ist die Kunst des Verbeugens bei den weiblichen Angestellten großer Kaufhäuser zu studieren, wenn die Kunden begrüßt werden. Die Höflichkeitssprache ↑ *„keigo"* kennt fast unendlich viele Feinabstimmungen, die sich nach sozialem Status des Angeredeten und des Sprechers, dem Geschlecht, der Stellung z.B. im Unternehmen usw. richten. Position überlagert dabei häufig das Alter; so wird ein älterer Chef eines kleinen Subkontrakt-Unternehmens gegenüber dem Abteilungsleiter eines Großunternehmens, mit dem er ein Geschäft abschließen möchte, sehr höflich sprechen. Derselbe Abteilungsleiter wird gegenüber einem älteren Untergebenen weniger höflich sprechen, aber gegenüber dem Abteilungsdirektor betont höflich formulieren usw.

Hokkaidō. Die nördlichste der vier Hauptinseln, mit 78 509 qkm umfaßt H. ca. 21,2% der japanischen Landfläche. Durch die Tsugaru-Straße von ↑ *Honshū* getrennt. Die Insel erhielt erst im 19. Jh. ihren jetzigen Namen und galt lange als unterentwickelte Kolonialregion. Waldreich, vulkanisch (Shōwa-shinzan), viele Birkenwälder (boreales Klima), im Winter sehr schneereich, zahlreiche Wintersportorte. H. bildet insgesamt eine einzige ↑ *Präfektur* mit der Hauptstadt Sapporō. Im 19. Jh. Steinkohle-Bergbau, Fischfang, nach Züchtung widerstandsfähiger Reissorten auch recht gute Landwirtschaft, aber schwankende Erträge. H. war wohl in geschichtlicher Zeit die Urheimat der ↑ *Ainu.*

Hokusai (1760–1849). Katsushika Hokusai ist hierzulande meist unter seinem Kurznamen H. bekannt, obwohl er während seines Lebens ständig die Künstlernamen wechselte; auch seinen Wohnort soll er nicht weniger als neunzigmal verlegt haben. H. wurde in verschiedenen Schulen des ↑ *ukiyōe* ausgebildet und beschäftigte sich auch mit chinesischer und europäischer Malerei. Er brach bald mit den traditionellen

Sujets des u. (Frauen, ↑ *Kabuki-Schauspieler*) und schuf faszinierende Landschaftsdarstellungen („100 Ansichten des ↑ *Fuji*") sowie eine Fülle von Pinselskizzen aus dem täglichen Leben, Märchengestalten, von Handwerkern, fahrendem Volk usw. Von H. stammen auch Gemälde, so daß er als einer der vielseitigsten und innovativsten Künstler des u. gelten kann. ↑ *Hiroshige.*

Hōnen (1133–1212). Gründer der buddh. ↑ *Jōdō-shū* („Sekte des reinen Landes").

Honshū. Früher auch als Hondo bekannt. Größte Hauptinsel mit 230 400 qkm (62,2% der jap. Landfläche), Länge ca. 1500 km, an der breitesten Stelle 300 km. Hier liegen die Ballungszentren Tokyo (Kantō) und Osaka-Kobe (Kansai) mit ihren Industriekernen; auch die Kernregion des frühen japanischen Staates um ↑ *Nara* findet sich hier. Vulkanisch, das Symbol Japans, der ↑ *Fuji-(yama)*, liegt auf H.

Hotels sind in Japan i. d. R. sehr teuer. Die meisten Hotels in den Innenstädten der Metropolen bieten ihren Service reisenden Geschäftsleuten an, für deren Spesen die Firma aufkommt. Japanische Unternehmen haben in den meisten dieser Hotels Sondertarife, weil ihre Mitarbeiter häufig dort übernachten müssen. Auch ausländischen Reiseunternehmen gelingt es normalerweise, Spezialtarife für ihre Reisegruppen auszuhandeln; Einzelreisende aber ächzen unter den Preisen, die meist bei umgerechnet mehreren hundert DM liegen. Preiswerter sind sog. ↑ *Business Hotels*, die außer der Übernachtung keinen Service bieten (Ausnahme: Frühstück), aber sie sind für Touristen nur schwer zu finden. Von den ca. 3000 Hotels westlichen Stils sind rund 400 in der „Japan Hotel Association" zusammengeschlossen, die sich zu einem hohen internationalen Komfort-Standard verpflichten. Viele dieser Hotels in Tokyo, Osaka, Fukuoka usw. sind mit direkten Busverbindungen an die internationalen ↑ *Flughäfen* angebunden. Übernachtungspreise in diesen Hotels lagen 1994 bei 18 000–30 000 Yen/Nacht im Einzelzimmer, 25 000–45 000 Yen/Nacht im Doppel- oder Twin-Zimmer (zwei getrennte Betten); die Preise haben steigende Tendenz. Auf die Gesamtrechnung kommen 6 Prozent Steuern und häufig noch zehn Prozent Bedienung, dafür werden keine Trinkgelder erwartet.

Für japanische Unternehmensmitarbeiter ist in jüngster Zeit eine Extremform der Übernachtung populär geworden, wenn man – etwa wegen des versäumten letzten Zugs – nicht mehr nach Hause gelangt, die sog. „Kapsel-Hotels"; hier übernachtet man preiswert in Schlafboxen. Interessante Alternative zu Hotels westlichen Typs sind die ↑ *Ryōkan* (jap. Gasthäuser) Pensionen und ↑ *minshuku* (Familienpensionen). Empfehlenswert in japanischen Großstädten sind auch die einfachen Hotels des YMCA und der YWCA, schließlich sind auch die ↑ *Jugendherbergen* zu nennen. Es empfiehlt sich, bei Reisen innerhalb Japans, Unterkünfte vor Reisebeginn zu buchen, z. B. über die Ryokan-Vereinigung (Touristenbüro); notfalls kann man sich am Zielort über ein „Ryokan annai-sho" (Hotelvermittlung) am Bahnhof, Flugplatz usw. eine Unterkunft nachweisen lassen. Zu beachten: Reservierungen für preiswerte Unterkünfte sind schwierig, eine Hilfe ist das „Welcome Inn"-Reservierungssystem der ↑ *JNTO*. Den „Welcome Inns" sind 340 Ryokan, minshuku, Business Hotels usw. angeschlossen; eine Liste ist beim nächsten Büro der JNTO zu erhalten.

I

ijime „quälen, peinigen", Bezeichnung für die psychische und physische Gewalt unter Schülern an jap. Schulen; häufig Grund für ↑ *Schülerselbstmorde*.

ika. Tintenfische; viel kleiner als ↑ *tako*. Man ißt die Körper„tüte", meist als ↑ *sashimi* in Scheibchen geschnitten oder z.B. zu Spiralen gedreht. Ganz wird er mit süßer ↑ *Soyasauce* auf dem Grill zubereitet („ika-yaki"), ein beliebter Snack bei Festen.

Ikebana. Kunst d. „Blumen"steckens, nicht nur Blüten, sondern auch Zweige und Halme werden dabei nach ästhetischen und philosophischen Regeln kombiniert; am Beginn der I. standen die Blumenopfer vor Buddha-Statuen. Die Kunstform des I. (auch „kado", Blumenweg) wurde ebenfalls von ↑ *Sen-no-Rikyū* im 16. Jh. in feste Regeln gegossen und war anfänglich eine ausschließlich „männliche" Kunstform.

Es gibt zahlreiche Schulen des I., die zwei wichtigsten sind wohl die Ikenobo- und die Ohara-Schule, wobei die letztere sehr viele Schüler im Ausland hat. Schließlich hat in jüngerer Zeit auch die Sōgetsu-Richtung viele Anhänger gewinnen können (gegr. 1926). Die Ikenobo-Schule (15. Jh.) wird Kyōto und der Klassik zugeordnet, Ohara hat ihr Zentrum in Osaka und Sōgetsu in Tokyo. Die beiden Hauptstilrichtungen sind der „aufrecht stehende Stil" in einem hohen Gefäß („nage-ire") und das Arrangement in einer flachen Schale („moribana"). Im „flachen Stil" unterscheidet man grob den „horizontalen", den „Kaskaden-" und den „ausbreitenden" Stil: bei „nage-ire" gibt es den „aufrechten" und den „geneigten" Stil. Jedes Gesteck hat drei Grundbestandteile: Ein langer, ein mittellanger und ein kurzer Zweig, Blume o.ä. (für die kosmologische Dreiheit „Himmel, Mensch, Erde"). Eine Sonderform des I. ist die ↑ *chabana*-Kunst des Blumensteckens, raffiniert einfache Kompositionen für die ↑ *Teezeremonie*.

Um die Pflanzen im Gefäß zu halten und ihnen Form geben zu können, werden „Nadelberge" aus schwerem Metall, sog. „Igel" (jap. „kenzan") verwendet, in denen die Pflanzen festgesteckt werden; beim „nage-ire" verwendet man auch kleine Zweige, die im Gefäß festgeklemmt werden. Das moderne I. hat sich neben der Verwendung von Pflanzen auch industrielle Produkte als Bestandteile erschlossen, z.B. Drähte, Drahtgewebe, Kunststoffe u.ä. Die ursprünglichen einfachen Holz- oder Keramikgefäße wurden im Laufe der Entwicklung immer aufwendiger; auch Glasgefäße werden häufiger verwendet. ↑ *Teezeremonie*, ↑ *Ohara*-Schule, ↑ *nage-ire*.

Inari. Gottheit der Reispflanzen und des Wohlstands; sorgt für gute Ernten, aber an Inari wendet man sich auch, wenn es um Gehaltserhöhung geht. In einem Vorort von Kyōto gibt es einen berühmten ↑ *Schrein* (Fushimi-S.), von dem der I.-Kult ausging. I. wird mit buddh. Gottheiten und auch dem Fuchs gleichgesetzt, d.h. mit den dämonisch-zauberischen Kräften des *Kitsune* (↑ *Fabeltiere, Fabelwesen*). Der Fuchs ist andererseits auch Bote Is. und dabei wiederum Überbringer von Wohltaten. Die Kaufleute der ↑ *Edo*-Zeit mit ihrem gut entwickelten Gewinnstreben, aber auch die Handwerker und Samurai übernahmen den I.-Kult; heute gibt es in Japan über 40000 I.-Schreine.

Die Fuchs-Figuren in diesen Schreinen tragen oft rote „Lätzchen", vor den Darstellungen sind Sake-Flaschen und ↑ *bentō* dargebracht und in den Weihrauchbecken glimmen und schwelen die Weihrauchstäbchen.

Industrie/Unternehmen ↑ *Abfindungszahlung*, ↑ *Bonus*, ↑ *buchō*, ↑ *Firmenloyalität*, ↑ *Gewerkschaften*, ↑ *Generalhandelshäuser* (sōgo shōsha), ↑ *Großraumbüro*, ↑ *Industriestruktur*, ↑ *karōshi*, ↑ *kigyō keiretsu*, ↑ *Kündigung*, ↑ *Lebenszeitbeschäftigung*, ↑ *Lehrzeit*, ↑ *Lohnsystem*, ↑ *madogiwa-zoku*, ↑ *Management*, ↑ *nemawashi*, ↑ *Nikkei-Index*, ↑ *Nikkeiren*, ↑ *„OL"*, ↑ *ringi*, *ringisei*, ↑ *shitauke*, ↑ *Versetzung auf Zeit*.

Industriestruktur. Die japanische I. ist noch immer gekennzeichnet durch ein Nebeneinander von wenigen Großunternehmen (↑ *Kygyōkeiretsu*) und zahllosen ↑ *Klein- und Mittelbetrieben*, wobei diese Kleinunternehmen größtenteils als Zulieferer für die großen Endfertiger arbeiten.

Inseln. Das „fernöstliche Inselreich" ist längst eine gängige (und abgegriffene) Kurzform für Japan geworden, und doch trifft die Beschreibung natürlich zu: Außer den vier Hauptinseln ↑ *Hokkaidō*, ↑ *Honshū*, ↑ *Shikoku* und ↑ *Kyūshū* gibt es noch 6848 kleinere Inseln und Inselchen.

Inlandsee. Meeresgebiet, das von den Inseln Shikoku (S), Honshū (N) und Kyūshū (W) eingeschlossen wird.

Ise-Schrein. Das älteste und ehrwürdigste aller ↑ *Shintō*-Heiligtümer; der Schrein ist der Sonnengöttin ↑ *Amaterasu*-ōmikami geweiht. Die Gebäude des Schreins bestechen durch elegante Einfachheit, das Baumaterial sind ausgesuchte Zedern und Zypressen aus Wäldern, deren Bäume Jahrzehnte im voraus für den Ise-Schrein bestimmt wurden; der Grund: Seit 685 wird der Schrein alle 20 Jahre abgebrochen und neu errichtet. Die Haus-Balken werden ohne Metall (nur Beschläge) zusammengefügt, die Dachdeckung besteht aus dicht gepacktem Schilf. Mit den hoch aufragenden Giebelsparren und den typischen quergelegten Zylindern auf den Dachfirsten sind die Schreingebäude unverwechselbare Beispiele früher japanischer ↑ *Architektur*. Im I.-Schrein wird der heilige Spiegel (↑ *Throninsignien*) aufbewahrt. ↑ *Izumo*-Schrein.

ishidōro. Steinlaterne als Gartenschmuck; zahlreiche verschiedene Formen, jedoch mit vier Hauptstilelementen: Flacher, manchmal auch höher gewölbter, pilzartiger Schirm, mit kleinem runden Knopf als Abschluß nach oben. Darunter der eigentliche „Beleuchtungsteil" mit viereckigen, halbmondförmigen oder runden Öffnungen; darin steht ein Öllämpchen. Nach unten folgt eine Art Säule oder drei, vier Füße als Fundament. Material ist meist eine Art Granit, der schnell dekorativ bemoost.

Izanami/Izanagi. Das Götterpaar – Izanami, die Göttin, und der Gott Izanagi – zeugen gemeinsam (auf Geheiß höherer Götter) die japanischen Inseln, Myriaden niederer Gottheiten und nicht zuletzt die Menschen. Bei der Geburt des Feuergottes stirbt Izanami; sie zieht in das Totenreich, dorthin folgt ihr Izanagi und blickt sie trotz strengen Verbotes an. Die erzürnte Göttin verflucht ihn. Izanagi flüchtet aus dem Totenreich, an der Grenze dorthin wird die Scheidung ausgesprochen. Beide werden fortan zu den gegensätzlichen Symbolen von Schöpfung, Geburt, Fruchtbarkeit (Izanagi) bzw. Tod, Nacht, Untergang (Izanami). Die Sonnengöttin ↑ *Amaterasu* entstand nach dem Mythos zusammen mit dem Mondgott, als Izanagi seine Augen wusch; ihr ungezogener Bruder, de ↑ *Sturmgott, Susanoo*, entstand, als Izanagi sich die Nase wusch.

Izumo-Schrein. Der I.-Schrein ist neben dem ↑ *Ise*-Schrein das älteste ↑ *Shintō*-Heiligtum Japans. Hier wird die Gottheit Okuninushi verehrt, ein Enkel des ↑ *Sturmgottes Susanoo* (Bruder der Sonnengöttin ↑ *Amaterasu*); Okuninushi soll den Menschen Ackerbautechniken, aber auch die Metallbearbeitung gebracht haben.

J

Jahresfeste. In der japanischen ↑ *matsuri*-Kultur haben die Städte, Stadtteile, Dörfer usw. mit ihren Schreinen, Tempeln zahlose eigene Feste, die meist den Jahreszeiten folgen. Für die Großstadtbewohner zählen vor allem die Feste der ↑ *„Golden Week"*, der ↑ *bōnenkai* (Jahres-„vergessensfeier"), der ↑ *shinnenkai* (Jahresbegrüßungsfeier), das ↑ *bon*-Fest und die Neujahrsfeiern.

JAL. Die erste nationale japanische Fluglinie („Flag-carrier") auf internationalen Routen. „Japan Airlines" muß sich heute die internationalen Dienste mit der ↑ *ANA* teilen.

Japan. Die westlichen Sprachen verdanken diese Landesbezeichnung auf Umwegen wohl keinem Geringeren als dem Venezianer ↑ *Marco Polo*. In seinen Reisebeschreibungen aus China erwähnt er ein Land *Ribenguo*, wo es viel Gold gäbe. Er nannte es in einer Verballhornung des Chinesischen *Zipangu*. Wohl auch über das portugiesische Wort *Japaõ*, das die Jesuiten-Missionare verwendeten, gelangte dann das Wort nach Europa. Bis in das 8. Jh. bezeichneten die Chinesen das Inselland abfällig als *wo-guo* (Land der Kleinwüchsigen). In den frühen japanischen Schriften tauchte der heutige Name als „Sonnen-Ursprungsland" auf und wurde bald auch in China verwendet. Die beiden (chinesischen) Zeichen, mit denen „Japan" geschrieben wird, werden Japanisch als *Nihon* bzw. *Nippon* oder *Hi-no-moto* (Sonnen-Ursprungsland) gelesen; heute sind sowohl „Nihon" als auch „Nippon" gebräuchlich, wobei das letztere einen leicht chauvinistischen Beiklang hat. Eine andere alte Bezeichnung für *Japan* lautet *Yamato*.

„Japan, Inc.", „Japan AG". Der Begriff „Japan AG" tauchte in den sechziger Jahren in der amerikanischen Literatur über Japan als „Japan, Inc." auf; er soll das enge Zusammenwirken zwischen Wirtschaft, Politik und „Beamtenschaft" verdeutlichen. Die dichten Verflechtungen der drei Kräfte erschwerten angeblich die Durchdringung des japanischen Marktes.

Japanische Industrie- und Handelskammer. Jap. Bezeichnung *Nihon shōkō kaigisho*, englisches Kürzel ist JCCI (Japan Chamber of Commerce and Industry). Die JCCI wurde bereits in den zwanziger Jahren gegründet; sie vertritt als Dachorganisation die Interessen der regionalen Industrie- und Handelskammern, dabei finden die Interessen der lokalen ↑ *Klein- und Mittelindustrie* besondere Berücksichtigung. ↑ *Keidanren*, ↑ *Nikkeiren*, ↑ *Keizai dōyukai*.

Jieitai. Japans sog. „Selbstverteidigungskräfte", d.h. die jap. Armee, wird meist nach der englischen Bezeichnung „Self-Defence Forces" mit SDF abgekürzt. Die SDF entstand unter „sanftem" amerikanischen Druck nach 1950 aus einer kasernierten Polizeireserve; 1954 unter der gen. Bezeichnung zur jap. Armee ausgebaut. Oberbefehlshaber ist der Ministerpräsident, der sog. „Generaldirektor des Verteidigungsamtes" (d.h. der Verteidigungsminister) führt die SDF administrativ. In der Zeit klarer Feindbilder, also während des Kalten Krieges, hatte die SDF drei Hauptaufgaben: Gemeinsame Sicherung der Seewege von und nach Japan zusammen mit US-Verbänden (in einem Radius von 1000 sm), Sperrung der Meerengen für sowjet. Marineeinheiten aus Wladiwostok und Abwehr eines Vorstoßes zu Land über Hokkaidō. Die rechtliche Grundlage der SDF war bestenfalls unsicher, wahrscheinlich ist sie vielmehr in klarer Verletzung des Artikels 9, Jap. Verf. (sog. „Kriegsverzichtsartikel") aufgestellt worden; heute wird sie mit dem „Naturrecht auf Selbstverteidigung" legitimiert, auf das es keinen Verzicht geben kann. Die SDF hatte 1994 insgesamt 240266 Mann. Nach dem Zusammenbruch der Sowjetunion sucht die SDF-Führung nach einem neuen Auftrag, der u.U. in einem verstärkten, u.U. auch militärischen UNO-Engagement Japans liegen könnte.

Jimmu-Tennō. Erster mythologischer „Kaiser" Japans, der als Stammvater aller folgenden ↑ *Tennō* gilt. Nach dem frühen legendenhaften Geschichtswerk „Nihongi" (720) wurde er als Götterenkel auf ↑ *Kyūshū* geboren. Von dort zog er entlang der ↑ *Inlandsee* in die Region ↑ *Yamato* und gründete dort 660 v. Chr. das erste japanische Reich. Dieses Datum ist völlig fiktiv, historisch gesichert scheint nur zu sein, daß Stämme aus SW-Japan (Kyūshū) kommend das erste Zentralreich gründeten.

Jizō-bōsatsu. Im Volksglauben eine buddh. Gottheit, die besonders Reisende, Schwangere und Kinder schützt. Kleine Steinfiguren von „O-Jizō sama" stehen überall in Japan an den Straßenrändern; die harte Arbeit, japanische Kinder im Straßenverkehr vor Schaden zu bewahren, wird ihnen mit leckeren Kleinigkeiten gelohnt: Mandarinen, Schalen mit Tee, Reiskuchen sind häufig vor den Statuen ausgebreitet, das zufrieden oder verschmitzt lächelnde Gesicht mit einem (oder vielen) Lätzchen umrahmt auf dem Kopf ein Strickmützchen – Japans Mütter pflegen O-Jizō sama! ↑ *bōsatsu.*

JNTO. „Japan National Tourist Organization", Japanische Fremdenverkehrszentrale. Verschickt Informationen über Reisen in Japan; gutes Prospektmaterial, Reservierungen, Tips. Büro Bundesrepublik Deutschland: Kaiserstraße 11, 60311 Frankfurt/M., Tel.: (069) 20353. Schweiz: Rue de Berne 13, 1201 Geneve, Tel.: (022) 731-81-40.

Jōdō-shū. Die buddh. „Sekte des Reinen Landes". Im Mittelpunkt dieser Lehre steht Amida-nyōrai (Buddha), der im „westlichen Paradies" (d.h. im reinen Land) herrscht. Amida-Buddha hat das Gelübde getan, alle Menschen zu erlösen, die seinen Namen in reinem Glauben anrufen. Die einfache, aber kraftvolle Lehre der Jōdō-Richtung, die in bewußtem Gegensatz zu den komplizierten Lehrgebäuden oder sogar magischen Praktiken der frühen ↑ *Sekten* entstand, übte besonders auf die Ritter des 12. Jahrhunderts starke Anziehung aus. Gründer der Sekte war der Mönch Hōnen, der 1175 in Kyōto (Heiankyō) die Lehre verkündete. Haupttempel: Chino-in, Kyōto ↑ *Jōdō-shinshū.*

Jōdō-shinshū. Wörtl. „Neue Sekte des reinen Landes". Wurde 1224 von dem Mönch Shinran gegründet. Diese Richtung betont noch stärker als die ↑ *Jōdō-shū* den Gnadenaspekt Amida-Buddhas. Die *Jōdō shinshū* schaffte erstmals den Zölibat der Priesterschaft ab und wirkte dadurch revolutionär. Haupttempel: Nishi Honganji, Higashi Honganji, beide Kyōto.

Judo. Die Kunst der „weichen", waffenlosen Selbstverteidigung unter Ausnutzung der Bewegungsenergie des Gegners. Die heute noch gültigen Regeln stammen aus dem Jahre 1882; seit den Olympischen Spielen von Tokyo 1964 in allen Gewichtsklassen olympische Disziplin.

Jugendherbergen. Es gibt 420 J. (1992) in Japan; die maximale Übernachtungsgebühr pro Person ohne Mahlzeit beträgt etwa 2300 Yen. Die J. stehen jedermann offen, jedoch ist ein internationaler Jugendherbergsausweis erforderlich. Reservierungen: Telefonisch oder mit Rückantwort-Postkarte. Weitere Infos beim Japanischen Jugendherbergsverband in 1–2, Ichigaya, Sadohara-cho, Shinjuku-ku, Tokyo. Tel.: (03) 3269-5831.

juku. Nachhilfe- oder Paukschule, in der sich fast alle japanischen Schüler zusätzlich zum Unterricht in den Realschulen auf wichtige Prüfungen (Mittelschule, Oberschule, Universität) vorbereiten. Die j. bieten ihren intensiven Nachhilfe-Unterricht abends und am Wochenende an. Es gibt Leistungskurse und Normalkurse sowie Einzel-Förderunterricht in Kleingruppen. Die Kosten für die j. sind enorm hoch, deshalb haben sich diese Paukschulen zu einem Riesengeschäft entwickelt. ↑ *Schulsystem.*

K

Kabuki. Zusammengesetzt aus Schauspiel, Tanz und Musik war das K. das populäre ↑ *Theater* der ↑ *Edo*-Zeit. Ursprünglich von Frauen um 1600 entwickelte szenische Darstellungen mit stark erotischen Themen. 1629 wurde aus moralischen Gründen dieses „Onna (Frauen)-K." verboten, Frauen durften fortan überhaupt nicht auf der Bühne stehen. Es folgte eine Phase, in der K. vor allem von Knaben und jungen Männern, die alle Rollen übernahmen, gespielt wurde. Auch das wurde 1653 verboten; in den folgenden Jahrzehnten entwickelte sich das K. dennoch weiter, jetzt spielten nur Männer, einige von ihnen als Frauendarsteller (onna-gata) hochberühmt. Die Stücke wandelten sich zu anspruchsvollen Dramen (anfangs ↑ *Chikamatsu, Monzaemon*), aber auch Historienstücke, Liebesgeschichten und sozialkritische Episoden wurden aufgeführt. Die Bühnentechnik erreichte hohes Niveau: Drehbühne, Versenkung, Kipptechniken zum Verschwinden von Personen, Schwebevorrichtungen usw. wurden zur Begeisterung eines überaus kritischen Publikums eingesetzt. Ende des 17. Jh. verflachte das K., während das ↑ *Bunraku* künstlerisch dominierte. Die zweite Hochblüte erlebte das K. zwischen 1780 und Mitte des 19. Jh.

Das K. ist auch heute lebendig und lebt immer noch von der Ausdruckskraft einzelner Schauspieler; berühmte Namen wie Ichikawa Danjuro werden in Schauspieler-Dynastien vererbt, und jeder Darsteller hat seine „großen Rollen". Das Publikum geht auch heute noch stürmisch mit, wenn die Handlung Höhepunkten zusteuert und einzelne Schauspieler plötzlich zum lebenden Bild erstarren (mie). Blitzschnelle Kostümwechsel auf der Bühne, wilde Kämpfe und immer wieder eindrucksvolle Auftritte über die ↑ *hanamichi*, quer durch den Zuschauerraum, beeindrucken. K.-Aufführungen dauern u. U. den ganzen Tag, denn es werden stets mehrere Stücke hintereinander gezeigt, aber ausländische Besucher können sich kürzere Aufführungen ansehen, z. B. im Kabuki-za (Theater) von Tokyo.

kachō. (Unter)abteilungsleiter. Die wichtigste Position im japanischen mittleren ↑ *Management*; zusammen mit dem ↑ *buchō* steuern die K. nach unten und nach oben Entscheidungsprozesse, wachen über das Klima in einer Abteilung und motivieren ihre Mitarbeiter.

Kaempfer, Engelbert (1651–1716). Deutscher Arzt und Forschungsreisender aus Lemgo; in holländischen Diensten kam er als Arzt an die Faktorei der Niederländisch Ostindischen Kompagnie auf der künstlichen Insel ↑ *Dejima* vor Nagasaki (1690–92). Seine „Geschichte und Beschreibung von Japan", Lemgo 1777, kann als die erste wissenschaftliche Abhandlung über Japan in deutscher Sprache gelten.

Kaiserhaus. Ungenaue Bezeichnung der Tennō-Familie und ihrer Vorfahren, hat sich jedoch der Bequemlichkeit halber eingebürgert. Die Familie des jetzigen Tennō besteht neben ihm und seiner Gattin ↑ *Michiko* aus der Kaiserin-Witwe ↑ *Nagako*, dem Kronprinzen ↑ *Naruhito* (*1960) und dessen Gattin ↑ *Masako* (*1963). Weiter gehören Prinz Fumihito (*1965, 2. Sohn), Prinzessin Kiko (*1966, 1. Tochter) und Prinzessin Sayako (*1969, 2. Tochter) zur engeren Familie des Tennō. Kaiserin Michiko entstammt einer bürgerlichen Familie, ebenso Kronprinzessin Michiko. ↑ *Ära-Devisen*, ↑ *Akihito*, ↑ *Heisei*, ↑ *Kaiserin Michiko*, ↑ *Kaiserinwitwe Nagako*, ↑ *Kronprinz Naruhito*, ↑ *Kronprinzessin Masako*, ↑ *Meiji*, ↑ *Shōwa*, ↑ *Taishō*, ↑ *Tennō*, ↑ *Thronfolge*, ↑ *Throninsignien*.

Kaiserin Michiko. Die Gattin des jetzigen Tennō, geb. 1934 als Tochter des Industriellen Eizaburō Shoda (Nisshin Flour Milling Co., Ltd.). Sie studierte am Sem. f. engl. Sprache und Lit. der (christlichen) Universität vom Heiligen Herzen (Sacred Heart University). Sie traf den damaligen Kronprinzen Akihito im Sommer 1957 beim Tennis im exklusiven Kurort Karuizawa.

Kaiserin-Witwe Nagako. Geb. 6. 3. 1903; Kronprinzessin seit 26. 1. 1924, Kaiserin seit 25. 12. 1926. Ihre Heirat mit Kaiser Hirohito wurde von einigen Hofkreisen heftig bekämpft, es hieß, sie sei erblich farbenblind (und damit nicht heiratsfähig). Hirohito hielt an der Ehe fest, obwohl sie bis 1933 kinderlos blieb (man hatte Hirohito nahegelegt, eine Nebenfrau zu nehmen).

kaisho. „Siegelschrift"; eckige, bewußt archaisierende Schrift, die häufig für die Namenszeichen auf den ↑ *Hanko* verwendet wird. Erstmals verwendet auf den chines. Bronzen der frühen Kaiserzeit, ca. 1000 v. Chr.

kakemono. Längliches Hängebild/Rollbild, auf Papier oder Seide gemalt und mit Seidenstreifen als „Passepartout" auf festes Papier oder auch Seide montiert. Die Unterkante des Bildes ist um einen runden Holz- oder Elfenbeinstab geklebt, über den das Bild (im feuchten Sommer zur Lagerung) aufgerollt wird; den oberen Abschluß bildet ein halbrunder schmalerer Stab, der eng an die Rolle gebunden wird. Wertvolle „kakemono" werden in Holzkästen in trockenen Lagerräumen aufbewahrt. ↑ *emakimono.*

Kaki. Japanische Frucht, deutsch meist mit „Persimone" übersetzt, inzwischen längst auch in Deutschland im Handel. In der ↑ *Zen*-Malerei ist das Bild mit den fünf Kaki-Früchten berühmt, das als Meisterwerk der raffiniert einfachen Komposition gilt. „Kaki" sind bei Reisen ebenso beliebt als Snack wie Mandarinen (↑ *mikan*).

Kakumaru-ha. Kurzform für „Revolutionäre Marxisten", eine radikale Splittergruppe der ehemaligen ↑ *Studentenbewegung*, die sich auf den ↑ *Terrorismus* zurückgezogen hat – vor allem gegen rivalisierende Sektierergrüppchen wie ↑ *Chūkaku-ha*. Aus den Reihen der K.-h. stammten einige der brutalsten Terroristen. Die ↑ *Polizei* geht von aktiven Resten der Gruppe in Japan aus, einige sind heute im nordkoreanischen Exil.

kamaboko. Eine Art fester „Fisch-Pudding", in Scheiben geschnittene Einlage für Suppen, ↑ *Nudeln*, Eintöpfe.

Kamakura. Heute kleinere Stadt in der Nähe Tokyos (gute Möglichkeit für einen Kurzbesuch mit der Vorortsbahn). Berühmt für die riesige Bronzeplastik des ↑ *Daibutsu.* K. wurde 1180 zum Stammsitz der ↑ *Minamoto*-Familie; nachdem Minamoto Yoritomo 1192 zum ↑ *Shōgun* ernannt worden war, wurde K. zum Machtzentrum des k.- ↑ *bakufu.* Wie auch ↑ *Nara* wurde K. zu einem Zentrum des ↑ *Buddhismus*, vor allem des ↑ *Zen* (fünf Zen-Klöster). Paläste und zahlreiche Bürgerhäuser entstanden, und die Stadt entwickelte sich zu einem blühenden Zentrum, das in Kultur und wirtschaftlicher Bedeutung zeitweise ↑ *Kyoto* ebenbürtig war. Bis in das 14. Jh. behielt K. seine Bedeutung, dann sank die Stadt zu einem bloßen Provinzzentrum herab.

Kambun. Chinesisch geschriebene Texte, die mit Hilfe japanischer Randzeichen in den Schriftzeilen laut japanisch gelesen werden können. In den frühen Texten wurden die chinesischen Texte gemischt nach Bedeutung der ↑ *Kanji* (chin. Schriftzeichen) oder aber nach ihrem Lautwert gelesen. Seit der ↑ *Heian-Zeit* hatte sich der japanische Text zur Fixierung von Literatur durchgesetzt, aber Chinesisch blieb bis weit in die Neuzeit hinein das Medium für offizielle Dokumente und private Urkunden; noch in der ↑ *Meiji-Zeit* lassen sich in der Schriftsprache starke Einflüsse chinesischer Texte erkennen, auch heute noch gehört K. zum Lernstoff an japanischen Oberschulen.

Kamikaze. In den letzten Monaten des ↑ *Pazifischen Krieges* sollten die Selbstmord-Piloten der „K." noch die Wende erzwingen. Wie sechshundert Jahre früher ein „Götterwind“ (eben ein K., d.h. ein Taifun) die übermächtige Invasionsflotte der Mongolen zerstört hatte, so sollten die K.-Flieger (aber auch Ein-Mann-U-Boote u. Torpedo-“Reiter“) die US-Flotten vor den japanischen Küsten vernichten. Junge Soldaten, berauscht von einer hemmungslos nationalistischen Propaganda, stürzten sich nach kurzer (Flieger)ausbildung mit alten Maschinen voller Sprengstoff auf amerikanische Schiffe; die wenigsten erreichten ihr Ziel, die meisten wurden vorher abgeschossen, militärische Erfolge hatten sie kaum. Das zweifelhafte Heldentum der K. wird heute im Museum des ↑ *Yasukuni*-Schreins in bedenklicher Weise verherrlicht.

Kaminari-mon. Das „Donnertor“ am ↑ *Kannon*-Tempel in ↑ *Asakusa*. Im Torraum hängt ein gewaltiger roter Lampion mit dem Namen des Tors in kunstvoller Schrift.

Kanban-System. Besonders in der Automobil-Industrie das Zuliefersystem von Teilen und Komponenten, „just-in-time“, für die Endmontage. In leicht abgewandelter Form heute überall auf der Welt verbreitet.

Kanji. Chinesische Schriftzeichen. Werden in japanischen Texten meist zur Bezeichnung von Nomen und Bedeutungselementen in Verbkonstruktionen verwendet. Bei Substantiven meist in Zusammensetzung mehrere Zeichen, bei Verben entweder als Einzelzeichen (jap. Verbform m. „Konjugation“) oder zusammengesetzt mit dem Hilfsverb „machen“ (suru) als sino-japanische Verben. Kanji können japanisch („kun“) oder chinesisch („on“) gelesen werden. Z.B. das Kanji für ‚schreiben‘ wäre entweder „sho“ (chin.) oder ‚kaku‘ (jap.).

Kannon. Indisch Avalokiteshvara, jap. K. ist ein ↑ *bōsatsu*, also ein Wesen, das die Vorstufe der Buddhaschaft erlangt hat, aber die Grenze zum ↑ *Nirvana* nicht überschreitet, um den Menschen zu helfen. K. ist als barmherziger Nothelfer in der jap. Volksreligion sehr populär, z.B. der Kannon-Tempel in ↑ *Asakusa* (Tokyo). K. verkörpert die grenzenlose Barmherzigkeit Amida-Buddhas. Ausgehend von China (chines.: Guan yin) hat K. stark weibliche Züge angenommen, so daß während der Christenverfolgungen im 16. und 17. Jh. sog. „Maria K.“ mit einem in der Figur versteckten Jesus-Knaben, als christliche Symbole verwendet werden konnten. ↑ *Amida*, ↑ *bōsatsu*.

Kansai. Die westjapanische Region auf ↑ *Honshū*, Mittelpunkte sind Osaka und Kyōto; hier wird ein besonderer *Dialekt* gesprochen, „Kansai-ben“. ↑ *Kantō*.

Kantō. Jap. Kernregion mit Tokyo als Mittelpunkt. Zu der Region gehören sechs ↑ *Präfekturen* in der Nachbarschaft der Hauptstadt.

Kapitulation. Am 15. August 1945 unterzeichneten japanische Unterhändler an der Bord des US-Schlachtschiffes „Missouri“ in der Bucht von Tokyo die Urkunde über die bedingungslose Kapitulation Japans; nicht einmal die Zukunft des ↑ *Kaiserhauses* war damals gesichert. Die Alliierten hatten auf der Konferenz von Potsdam Japan jedes Zugeständnis verweigert.

Karaoke. Wörtl. „leeres Orchester". Überaus populäres Vergnügen in Bars u.ä., wo man zu Hintergrundmusik mit Mikrophon (u.U. auch mit Video-Kamera-Übertragung) bekannte Lieder, Schlager oder auch klassische Gesänge zum besten geben kann. Die Toleranz der Zuhörer ist beachtlich, aber es kommt ja jeder dran ... Auf Betriebsfeiern (↑ *shinnenkai*, ↑ *bōnenkai*) sehr beliebt, junge Mitarbeiter können dabei vor den Vorgesetzten glänzen. Ausländische Gäste werden gern zu einem Beitrag aufgefordert (Also: Deutsche Volkslieder lernen! Fast alle sind in Japan bekannt). Inzwischen ist K. überall auf der Welt verbreitet.

Karate. Kampfsportart, die sich seit dem 14. Jh. aus einer waffenlosen Kampftechnik auf den ↑ *Ryūkū-Inseln* entwickelte: In dem Königreich Ryūkū (unter chinesischer Oberhoheit) waren Waffen verboten. Die K.-Kämpfer stoßen mit Armen, Fäusten, Handkanten, Ellenbogen usw. Im Gegensatz zu anderen Kampfkünsten zielt die K.-Technik auf schwere Veletzung oder Tötung des Gegners. Im K.-Sport werden die Schläge und Stöße meist nur simuliert, unter Verwendung besonderer Schutzbekleidung aber auch teilweise schon angewendet.

kare-sansui „Trockengärten". Gestaltungselemente sind in dieser Form der ↑ *Gartenkunst* nur Kiesel, Felsen in bizarren Formen dazu vielleicht noch Moose.

Karōshi „Tod durch Überarbeitung". In letzter Zeit auch durch einige Gerichte als haftungspflichtige Todesart anerkannt, die auf übergroße Arbeitsbelastung zurückzuführen ist. Dabei werden verschiedene medizinische Todesursachen unter diesem Begriff zusammengefaßt; als Verursacher ist in mehreren Urteilen jeweils das Unternehmen des Verstorbenen benannt worden und mußte Schadenersatz leisten; die Klägerinnen waren in allen Fällen die hinterbliebenen Ehefrauen.

kastera. Eine Art Sandkuchen in Kastenform; dem Namen ist zu entnehmen, daß diese Art Kuchen wohl ursprünglich aus Spanien nach Japan gelangt ist (Kastilien!).

katakana. Zweite, einfachere Silbenschrift von 46 Zeichen; verwendet meist, um Fremdwörter und ausländische Namen zu schreiben. Auf der Basis von K. arbeiten heute viele japanische Textverarbeitungssysteme. Mit einer Tastatur von 50 K.-Zeichen kann eine geübte Schreibkraft die 26 europäischen Buchstaben sowie nicht weniger als 6700 ↑ *Kanji* schreiben; die Maschine ersetzt blitzschnell K.-Wörter durch chinesische Zeichen. ↑ *hiragana*.

katsuobushi. Stücke von holzhart getrocknetem Bonito/Thunfisch; die Stücke werden auf einem besonderen

Hobel gespänt, diese Späne werden in Wasser mit ↑ *kombu* gekocht und bilden die Grundlage für die klassische Brühe. ↑ *dashi.*

Katzen genießen in Japan Privilegierten-Status: Man sieht sie verstohlen überall, mindestens die Spuren ihres nächtlichen Treibens, wenn die Müllsäcke am Straßenrand wieder einmal aufgerissen sind. Als Talisman werden K. von Barbesitzern und anderen Geschäftsleuten der Freizeit-Industrie sehr geschätzt: Die lockende Katzenfigur im Schaufenster bringt guten Umsatz. ↑ *maneki-neko*, ↑ *Fabelwesen.*

Kaufhäuser. In Japan die Einkaufsmöglichkeit der gehobenen und hohen Preisklasse. Bei Geschenken aus dem Kaufhaus entfernt man nicht das Einwickelpapier, denn es gibt dem Präsent und dem Schenkenden „Gesicht". Berühmte Namen: Takashimaya, Mitsukoshi, Isetan usw. (In Tokyo meist auf der ↑ *Ginza* gelegen).

Kawabata, Yasunari 1899–1972; geboren in Osaka. Als Waise kam K. mit achtzehn Jahren nach Tokyo. Studium der engl. u. jap. Literatur. Nach dem Examen 1924 gründete er einen Zirkel von Literaten, die sich bewußt der damals starken Proletarier-Literatur widersetzten. Frühe experimentelle Texte („Handtellerliteratur" ähnlich den modernen Short-Stories). In Osaka geboren, wurde die *Shitamachi* (Unterstadt) von Tokyo zum Schauplatz vieler seiner Erzählungen. Literarische Vorbilder waren für K. europäische Erzähler (Proust, Joyce), aber auch die japanische Klassik (↑ *Sei Shonagon*). Seine Erzählungen („Die Tänzerin von Izu", 1969, Ü. O. Benl) und Romane („Schneeland", „Tausend Kraniche", 1970 Ü. O. Benl, „Ein Kirschbaum im Winter", 1969) sind auf den ersten Blick einem reinen Ästhetizismus verpflichtet, aber die fließende, fast lyrische Erzählweise mit ihrer selbstbewußten und von Tagesmoden abgehobenen Struktur gab der japanischen Literatur nach dem Krieg neue Identität. Die internationale Bedeutung Ks. wurde 1968 durch die Verleihung des Literatur- ↑ *Nobelpreises* anerkannt. K. beging 1972 Selbstmord.

Keidanren. Der größte – und wohl auch noch einflußreichste – japanische Wirtschaftsverband. Kurzform für „Keizai dantai rengokai" (Vereinigung der Wirtschaftsverbände). Gegründet 1946. Der K. vertritt nach innen und außen die wirtschafts-, sozial- und finanzpolitischen Positionen und Interessen der japanischen Wirtschaft. Für Japans Politiker und Ministerien ist der K. der wichtigste Dialogpartner aus den Wirtschaftskreisen, er selbst versteht sich in umgekehrter Richtung als Interessenverband, nicht selten auch als kämpferischer Vorreiter in politischen Grundsatzfragen. Der K. hat eine westjapanische Regionalorganisation, den „Kankeiren" (d.h. ↑ *Kansai keidanren*), die vor allem die Regionalinteressen der Gebiete um Osaka und Kobe vertritt. ↑ *Nikkeiren*, ↑ *Keizai dōyūkai*, ↑ *Japanische Industrie- und Handelskammer.*

keigo. Eine spezielle Höflichkeitssprache ermöglicht Sprechenden, zum Gesprächspartner gewendet, Ehrerbietung, Distanz o.ä. über grammatische Wendungen auszudrücken. ↑ *Höflichkeit.*

Keizai dōyūkai. Der kleinste der japanischen Wirtschaftsverbände, gegründet 1946. Dem Verband gehören nur Einzelmitglieder an, vor allem „CEOs" (Chief Executive Officers, also Vorstandsmitglieder großer Unternehmen) und selbständige Unternehmer. Der K. galt lange als „junges" Gegengewicht zu den drei anderen Wirtschaftsverbänden, die aus Sicht des K. von unflexiblen Vertretern großer Verbände und Unternehmen dominiert werden. ↑ *Keidanren*, ↑ *Nikkeiren*, ↑ *Japanische IHK.*

Kendō. Schwertkampf als Sport; zugleich die älteste der Kampfsportarten (↑ *budō*). Die Kämpfer tragen eine Gittermaske („men") mit Hals- und Nackenschutz, die Brust ist mit einem festen Metallpanzer („dō") geschützt, Armschienen („kote") dekken Unterarm und Handrücken (↑ *Kidotai*); unterhalb des Brustpanzers wird eine Schutzschürze („tare") aus Metall getragen. Die Rüstung wird über dunklem Kimono und ↑ *hakama* angelegt. Die Kämpfer treten barfuß gegeneinander an, ihre Waffe ist ein Bambusschwert („shinai"). Das Schwert wird mit beiden Händen (rechts über links) geführt, mit Ausfall, Parade, Schlag entwikkelt sich der Kampf. Beim Angriff kann der Schlag angesagt werden, indem der Angreifer die Zielpartie des Körpers beim Gegner nennt. Über den Sieg entscheiden Körperhaltung und Schwertführung, die das geistige Gleichgewicht des Kämpfers widerspiegeln – und natürlich auch die Treffer.

kenzan. Wörtl. „Nadelberg". Ein schweres Metallstück (Blei), verschieden geformt, häufig rund. Der K. ist dicht mit Nadeln besetzt, in denen beim ↑ *Ikebana* die Gesteckteile festgespießt werden.

Keramik. Funde bezeugen die Kenntnisse keramischer Techniken schon für die Zeit von 5000 bis 250 v. Chr. (schlichte Gefäße m. einfachen Verzierungen), im 3. bis 7. Jh. n. Chr. erreicht die K.-Kunst mit den ↑ *haniwa*-Figuren erste künstlerische Höhepunkte. In der ↑ *Nara*-Zeit kam glasierte K. auf, für Tempeldächer wurden glasierte Ziegel verwendet, aber der Adel bevorzugte noch ↑ *Lack*-Geräte oder zog chinesische K. vor. Aber gerade unter chinesisch-koreanischem Einfluß (Celadon) wurde von Teemeistern die edle K. entdeckt, während zuvor keramische Gefäße eher dem täglichen Gebrauch dienten. Großen Einfluß hatte im 16. Jh. die koreanische Volks-K., die von Keramikern aus Korea vermittelt wurde, die während des japanischen Feldzugs in Korea (1592–98) nach Japan verschleppt wurden. Rauhe K., mit frei geflossenen, plastischen Glasuren dominierten die japanische K. danach fast hundert Jahre, besonders in der Tee-Ästhetik; jap. Porzellan war wenig verbreitet. Erst die Entdeckung von Kaolin-Erden in Arita (Kyūshū) brachte die Porzellan-Industrie in Gang, Vorbild war vor allem die koreanische blau-weiße Ware. Über Imari gingen zahlreiche blau-weiße Porzellane nach Europa (Imari-Ware), später wurden auch Porzellane mit bunter Unterglasur-Malerei gefertigt. Die Tee-Tradition ließ unverändert die K. im eher rustikalen Stil vorherrschen, besonders die sog. raku-Ware, die im offenen Ofen gebrannt wird, erfreut sich bis heute größter Beliebtheit. Es gibt auch heute zahlreiche Schulen in der jap. K., die von der Vitalität der japanischen K.-Kunst zeugen.

Kidotai. Japanische Bereitschaftspolizei. Ihre grauen, vergitterten Busse stehen an zentralen Punkten des Regierungsviertels in Tokyo, vor der Residenz des Ministerpräsidenten oder z. B. in einer Nebenstraße vor der US-Botschaft. Der martialische Aufzug der K.-Männer muß waghalsige Demonstranten entmutigen: dunkel (blau-schwarz) gekleidet, der Helm mit ledernem Nackenschutz und Plastik-Visier, Arm- und Beinschienen nach Art der ↑ *Samurai* mit Handrückenschutz, einen langen Knüppel in der Hand, lässig auf einen hohen Kunststoffschild gelehnt, wird rundum Sicherheit gewährleistet. Der Berufssport der K. ist ↑ *Kendō* . . ., ↑ *Polizei.*

Kigyō keiretsu. Unternehmensverbundsgruppen, die „Nachfahren" der ↑ *Zaibatsu* aus der Vorkriegszeit. Nur unzureichend als „Mischkonzern" übersetzt; es handelt sich um weitgehend informell zusammengeschlossene und sehr locker geführte Unternehmensgruppen, die durch gegenseitige Kapitalbeteiligungen (Minderheitsbeteiligung) zusammengehalten werden. Holding-Gesellschaften sind in Japan verboten, denn sie waren vor dem Krieg das Steuerungsinstrument der ↑ *Zaibatsu*. Im Kern aller K.-K. stehen je eine Großbank und ein ↑ *Generalhandelshaus*. Koordination und Perspektivführung finden in weitgehend informellen „Runden" der Unternehmenspräsidenten statt; so wird die Mitsubishi-Gruppe von der legendären *Kinyō-kai* (Freitagsrunde) gesteuert. Es gibt über 100 Verbundgruppen, die gegeneinander in harter Konkurrenz stehen, gruppenintern jedoch zu einer Art „ökonomischer Solidarität" verpflichtet sind (Beispiel: Gruppenbanken decken Verluste von „Schwesterunternehmen" ab, ohne rechtlich dazu verpflichtet zu sein, oder Streckung von Zahlungszielen zwischen Partnerunternehmen).

kimi. Informelle, vertrauliche Anrede „Du", weniger von Frauen verwendet.

Kimigayo. Dieses Gedicht aus dem „Kokinwakashū" (Gedichtsammlung, 10. Jh.) wurde zum japanischen Nationallied (↑ *Nationalhymne*); nicht durch Gesetz, sondern durch Gewohnheit. Der Dichter dieses ↑ *waka* ist unbekannt. In der zweiten Hälfte des 19. Jh. wurde das Gedicht von einem Hofmusiker vertont. Die Worte lauten in ungefährer Übersetzung:

„Möge die Herrschaft des Tennō für tausend, nein: achttausend Genera-

tionen währen, für die Ewigkeit, die es dauert, bis kleine Kiesel zu Felsen geworden sind und mit Moos bedeckt."
(Offenbar glaubten die Japaner in der Frühzeit, daß Felsen aus Kieseln wachsen.)

Kimono Dieses prachtvoll elegante Oberbekleidungsstück, das bei japanischen Damen so faszinierend mit dem schwarzen Haar in kunstvoller Frisur harmoniert, hat wohl bei europäischen Besuchern den Vergleich mit Schmetterlingen ausgelöst: Madame Butterfly ohne Kimono – unvorstellbar! Der K. wurde ursprünglich auf China (Tang-Zeit) übernommen. Im Gegensatz zu westlicher Kleidung ist der K. „zweidimensional", er wird aus einer einzigen Stoffbahn mit festgelegten Abmessungen (0,37 m × 12,0 m) zugeschnitten: Aus insgesamt acht Teilstücken setzt sich der K. zusammen, zwei Rückenstücke, zwei Ärmel, zwei Frontbahnen, dazu Kragen und Überkragen; die Teile werden in geraden Nähten, ohne Abnäher, Quetschfalten usw. zusammengesetzt. Der K. ist nicht maßgefertigt, sondern wird durch Raffen und Zusammenziehen der Größe der Trägerin angepaßt; der Saum sollte ca. 10 cm über dem Boden sein. Der K. wird mit einer Schärpe, dem ↑ *Obi* gebunden, darunter werden verschiedene andere Kleidungsstücke getragen. Bis in die sechziger Jahre noch Alltagskleidung, heute meist festliches Kleidungsstück. Männer tragen schlichte, oft schwarze K. mit Familienwappen, Frauen je nach Jahreszeit prächtig gemusterte K. Das K.-Material ist meist sehr kostbar (Seide) und teuer, es gibt jedoch auch preiswertere K. aus Baumwollstoffen. Bei Hochzeitsfeiern werden die Hochzeits-K. oft nur geliehen, da sie besonders wertvoll sind. Junge Frauen tragen K. mit langen Ärmeln, die K. verheirateter, älterer Frauen haben kurze Ärmel. Das „Dekollete" des K. ist der heruntergezogene Kragen am Nacken, wodurch der sanfte Schwung der Halslinie betont wird. ↑ *Ōbi,* ↑ *Yukata.*

Kirschblüten. Jap. „sakura". Neben Pflaumenblüten, Kiefern, Bambus und Chrysanthemen zentrales Symbol für ein kurzes, blühendes Leben in Schönheit, deshalb ebenso Sinnbild für Vergänglichkeit des Seins. Die ↑ *Samurai* wurden stets mit K. verglichen. Im Frühling trifft man sich zum Betrachten der K. (↑ *hananti*) und feiert feuchtfröhlich unter der Blütenpracht.

kizoku. Der japanische ↑ *Adel.*

Klein- und Mittelindustrie. Jap. *chūshō kigyō* (KMU). In der „dualen Wirtschaftsstruktur" Japans der klassische Krisenpuffer: Die KMU nehmen überzählte Arbeitskräfte aus Großunternehmen auf und müssen akzepieren, daß Großunternehmen in Krisen die KMU-Produktion in die eigene Fertigung übernehmen. Die KMU sind größtenteils Zulieferbetriebe der großen Endfertiger, bes. in der Kfz-Industrie. Die Arbeiter in der KMU verdienen deutlich weniger als die Stammbeschäftigten großer Unternehmen und gewährleisten damit einen wesentlichen Kostenvorteil der japanischen Industrie. Zu Beginn der 90er Jahre verlagern auch Japans KMU immer stärker die Fertigung in das benachbarte Ausland (z.B. Südostasien), damit gehen Arbeitsplätze verloren. Als KMU gelten in Japan Unternehmen mit bis zu 300 Beschäftigten; sie stellen unter allen Bereichen über 90%, und mehr als 70% aller Arbeitnehmer sind in KMU tätig.

Klima. Das Klima in Japan ähnelt dem in südlichen Teilen Europas, aber im NO und Norden ist es schneereich. Japan hat vier klar ausgepägte und deutlich unterschiedene Jahreszeiten, von denen jede ihren eigenen ganz unverwechselbaren Reiz hat; die japanische Kunst, besonders die ↑ *Malerei* hat seit Jahrhunderten in den Pfirsich- und Kirschblüten des Frühlings, der Sommerregenzeit im Juni, dem strahlenden Rot der Ahornblätter im Herbst oder auch dem Schnee auf Bambus ihre Motive gefunden.

Der Frühling (März–Mai) bringt in Tokyo Temperaturen von ca. 13 Grad C, im Süden (Kagoshima) 16 Grad C, Übergangskleidung, leichte Jacken oder Pullover sind angebracht. Frühling ist die Zeit der üppigen ↑ *Kirschblüte*. Der Sommer (Juni–August) beginnt mit einer Periode ergiebiger Niederschläge (i.d.R. 3–4 Wochen), die Zeit der Reispflanzung. Im Durchschnitt hat Tokyo dann eine Luftfeuchtigkeit von 77% und 25 Grad C, es war zu Beginn der 90er Jahre jedoch meist heißer und feuchter. Dieses Wetter ist in den Städten nicht sehr angenehm, die Flucht in klimatisierte Räume liegt nahe. Aber Achtung: Erkältungen lauern, denn die Temperaturgefälle sind enorm! Der Herbst (Sept.–Nov.) bringt trockenes, frisches Wetter (17 Grad C, Tokyo) und eine leichte Brise. Die leuchtend rote Laubfärbung der Ahornbäume bietet dann in vielen Teilen Japans ein atemberaubendes Bild; es ist auch die Zeit der Chrysanthemenblüte. Der Winter (Dez.–Febr.) bringt an der Pazifikküste Temperaturen um 0 Grad C, in Tokyo ca. 5 Grad C. Im Norden (↑ *Tōhoku*, Hokkaīdō) fällt viel Schnee, die Wintersportmöglichkeiten in Japan sind sehr gut.

Knabenfest. Ein wenig verschämt auf Japanisch „Kinderfest" genannt, aber natürlich geht es tradionell um Jungen: Im Garten werden an Masten bunte Karpfenfahnen gehißt (↑ *Koinobori*), ein schwarzer für den Hausherrn, ein roter Fisch für die Mutter und für jeden Jungen je ein kleinerer Karpfen – kein Fisch für die Mädchen . . .

kōban. Kleine Polizeistation. Kenntlich an einer roten Lampe über dem Eingang, darunter das Polizeiwappen. In dichtem Netz über ganz Tokyo, ganz Japan letztlich, verteilt. Hier erhält jedermann Auskunft, auch auf Englisch (wenn nötig per Telefon über die Zentrale). Die Polizisten eines K. sind meist bestens über ihr Revier und seine Bewohner informiert, dem Streifenpolizisten („o-mawari san") auf seinem Fahrrad begegnet man in der Nachbarschaft immer wieder.

Kōbe- (Matsuzaka-) Beef. Die besten Rindfleischsorten Japans. Die Rinder in der Gegend um Kōbe, Matsuzaka bekommen Bier zu saufen und werden täglich massiert. Das Ergebnis ist ein hauchzartes, fett-marmoriertes Fleisch, das kaum mit europäischen Sorten zu vergleichen ist: Man kann es mit ↑ *Eßstäbchen* zerteilen! Dafür ist es aber auch schwindelerregend teuer.

Kodama „Echo"; ein Typ des ↑ *Shinkansen*, der an mehr Stationen hält als der ↑ *Hikari.*

koinobori. Die „Karpfenfahnen", die am ↑ *Knabenfest* vor den Häusern gehißt werden. Sie sind wie Windsäcke konstruiert und zeigen neben den „Elternkarpfen" durch kleinere Karpfenfahnen an, wieviele Jungen in der Familie sind. Anders als ihre fetten europäischen Vettern gelten die Karpfen in Asien als Symbole von Stärke und Ausdauer, denn sie wandern reißende Flüsse hoch, indem sie sich durch die Strömungen schnellen.

kokeshi. Ursprünglich einfache Holzspielzeugpuppen; sie bestehen aus einem walzenförmigen (manchmal konischen) „Körper", über dem ein kugeliger Kopf sitzt. Die K. werden oft aus einem kunstvoll gemaserten Stück Holz gedreht; die Bemalung zeigt Kindergesichter und stilisierte ↑ *Kimono*, häufig auch nur Blumenmuster; K. gibt es in allen Teilen Japans, verschiedene Typen sind verschiedenen Regionen zuzuordnen. ↑ *Puppen.*

koku. Trad. Hohlmaß für Reis (enthülst); umgerechnet ca. 180 l. Nach „koku" wurden die Reislieferungen an die ↑ *Samurai* oder z.B. das Vermögen eines ↑ *Daimyō* und seines Lehens gemessen.

kokugo. Die Nationalsprache, also das „echte" Japanisch. Im Unterschied zum ↑ *Nihongo*, das auch für Ausländer (oder nur für sie) zu erschließen ist, glauben manche japanische Sprachwissenschaftler, daß diese Form des Japanischen für Ausländer nicht zu erlernen ist, sondern nur von früher Kindheit an über die Erziehung erworben wird.

kombu. Dickblättriger Seetang, am Strand gesammelt, gefischt oder in „Farmen" gezüchtet, getrocknet als Grundlage für Brühe (↑ *dashi*) oder frisch (bzw. eingesalzen) als Gemüseart verw.endet (Suppeneinlage); auch für Salate. Sehr mineralreich.

Kōmeitō. „Partei für saubere Politik", gegründet 1965 auf Initiative der riesigen buddhistischen Laienorganisation bzw. Sekte ↑ *Sōka gakkai* (SG). Die K. galt lange Zeit als politischer Arm der Sekte. Trotz späterer Versuche, die Partei von der SG zu lösen, blieb die Partei eng mit der Sekte verbunden: Viele K.-Politiker waren zugleich SG-Funktionäre, und ihre Wähler waren fast ausschließlich Mitglieder der SG, darüber hinaus finanzierte die Sekte die Partei. Die K. wollte vor allem die „zu-kurz-Gekommenen" der japanischen Gesellschaft ansprechen und verfocht eine radikale Friedenspolitik. Seit ihrer Gründung stets in der parlamentarischen Opposition, jedoch 1994 kurzfristig in einer Koalition auch

Regierungspartei. 1995 hat sich die K. für aufgelöst erklärt und schloß sich der vereinigten Oppositionspartei ↑ *Shinshintō* (Neue Fortschrittspartei) an; allerdings blieb ein Teil der K. als eigene Organisation noch bestehen.

Kommunistische Partei Japans (KPJ). Die älteste politische Partei Japans: „Nikon kyōsantō", gegründet 1922 in der Illegalität auf Initiative der Komintern. Die meisten KPJ-Führer waren bis 1945 in Haft, einige überlebten im chinesischen Exil bei Mao Zedong. Nach 1945 wieder aktiv, war die Partei bis 1953 unter chinesischem Einfluß sehr militant. Später versuchte sie, ein positives Image aufzubauen. Die KPJ löste sich früh von Moskau und Beijing und steuerte einen „eurokommunistischen" Kurs. Die übrigen Oppositionsparteien haben die KPJ stets isoliert, Sympathisanten fand sie vor allem in der akademischen Welt. Nach dem Ende des europäischen Kommunismus ist die KPJ ohne Orientierung, sie hat es nicht geschafft, sich ein neues Image zu geben.

Konfuzianismus. Die Gesellschaftslehre (nicht etwa: Religion!) des Konfuzius gelangte schon um das 4. Jh. n. Chr. nach Japan; neben den ersten buddh. Schriften wurden auf dem Umweg über Korea auch konfuzianische Werke in Japan bekannt. In der ↑ *Meiji-Zeit* (19. Jh.) wurde der K. dann von der Regierung zum ideologischen Fundament des Staates ausgebaut: ↑ *Shintō* (d.h. Staats-Shintō) und K. zusammen waren die geistig-sozialen Rahmenbedingungen des jungen modernen Staates. Die 17 Artikel des Regenten Shōtoku-taishi (604) waren das früheste Beispiel einer Instrumentalisierung des K. für die „Staatsräson". Grundelemente des K. bilden familiäre und staatliche Sonderbeziehungen zwischen Menschen, die hierarchisch gegliedert sind: Vater-Sohn, jüngerer-älterer Bruder, Schwiegertochter-Schwiegermutter usw., vor allem aber die Beziehung Herrscher-Untertan. Die Bildung allein entscheidet im K. über den gesellschaftlichen Rang, eine gute Gesellschaft definiert sich durch ihre straffe Ordnung, die durch absoluten Gehorsam gewährleistet wird. In Japan gibt es zahlreiche verschiedene Schulen.

kotatsu. Niedriger Tisch; unter der Tischplatte ist ein elektrischer Heizstrahler angebracht, die Seiten sind mit abgesteppten Decken verhängt. Im Winter sitzt man auf Polstern um den k. und streckt die Beine unter die Decken. In vielen älteren Wohnungen noch heute Kommunikationszentrum für die ganze Familie.

Kreditkarten. In großen Hotels, Warenhäusern, ↑ *Ryōkan* und ↑ *Banken* werden internationale K. anstandslos akzeptiert, z.B. American Express, Visa, Diners Club, Master Card usw.

Kriegsgefangene. Ein Kapital, das noch nicht abgeschlossen ist: Ungezählte chinesische Kriegsgefangene sind in japanischen Lagern umgekommen: verhungert, ermordet, bei brutalen Menschenversuchen zu Tode gequält oder bei unmenschlicher

Arbeit gestorben. Die japanischen Kriegsgefangenenlager waren berüchtigt („Die Brücke am Kwai"). Bisher hat die japanische Regierung keinerlei Entschädigungen gezahlt, weder an chinesische, philippinische oder indonesische Überlebende noch an westliche Gefangene. Im Januar 1995 lebten noch ca. 20000 ehemalige alliierte Kriegsgefangene aus den USA, Großbritannien, Australien und Neuseeland; die „Japanese Labour Camp Survivors' Association" (12000 Mitglieder) klagt für jedes Mitglied umgerechnet ca. 45000 DM Wiedergutmachung ein. ↑ *Pazifischer Krieg*, ↑ *Kapitulation*.

Kriminalität. Noch immer darf Japan wohl als das sicherste Land der Welt angesehen werden. Auch in den spärlich beleuchteten Gassen der großen Städte kann man sich abends gefahrlos bewegen; K. ist dort, wo man sie erwartet, in den Vergnügungsvierteln, teilweise in der Politik oder auch in der Wirtschaft, wo „weiße-Kragen-Kriminalität" zu finden ist wie überall auf der Welt. Die Aufklärungsrate bei Schwer-K. ist sehr hoch; zu dieser Kategorie zählen nach jap. Definition Mord, Raub, Brandstiftung, Vergewaltigung, Kidnapping und unsittliche Attacken. Für 1992 (letzte Zahlen) ergab sich folgendes Bild: Bei insgesamt 10114 Fällen (in Klammern = Aufklärungsrate) – Morde 1227 (96,6%) Raub 2189 (69,7%), Brandstiftung 1418 (81,6%), Vergewaltigung 1504 (82,6%), Kidnapping 271 (91,5%), unsittliche Attacken 3505 (74,9%). Zum Vergleich die Aufklärungsraten in Deutschland (1989) Mord 94,4%, Vergewaltigung 69,4%, Raub 43,8%. Deutlich zugenommen hat in Japan der Mißbrauch von Kreditkarten und anderer „Plastikwährungen": 1990 wurden 7631 Fälle bekannt, 1992 waren es 11045 Fälle, in fast allen Fällen erfolgten Festnahmen. ↑ *Polizei*, ↑ *Justiz*.

Kronprinz Naruhito. Geb. 23. 2. 1960 als erster Sohn des jetzigen Kaisers. Studierte an der „kaiserlichen" Universität ↑ *Gakushūin*, später in Großbritannien. PH.D. Titel von Gakushūin. Seit 23. 2. 1991 offiziell Kronprinz, heiratete am 9. 6. 1993 *Masako Owada*.

Kronprinzessin Masako M. Owada; wie ihre Schwiegermutter, Kaiserin Michiko, bürgerlicher Herkunft. Ihr Vater, Hisashi Owada, war Vize-Außenminister (1993 Botschafter in den USA); Masako war ebenfalls nach einem glänzenden Studium an der Juristischen Fakultät (i.e. akad. Elite!) der Universität Tokyo und der Wirtschaftswissenschaften in Harvard sowie einem Studium in Oxford in den auswärtigen Dienst gegangen. 1993 heiratete sie nach langem Werben seitens Naruhito den ↑ *Kronprinzen*; viele japanische Frauenrechtlerinnen sind der Ansicht, sie habe damit den Emanzipationsbemühungen japanischer Frauen einen schlechten Dienst erwiesen.

Kündigung. Noch immer die Ausnahme, sowohl seitens der Firma als vor allem auch von seiten der Beschäftigten. Vor dem Hintergrund des noch immer gültigen Prinzips lebenslanger Anstellung ist für einen

„Job-Wechsler" das Hineinwachsen in die Gemeinschaft einer anderen Firma fast unmöglich. Jedoch waren z.B. ↑ *kachō*, die bei der Führungsauslese auf der Strecke geblieben sind, schon immer bereit, in eine andere Firma überzuwechseln. Dabei helfen sog. „Talent-Banken", in denen unter Codeziffern Fach- und Führungskräfte ihre Bereitschaft zu einem Wechsel anbieten. Inzwischen gibt es auch „Headhunter", die Spezialisten abwerben. In der wirtschaftlichen Rezession der frühen neunziger Jahre mehrten sich die Anzeichen für höhere Mobilität unter Fach- und Führungskräften; gerade in Großunternehmen sind Mitarbeiter der mittleren Führungsebene eher bereit, ihre Firma zu verlassen, wenn sie beim Aufstieg übergangen wurden, allerdings neigen solche Kräfte häufig dazu, lieber gleich eine eigene Firma zu gründen.

kuge. Hofadelsfamilien in Kyōto. Die k. mußten im 12. Jh. die reale politische Macht an die erstarkten Familien des Schwertadels (↑ *buke*) abgeben. ↑ *Adel.*

kun. Eher informelle Form für „Herr" (statt ↑ *„san"*).

Kunaishō ↑ *Haushofamt, kaiserl.*

Kunst ↑ *Architektur,* ↑ *byōbu,* ↑ *e-makimono,* ↑ *Fächer,* ↑ *Farbholzschnitte,* ↑ *Gartenkunst,* ↑ *Grafik,* ↑ *sumi-e,* ↑ *Tuschmalerei.*

Kurilen-Inseln Inselgruppe nördl. der Hauptinsel Hokkaido, die vier K. sind Kunashiri, Etorofu, die Habomai-Gruppe und Shikotan. Die Inseln fielen durch völkerrechtlich gültige Verträge im 19. Jh. an Japan, wurden aber 1945 von der damaligen Sowjetunion unter Bruch des Neutralitätsabkommens von 1941 besetzt. Japan verlangt seither die Rückgabe der Inseln, was beharrlich auch von Rußland verweigert wird. Japan bezeichnet die K. als „nördliche Territorien" und lehnt einen Friedensvertrag mit Rußland ab, solange die Territorialfrage nicht geklärt ist.

Kurosawa, Akira. In Europa der wohl bekannteste japanische Film-Regisseur. Geb. 1910 in Tokyo. Seine Filme „Rashomon" oder „Die sieben Samurai" haben Filmgeschichte gemacht, die jüngeren Werke wie „Ran" oder „Uzala, der Kirgise" sind heute weniger bekannt. In Japan war Kurosawa niemals so populär wie im Ausland – vielen Japanern erscheint er „unjapanisch".

Kyōgen. Klassisches „Lustspiel", auch als „Noh-kyōgen" bekannt. Diese Bezeichnung verdeutlicht den theatralischen „Ort" des K.: Es handelt sich um humorvolle Zwischenstücke, die zwischen den ernst gemessenen ↑ *Noh*-Spielen eingeschoben werden. Wie im ↑ *Noh* stellen ausschließlich männliche Darsteller komische Typen im witzigen Dialog dar. Die Handlung der Stücke lebt von der Darstellung menschlicher Schwächen (Dummheit, Trunkenheit) oder von Situationskomik. ↑ *Masken,* ↑ *Noh.*

kyōiku-mama Hinter den meisten erfolgreichen Schülern, die ihre Aufnahmeprüfungen in eine gute Universität schaffen, steht eine „kyōikumama“, die mit sanfter Beharrlichkeit oder auch psychischem Druck ihren Sprößling zu immer neuen schulischen Höchstleistungen getrieben hat. Abends harrt sie vor der ↑ *juku* aus, verschafft dem Sohn (auch der Tochter) die nötige Ruhe zum Büffeln, spricht ihnen Mut zu und hilft so, alle Prüfungshürden zu nehmen, bis hin zur letzten großen Prüfung: dem Zugang zur Universität, einer „guten“ natürlich!

Kyōto. Bis 1868 Hauptstadt Japans; Sitz des Kaisers. Ursprünglicher Name Heiankiō.

Kyūdō. Die Kunst des Bogenschießens. Eine eher meditative Sportart, bei der es weniger auf hohe Trefferzahlen als auf die selbstverständlich-unbewußte Körperbeherrschung ankommt. Der gemessen fließende Bewegungsablauf bis hin zum Schuß soll den Schützen eins werden lassen mit dem Pfeil und dem Ziel. Die Bogenschützen, darunter viele Frauen, tragen schwarze ↑ *Hakama* über einem hellen (weißen) ↑ *Kimono*. Der Bogen ist 2 m lang, sein Spannpunkt liegt im unteren Drittel. Bogenschießen war schon am ↑ *Heian*-Hof beliebt, dort besonders das Bogenschießen vom galoppierenden Pferd, das heute nur noch bei ↑ *Festen* zu sehen ist, während K. noch heute zahlreiche Anhänger hat.

Kyūshū. Südwestlichste der vier japanischen Hauptinseln; ca. 42000 qkm oder 11,4% der Gesamtfläche Japans. Über Kyushu kamen in frühgeschichtlicher Zeit die ersten Festlandseinflüsse via Korea, im 16. Jh. faßte hier das ↑ *Christentum* Fuß.

L

Lack. Der klebrige Saft des L.-Baums (Rhus vernicifera), der an feuchter Luft zu glänzenden Schichten aushärtet. L.-Bäume sind in ganz Ostasien verbreitet; die Bäume werden angezapft, der austretende Roh-L. (jap. „urushi“) ist grau-weißlich und dunkelt an der Luft schnell nach. Durch Eindicken wird überschüssiges Wasser entfernt. Der Roh-L. kann schwarz (Lampenruß), rot durch Zinnober, durch pflanzliche oder mineralische Farbstoffe gelb, grün oder braun gefärbt werden. Der ausgehärtete Lack kann nicht wieder aufgelöst werden; er ist gegen Säuren und Salze unempfindlich; in trockener Luft wird L. jedoch rissig und brüchig.

Lackkunst: Erste Lackfunde sind schon auf die Zeitenwende im ersten Jahrhundert zu datieren; die Verbesserung der Techniken ging dann sehr schnell: Der verschieden eingefärbte Werkstoff Lack, aufgetragen auf einen Holzkörper (manchmal auch Stoffe), erreichte im 9. Jh. für wertvolle Gegenstände des täglichen Gebrauchs (Schreibkästen, ↑ *Eßstäbchen* u.ä.) bereits höchste Qualität. Die Bearbeitungsarten des Lacks für kunstgewerbliche Gegenstände, später auch z.B. für ↑ *Stellschirme* (↑ *byōbu*) als eigenständige Kunstwerke sind vielfältig: Beimischungen von Gold- oder Silberpulver) „Streulack", rein jap. Technik, die übrigen Techniken aus China via Korea), Perlmutt-Intarsien oder Schnitzlack, bei dem verschiedenfarbige Lack-Schichten übereinander aufgebracht und anschließend reliefartig geschnitzt werden. Drei große Bereiche der Lacktechnik lassen sich nennen: Flächiger Lack (z.B. Lackmalerei), Lack-Intarsien und Schnitzlacke.

Landschaftsgärten ↑ *Gartenkunst.*

Landwirtschaft. In Japan traditionell vor allem der Anbau von Reis (Naßreis), Gemüse und Obst; die Viehzucht spielte eine eher untergeordnete Rolle. Bei Reis hat Japan eine Selbstversorgungsrate von 101% erreicht, bei Gemüse ist diese Rate mit 90% immer noch recht gut, aber in der Fleischerzeugung ist es stark importabhängig. Die weitaus meisten landwirtschaftlichen Betriebe in Japan (Durchschnittsgröße 1,3 ha) sind Neben- oder Zuerwerbsbetriebe, nur noch ca. 1,3 Mio. Menschen sind in der L. tätig.

Lebensversicherungen. Über 90% der japanischen Haushalte verfügen über eine Lebensversicherung, die private Daseinsvorsorge wächst mit der schnellen ↑ *Überalterung*, zumal die bisherigen Systeme der Sozialversicherung nur unzureichend die Lebenshaltungskosten im Alter abdekken können. ↑ *Rentensystem.*

Lebenszeitbeschäftigung. Im traditionellen Beschäftigungssystem der Kündigungsschutz, den Stammbeschäftigte eines Unternehmens genießen. Seit der ↑ *„Bubble Economy"* ist dieses System in Frage gestellt, es wird inwischen auch in Japan entlassen, wenn die Umsatzlage eines (Groß)unternehmens es erfordert. In ↑ *Klein- und Mittelbetrieben* hat es die L. ohnehin nie gegeben. Die lebenslange Beschäftigungsgarantie bezog sich auf das Arbeitsleben bis zum 55. Lebensjahr, seit 1990 auch bis zum 60. Lebensjahr, im öffentlichen Dienst wurde stets nur bis zum 55. Jahr beschäftigt.

Lehrzeit gibt es in deutschem Sinne nicht. Die neu eingestellten Nachwuchskräfte eines Unternehmens werden einige Wochen gemeinsam in einem Firmenheim untergebracht. In engem Zusammenleben werden sie dort auf den Geist der Firma eingeschworen; sie essen und schlafen (streng nach Geschlechtern getrennt), erleben gemeinsame Aktivitäten und entwickeln so Corpsgeist. Nach dieser „Initiationszeit" werden die jungen Mitarbeiter auf verschiedene Arbeitsplätze/Tätigkeiten verteilt; anschließend rotieren sie alle drei jahre in die verschiedensten Tätigkeiten, der endgültige Arbeitsbereich stellt sich u.U. nach zehn Jahren heraus.

Liberal-Demokratische Partei (LDP). Jap. „Jiyū minshū-tō"; gegr. 1955 aus dem Zusammenschluß verschiedener bürgerlicher Parteien aus der Vorkriegszeit. Die LDP stellte von 1955 bis 1993 ununterbrochen die japanischen Regierungen (↑ *Regierungssystem*), nur 1976/77 mußte sie mit einer abgespaltenen Gruppe kurzzeitig koalieren. Seit 1994 stellt sie zusammen mit der ↑ *Sozialistischen/sozialdemokratischen Partei* und einer Kleinpartei (↑ *Shintō Sakigake*) eine Koalitionsregierung. Das jahrzehntelange Machtmonopol hat zu starken Verfallserscheinungen (Korruption, Nepotismus, polit. Stagnation) geführt, die 1993 die Ablösung der LDP brachten. Kennzeichnend für die innere Struktur der Partei waren die Machtgruppen einzelner politischer Bosse, die untereinander die Führung der LDP auskungelten, im Hintergrund wirkten „Königmacher“, die sich ihren Einfluß vergolden ließen, denn ihren Machtanspruch gründeten sie auf reichlich fließende Spenden aus der Wirtschaft (↑ *Parteienfinanzierung*). Ihre Hochburgen hatte die LDP traditionell unter bäuerlichen Wählern. Seit 1994 sucht die LDP sich nach innen und außen zu reformieren, sogar über einen neuen Namen wird nachgedacht. ↑ *Sozialistische Partei Japans*.

Lockheed-Skandal. Die größte Korruptionsaffäre der Nachkriegszeit: 1976 konnte dem ehemaligen Ministerpräsidenten (↑ *Regierungssystem*) Kakuei Tanaka nachgewiesen werden, daß er vom Flugzeughersteller Lockheed umgerechnet 3 Mio. US $ erhalten hatte, um sich für den Kauf von Lockheed-„Tristar“ durch die ↑ *ANA* einzusetzen. Das Strafverfahren gegen den „Königmacher“ der ↑ *LDP* zog sich jahrelang hin; Tanaka verstarb 1994 vor dem letztinstanzlichen Urteil. ↑ *Parteienfinanzierung*.

Lohnsystem. Die Vergütungen für abhängig Beschäftigte sind in Japan stark gestaffelt, wobei in Unternehmen derselben Branche durchaus unterschiedliche Jahresentgelte gezahlt werden; hinzu kommen die Lohnunterschiede bei Männern und Frauen (↑ *Frauen im Erwerbsleben*). Vergleiche der Entlohnung zwischen Deutschland und Japan sind nur auf Basis der Jahreslöhne möglich, da in Japan drei Variablen das Monatsentgelt bedingen, die stark schwanken können: Zum Grundlohn addieren sich Boni (zweimal im Jahr, nach Dienstalter, Position gestaffelt) plus Sonderzulagen nach Seniorität, Fachaufgaben usw. Der Grundlohn steigt langsam nach Seniorität und ist bereits bei Neueinstellung je nach Ausbildungshintergrund, Alter (z.B. Quereinsteiger) und Betriebsgröße gestaffelt. Die „Firmentreue“ schlägt sich auch in der Entlohnung nieder: Je länger ein Arbeitnehmer im Betrieb ist (↑ *Lebenszeitbeschäftigung*), desto höher sein Anspruch auf die variablen Teile des Gehalts/Lohns; hinzu kommt noch die beträchtliche Abfindungszahlung am Ende der regulären Beschäftigung. ↑ *Abfindungszahlung*.

Lotus-Sutra. Jap. „Hokkekyō“. Heiligstes ↑ *Sutra* der ↑ *Nichiren*-Sekte, auch „Myōhō rengekyō“. Die Schrift bildet die geistige Grundlage einer buddh. Sekte, die 1253 von dem Priester ↑ *Nichiren* gegründet worden ist; danach ist nicht der historische ↑ *Buddha*, sondern nur der B. des Lotus-Sutra verehrungswürdig. Die Schrift ist nach dem Glauben der Nichiren-Anhänger so heilig, daß allein die Anrufung des Sutra als Gebetsformel genügt. In neuerer Zeit hat sich die ↑ *Sōka* gakkai vom

↑ *Nichiren*-Buddh. abgespalten und verfolgt als ↑ *„neue Religion“* eine eigene Richtung.

„Love Hotels“. Hotels, die sich darauf spezialisiert haben, Paaren für einige Stunden oder eine Nacht lang neue Erfahrungen von ↑ *Sex* zu vermitteln. Die L. H. bieten in den Zimmern ↑ *Pornos* aller Geschmacksrichtungen, üppige Bettlandschaften, raffinierte Bäder, Video-Anlagen, ausgesuchte Getränke usw.; Baustil und Inneneinrichtung können bizarr, aufwendig, einfallsreich sein. Es gibt aber auch L.H. einfachster Ausstattung, diese sind dann im engeren Sinne nur noch Stundenhotels. Die Gäste der L. H. sind keinesfalls nur ↑ *Prostituierte* mit ihren Kunden, auch verheiratete Paare oder Boy-friend mit Girlfriend zählen zur Kundschaft.

Luft- und Raumfahrt. Anders als in den meisten anderen Industriebereichen hat Japan in Luft- und Raumfahrtindustrie noch starken Nachholbedarf. Zwar treibt Japan die Entwicklung z.B. eigener Mittelstrecken-Flugzeuge voran (teilweise in Kooperation mit US-Firmen und chinesischen Partnern), aber es fehlt noch an technologischen Grundlagen. Im Rüstungsbereich bauen japanische Firmen Kampfflugzeuge nach US-Lizenzen (Mitsubishi), Prototypen eines Jet-Trainers und von Hubschraubern wurden auch schon gebaut. In der Raumfahrt setzt Japan deutlich erkennbar auf eine eigenständige Entwicklung, dabei steht die Erprobung unbemannter Shuttles im Mittelpunkt. Mit einem Raumfahrt-Etat von 190 Mrd. Yen (1992; Deutschland: umgerechnet 141 Mrd. Yen) wird die Forschung in diesem Bereich gefördert. Erfolgreich wurden bisher die beiden Raketen-Typen H-I und H-II (40 m bzw. 50 m Länge) getestet, 1993/94 wurden fünf Fernmelde-Satelliten erfolgreich vom Raumfahrtzentrum ↑ *Tanegashima* gestartet.

M

madogiwa-zoku. Wörtl. „Fenstergucker“; Mitarbeiter, die für den täglichen Arbeitsablauf nicht mehr benötigt werden, die man aber nicht entlassen kann, da sie als ↑ *Stammarbeitnehmer* traditionell Kündigungsschutz genießen. Der in Japan gebräuchliche Begriff ist eher „kigyōnai shitsugyō“, d. h. innerbetriebliche ↑ *Arbeitslosigkeit.*

maguro. Thunfisch o. Bonito ↑ *Sushi, sashimi.*

Mahjong. Ein ursprünglich chinesisches Spiel mit viereckigen Steinen für vier Spieler. M. wurde in den zwanziger Jahren dieses Jh. gleichzeitig aus China und den USA nach Japan gebracht. Ziel des Spiels ist es, die flachen Steine (wie Spielkarten) in bestimmten Kombinationen vor sich zu gruppieren. Jeder Spieler erhält 13 Steine, ein weiterer wird vor Spielbeginn gezogen (14 Steine). Mit Ziehen und Ablegen müssen die Steine in vier Dreier-Gruppen plus einem Paar als Abschluß zusammengefügt werden. Die Gruppen können drei gleiche Farben-Steine oder eine Sequenz sein. „Farben" und „Bilder" sind chines. Zeichen wie „Wind", „Nord" oder „Augen"-Gruppen, ähnlich europäischen Würfel-Augen. M. wird mit lautem Klicken und Klappern der Steine gespielt, das abends aus den zahllosen M.-Clubs zu vernehmen ist; es kann auch als ↑ *Glücksspiel* gespielt werden.

maiko. Wörtl. „Tanzmädchen"; traten und treten heute noch in Teehäusern auf. Häufig auch ↑ *Geisha* im Ausbildungsstadium.

Mainichi shimbun. Jap. ↑ *Tageszeitung*; Auflage 4,006 Mio. (Morgenausgabe), 1,989, (Abendausgabe) in Tokyo, dazu vier Regionalausgaben (1993). Gilt als liberal. Engl. Ausgabe: „Mainichi Daily News".

Malerei. Vor dem Hintergrund einer gut tausendjährigen Geschichte der japanischen Malerei, die in ihrer Entwicklung immer wieder auch Einflüsse von außen (China, Europa, USA) aufgenommen und verarbeitet hat, ist verständlich, daß in Japan heute die Werke aller Stilrichtungen und Epochen aus allen Ländern der Welt begeisterte Liebhaber finden. Kunstausstellungen, die von den großen Warenhäusern arrangiert werden, sind stets übervoll; große Industrieunternehmen sammeln Kunst alsKapitalanlage – und stellen sie in eigenen Galerien aus; staatliche und kommunale Kunstmuseen gibt es überall.

Buddh. Bildwerke aus China standen am Beginn einer eigenständigen japanischen Malerei, die sich etwa seit dem 8. Jh. herauszubilden begann. Für die Betrachtung japanischer Malerei ist es wichtig, sich vor Augen zu halten, daß es keine scharfe Trennung zwischen Schriftkunst (Kalligraphie) und Malerei gibt; schon früh wurde mit demselben Pinsel gemalt und geschrieben. Die Bilder entstanden auf geleimtem Papier und Seide, als ↑ *kakemono* montiert, als Bildrollen (↑ *emakimono*) oder auf Stellschirmen und Schiebetüren. Die japanische Malerei löste sich schnell von ihren religiösen Wurzeln, denn unter dem Vorwand der belehrenden buddh. Malerei entstanden Genrebilder, aber auch grausige Höllenstücke. In Gestalt von Tieren wurde die Gesellschaft z.B. des 14. Jh. mit spitzem Pinsel verspottet, im „Yamato-e" (wörtl. jap. Malerei) wurden Literaturwerke illustriert (↑ *Genji monogatari*); meisterhafte Schlachtendarstellungen gibt es aus der ↑ *Sengoku*-Epoche (16. Jh.). Einen künstlerischen Höhepunkt bildet die japanische Tuschmalerei, vor allemin schwarz-weiß („suiboku-ga", „sumi-e"), die in der Zen-Malerei zu höchster Vollendung gelangte. Die Tuschmalerei gelangte von China nach Japan, hier wurde sie im 16. Jh. von Meistern wie Sesshu vervollkommnet: teils in kräftigen Umrissen, als radikal aufgelöste Form „explodierender Tusche", teils flächig verschwommen im „knochenlosen Stil" entstanden Landschaftsbilder von packendem atmosphärischen Zauber. Unter der ↑ *Shōgun*-Herrschaft wurde die prächtige Malerei auf Goldgrund wiederentdeckt, in den Städten entstand eine neue Genremalerei; die

Druckgrafik (Holzschnitte) eröffnete schließlich den Malern eine enorme Breitenwirkung.

Parallel zu eifriger Rezeption europäischer Malerei seit dem 19. Jh. kam es zu einer Wiederbelebung der „Yamato-e" als „Nihonga", eine flächige Malerei mit reinen Naturfarben (zerstoßene Mineralien, Erden), die sich vor allem japanischen Motiven zuwandte. „Westliche" Malerei und „Nihonga", Tuschmalerei und Malerei in ↑ *Lack* – jede Technik, alle Stile und jede Form experimenteller Malerei ist heute in Japan vertreten. ↑ *Grafik*, ↑ *Plastik*, ↑ *Masken*.

mama-san. Wo in den zahllosen kleinen Bars der Großstädte die ↑ *maneki-neko*-Katze winkt, herrscht mama-san, die charmante, mütterliche, geduldige Barfrau, die unermüdlich zuhören kann. Nach der Arbeit sind die mama-san überall in Japan für ihre Gäste Seelentrösterinnen. Zu ihr kommen die müden ↑ *sarariman* nach dem langen Arbeitstag und erholen sich bei Whisky und Bier. Mama-san schenkt unermüdlich nach – immer aus den Flaschen der Stammkunden mit ihren Namen –, serviert kleine Happen oder reicht das heiße Handtuch nach dem Gang zum WC. Jeder ↑ *sarariman* hat eine oder zwei kleine Stamm-Bars, wohin er mit den Kollegen geht. Meist einmal im Monat kassiert die mama-san die Zechen, viele Unternehmen haben für ihre Mitarbeiter auch schon Konten dafür eingerichtet.

Management, jap. Besonderheiten. Alle Formen modernen Ms. sind heute in Japan zu finden und werden konsequent genutzt. Noch immer aber dominieren M.-Elemente, die als spezifisch „japanisch" empfunden werden; es wird dabei auf fünf spezielle Merkmale verwiesen, die das japanische M. vom „westlichen" unterscheidet und prägt:

1. Entscheidungsprozesse basieren weitgehend auf dem Prinzip kollektiver Entscheidungsfindung unter intensiver Einbindung auch nachgeordneter Führungsebenen bzw. auch einfacher Mitarbeiter (↑ *ringi*, nemawashi).
2. Arbeitnehmer werden (in Großunternehmen) noch immer i.d.R. auf „Lebenszeit" eingestellt (d.h. bis 55 oder 60 Jahre), die Entlohnung erfolgt überwiegend (noch) nach Seniorität (aber: ↑ *Beschäftigungssystem*, ↑ *Lohnsystem*). „Die Mitarbeiter sind das Unternehmen!" lautet ein zentraler M.-Grundsatz.
3. Mit wenigen Ausnahmen gibt es nur Betriebsgewerkschaften, dadurch werden Konflikte zwischen Arbeit und Kapital entschärft (↑ *Gewerkschaften*).
4. Das Unternehmenskapital für investive Zwecke (Maschinen, Anlagen) ist zu einem hohen Prozentsatz kreditfinanziert (↑ *Kigyo keiretsu*), zwischen Geschäftsbanken und Produktionsunternehmen bestehen Sonderbeziehungen. Obwohl die meisten japanischen Unternehmen Aktiengesellschaften sind, ist der Einfluß der Anteilseigner (Aktionäre) nur gering; das Top-Management hat große Handlungsfreiräume. Andererseits ist sehr oft noch die Gründerfami-

lie durch ein Mitglied im Vorstand vertreten und repräsentiert „Tradition“ (z. B. Toyota).

5. Tiefgestaffeltes Subkontraktsystem: Dieses S. entlastet das Management weitgehend von Lagerhaltungs- und Lohnproblemen, da niedrigwertige Arbeiten zu Leichtlöhnen und der Teilevorhalt in Zulieferbetriebe ausgelagert sind.

Management, mittleres. Traditionell begründen die Leistungen der Manager auf dieser mittleren Führungsebene als „menschliche Erfolgsfaktoren“ die Gesamtleistungsfähigkeit ines Unternehmens; vor allem zwei Management-Positionen, bei denen Informationsflüsse und Entscheidungsvorgänge zusammenlaufen, spielen eine Schlüsselrolle: der ↑ *kachō* (ewa „(Unter)abteilungsleiter“) und meist auch der ↑ *buchō* („Hauptabteilungsleiter“ oder „Abteilungsdirektor“). Kachō und buchō sind die Scharniere zwischen dem Top-Management und der breiten Belegschaft; sie greifen Entscheidungsinitiativen von unten auf und geben sie als Vorlagen „nach oben“ weiter, sie setzen von außen kommende Kontakte (Kunden) in Initiativen um und beobachten die Konkurrenz. Die Führungsqualität des mittleren Managements äußert sich in der Fähigkeit, die Kolleginnen und Kollegen der eigenen Abteilung immer neu zu motivieren, Arbeitsergebnisse zu optimieren, Fehlerquellen auszuschalten und persönliche Reibungen aufzuheben. Leistungsbereitschaft und Loyalität sind in dieser Ebene besonders ausgeprägt, da sich z. B. für einen kachō an dieser Karrierestelle entscheidet, ob er andere kachō überholt und in den engeren Führungszirkel weiter oben aufsteigt. Zu lange auf dieser Ebene zu verharren, bedeutet einen Karriereknick – oder das Aus. Zugleich sind die Manager dieser Ebene dem größten Streß ausgesetzt: In der Familie gibt es Probleme mit heranwachsenden Kindern (Schulstreß), die Schuldenlast drückt (das eigene Haus); der mittlere Manager steht zwischen den unerbittlichen Forderungen seiner Vorgesetzten und den Erwartungen seiner Untergebenen.

Eine besondere Härte und Krise bedeutet in diesem Lebensabschnitt die Versetzung in eine abgelegene Zweigstelle des Unternehmens – ohne Familie natürlich (wieder: die Schule). Ablehnung einer Versetzung bedeutet Ende der Karriere, andererseits aber wird die Familie fast unerträglichen Belastungen ausgesetzt: Dieses sog. „tanshin funin“ gehört zu den Schattenseiten japanischer Unternehmenskultur. Die Versetzung in eine abgelegene Niederlassung des Unternehmens kann aber auch Signal für einen weiteren Karrieresprung sein: Bewährung ist gefordert. ↑ *Beschäftigungssystem*, ↑ *ringi, rinigsei.*

maneki-neko. Keramik-Figur einer aufrecht sitzenden Katze, die mit der Pfote winkt und neue Gäste in Wirtshäuser einlädt („maneki“ = Einladung). Besonders beliebt in den kleinen Bars der Großstädte, wo sie für guten Umsatz sorgen soll. ↑ *Katzen.*

Manga. Jap. Comics, die Woche für Woche in riesigen Auflagen erscheinen: 64 Magazine, monatl. Gesamtauflage 101,49 Mio. Nicht nur Kinder und Jugendliche sind süchtig nach diesen Bildergeschichten, auch Erwachsene genießen begierig die teilweise extrem brutalen und sadistischen, sexuell aufgeladenen Stories. Einzelne Serien-Manga erreichen Auflagen von über sechs Millionen, einige Serien finden inzwischen auch in Deutschland ihre Fans. Die Bandbreite der Themen ist weit: Historiengeschichten, romantische Liebesgeschichten, harte Pornos mit wahren Gewaltorgien, Krimis usw., sogar Kenntnisse über die japanische Wirtschaft werden über Manga vermittelt.

Manyōshū. „Zehntausend-Blätter-Sammlung"; die älteste jap. Gedichtsammlung, entstanden wohl zwischen dem 5. bis 8. Jh. 20 Bände, darin 4173 ↑ *Tanka* und hunderte Gedichte anderer Dichtungsformen. Die Poeten des M. waren nicht nur Hofadlige, es wurden Gedichte aus allen Bevölkerungsschichten aufgenommen: „Gleichheit in der Poesie". Die Sammlung übt bis in die Gegenwart starke Einflüsse auf das poetische Empfinden in Japan aus.

Marco Polo. Der Venezianer war vermutlich der erste Europäer, der in seinen Schriften Japan erwähnte. In seinem Reisebericht aus China schrieb er 1299 von einem „Zipangu", dem sagenhaften „Goldreich, wo eine Königin" herrsche, wie ihm chinesische Gesprächspartner mitteilten. „Zipangu" ist die verballhornte Form des chinesischen Wortes für „Japan": Riben-guo. ↑ *Japan.*

Marunouchi. Stadtteil in Tokyo; Bankenviertel in der Nähe des Kaiserpalastes, auf der M.-Seite des ↑ *Hauptbahnhofs* von Tokyo.

Masken. In der japanischen Kultur zweifellos eine eigene Kunstform, die sowohl in religiösen Zeremonien als auch im Theater (↑ *Noh*) Verwendung finden. Die Maskenkunst kam wie viele andere Künste aus China über Korea nach Japan; die noch erhaltenen „kontinentalen" Masken (13. und 14. Jh.) stellen meist Figuren des buddh. Pantheon dar, auch Teufelsmasken. Diese frühen M. wurden bei religiösen Zeremonien und Hoftänzen getragen. Das verwendete Material war meist ↑ *Lack* und/oder Holz, die M. wurden von den Künstlern signiert. Die ↑ *Noh*- und ↑ *Kyōgen*-M. sind als eigenständige japanische Schöpfungen Kunstwerke höchsten Ranges: Die M.-Schnitzer schufen Gesichter, die mit eindringlich schmerzverzerrten Zügen oder in gesammelter Ruhe Dämonen, trauernde Frauen, alte Frauen, junge Mädchen, Götter, Rachegeister, Helden usw. zeigen. Die ↑ *Noh*-Schulen verwahren ihre alten M. sorgfältig, und auch die uralten Exemplare haben nichts von ihrer Schönheit eingebüßt. Höhepunkt der M.-Schnitzerei war das 15. und 16. Jh. ↑ *Noh*, ↑ *Kyōgen.*

matsutake-Pilze. Sehr teure Pilzart, die nur unter Kiefern (matsu) wächst; sie sind in Japan fast völlig verschwunden, heute werden sie aus Korea und Nordafrika eingeführt. Die matsutake sind eine typische Herbstdelikatesse, frisch gegrillt oder als Einlage der köstlichen Suppe „dobin-mushi" (eine klare Brühe, die in kleinen Kännchen serviert wird; der Deckel ist das Suppenschälchen).

matsuri. Ausgelassene Feste, meist ursprünglich aus dem Jahreslauf bäuerlicher Gemeinschaften entstanden, heute aber auch fester Teil des städtischen Lebens. Tänze, Musik (Trommeln!), fröhliche Sake-Gelage mit vielen Leckereien sind untrennbar mit den „matsuri" verbunden. Häufig ist der Höhepunkt eines „matsuri" der festliche Umzug von ↑ *mikoshi*-Schreinen. Jeder Stadtteil, jede Region, jede Stadt, jedes Dorf hat sein „matsuri", viele häufen sich im Spätsommer und Herbst (Erntezeit). Ein Beispiel: Das „Gion-Fest" in Kyoto; es ist das „matsuri" des Yasaka- ↑ *Schreins* und dauert vom 1.–17. Juli. Riesige Festwagen werden prächtig geschmückt durch die Straßen gezogen, und das ↑ *Gion*-Viertel ist erfüllt von festlichem Menschengewimmel.

Medien ↑ *Monatszeitschriften*, ↑ *NHK*, ↑ *Sportzeitungen*, ↑ *Tageszeitungen*.

Meiji-Zeit. *Meiji* („aufgeklärte Regierung") war die Ära-Devise des Kaisers Mutsuhito, der heute als Meiji-Tennō bezeichnet wird; die M.-Zeit umfaßt die Jahre 1868 bis 1912. In dieser Epoche begann sich Japan unter Übernahme westlicher Technologien und Ideen zu einem modernen Industriestaat zu entwickeln.

mikan-Mandarinen. Kleine, manchmal auch für Deutsche ungewohnt große Mandarinen japanischer Produktion; auf Reisen eine köstliche Erfrischung.

Mikimoto, Kōkichi (1858–1954). Der ehemalige Nudelverkäufer hatte 1896 eine zündende Idee: Die Zucht von Perlen durch Implantate in Perlaustern, wie es auch schon die Chinesen versucht hatten. Auf der Halbinsel Toba betrieb er unermüdlich seine Versuche mit der Perlenzucht, 1906 hatte er Erfolg; seine Firma „Mikimoto Pearls" kontrollierte bis 1937 weit über 60% des Weltmarktes für Perlen. Während des Krieges durfte Mikimoto keine Perlen züchten, aber 1950 nahm er die Produktion wieder auf, und „Mikimoto Pearls" ist auch heute noch weltweit Marktführer für ↑ *Zuchtperlen*.

miko. Wörtl. „Götterkinder"; junge Frauen, die in ↑ *Shintō*-Schreinen als Priesterinnen Dienst tun. Ursprünglich wahrscheinlich Schamaninnen, die unmittelbar mit den Gottheiten Umgang pflegen.

mikoshi. Tragbarer Shintō-Schrein, in denen ↑ *Shintō*-Gottheiten „reisen", sozusagen „Göttersänften". Das m. besteht aus einem schreinartigen Gebäude mit geschwungenem Dach, auf der Spitze meist ein Phönix; die reich verzierte Konstruktion ruht auf zwei mächtigen waagrechten Tragbalken. Junge Männer und Frauen, gekleidet in kurze ↑ *hanten*-Jacken und Hosen, um die Köpfe die ↑ *hachimaki*-Tücher geschlungen stemmen sich unter die Balken und tragen die m. mit lauten, rythmischen Rufen durch die Straßen. In manchen Gegenden waten die Träger mit den m. ins Meer, um für einen guten Fang zu bitten.

Minamata-Krankheit. Eine der schwersten Umweltkatastrophen der 50er Jahre: Über 3000 Fischer an der Bucht von Minamata (Kyūshū) hatten durch verseuchten Fisch schwere Quecksilbervergiftungen davongetragen; Verkrüppelungen, Lähmungen und andere schwere Gesundheitsschäden, besonders bei nachgeborenen Kindern waren die Folge. Der Verursacher, das Chemie-Unternehmen Chisso, wurde zu jährlichen Schadensersatzleistungen an die Opfer in Höhe von umgerechnet 52 Mio. DM verurteilt; das Unternehmen ist dadurch in große finanzielle Schwierigkeiten geraten, und die Regierung mußte ihm mit einem Kredit beispringen. Die Prozesse um Schadenersatz-Leistungen hatten sich über dreißig Jahre erstreckt, erst 1994 erging das letztinstanzliche Urteil.

Minamoto. Name eines Adelsgeschlechts, auch: Genji. Das Geschlecht führte seine Abstammung auf das Kaiserhaus zurück. Im 12. Jh. begründete ein Minamoto (Yoritomo) die ↑ *Shōgun*-Herrschaft. Nur die Abstammung von den Minamoto begründete später einen Anspruch auf den Titel ↑ *Shōgun*, so daß ↑ *Tokugawa, Ieyasu* im 17. Jh. eigens seinen Stammbaum „korrigieren" ließ, um Familienangehörigkeit zu begründen, als er den Titel Shōgun übernahm.

Ministerialbürokratie. Von vielen Beobachtern als „Japans heimliche Herrscher" angesehen. Die Elite-Bürokraten z.B. des MoF (↑ *Finanzministerium*), ↑ *MITI* (Wirtschaftsministerium) oder des MoFA (Außenministerium) bilden nach strenger Auslese durch scharfe Prüfungen und harte Ausbildung abgeschottete Exklusivgemeinschaften, die sie im Laufe ihres Lebens selten verlassen; wenn sie es aber tun, werden sie – Politiker, mehr als die Hälfte, zwei Drittel der japanischen Regierungschefs, waren 1945 bis 1993 ehemalige Spitzenbürokraten. Die meisten Elitebürokraten sind Absolventen der Eliteuniversitäten von Tokyo (↑ *Tōdai*), seltener der anderen ehemals kaiserlichen Universitäten, noch seltener entstammen sie den Privatuniversitäten. Unterhalb des Ministers, der als Politiker dem Wählervotum unterworfen ist, sind es die „beamteten" Staatssekretäre (Vizeminister; ↑ *Beamte*), die ein Ministerium führen; sie kontrolliert niemand. Die Bürokratie herrscht mit einem Wust von Verordnungen, Lizenzverfahren, Vorschriften, Normen usw. über das gesamte japanische Leben; gegenüber dem Ausland sind es diese japanischen Bürokratien, die das ausgefeilte System „nichttarifärer Handelshemmnisse" pflegen, vergleichbar durchaus den „Eurokraten" in Brüssel. Bei den häufigen Wechseln der Kabinette werden niemals die Spitzenbürokraten „in den einstweiligen Ruhestand" versetzt, sondern dienen unbeirrt jedem neuen Minister – so lange dieser nicht in die Interna „des Hauses“ einzugreifen sucht. Die stärkere „Politisierung“ der japanischen Zentralverwaltung hat aber seit 1993 zu höherer Konfliktbereitschaft führender Politiker mit „ihren“ Bürokraten geführt: 1995 mußten gleich mehrere Spitzenbürokraten ihre Hüte nehmen, nachdem sie sich mit ihren Ministern angelegt hatten.

Ministerpräsident jap. shūshū, jap. Regierungschef.

Minshatō ↑ *Demokratisch-Sozialistische Partei* (DSP).

Minshuku. Familienpensionen; eine der besten Möglichkeiten, gemeinsam mit Japanern zu übernachten. M. sind meist Familienbetriebe, in denen die Gäste fast wie Mitglieder der Familie betrachtet werden. Die Kosten für eine Übernachtung liegen bei ca. 5000 Yen, darin eingeschlossen sind wie beim ↑ *Ryōkan* zwei Mahlzeiten (Abendessen, Frühstück, stets japanisch), Bedienungsgeld und Übernachtungssteuer entfallen, allerdings bieten die M. auch keine ↑ *Yukata* oder Toilette-Artikel wie die ↑ *Ryōkan*. Geschlafen wird auch hier auf ↑ *Futons*, die man selbst morgens in die Ablage zurücklegt. Gäste und Gastgeber der M. sind sehr aufgeschlossen, die familiäre Atmosphäre erleichtert Gespräche, denn die meist jüngeren Nutzer der M. beherrschen Englisch.

mirin. Süßer Sake. Wichtige Zutat für eine Vielzahl japanischer Gerichte (Saucen, Marinaden, Brühe).

Mishima, Yukio (1925–1970). Einer der widersprüchlichsten und gerade deswegen faszinierenden Schriftsteller Japans. Geboren in Tokyo; nach der Ausbildung an der ehemaligen Adelsschule ↑ *Gakushūin* und kurzer Zeit im Finanzministerium freier Schriftsteller. Seine Romane, Erzählungen und Theaterstücke offenbaren ein beträchtliches Maß an exhibitionistischer Selbsterforschung (Roman „Geständnis einer Maske“, 1964). Der materiell ausgerichteten Nachkriegsgesellschaft stellte er verachtungsvoll einen reinen Ästhetizismus (Roman „Der Tempelbrand“, 1961) entgegen. Mishimas Weg führte ihn über die versuchte Verwirklichung der Samurai-Ideale einer Verknüpfung von Kunst und (politischer) Tat zu einem neuen „Nipponismus“ nationalistischer Prägung. Der Autor mit stark narzistischen Neigungen und großer Nähe zur Homosexualität versuchte mit einer Gruppe junger Fanatiker (jap. Tatenokai, „Gesellschaft vom Schild“) eine nationalistische Revolution: Die Wiederherstellung der wahren Kaiserherrschaft. Sein Versuch, die ↑ *Jieitai*-Armee zum Putsch zu bewegen, schlug fehl – Mishima beging rituellen ↑ *Selbstmord*.

miso. Hergest. aus gesalzenen, fermentierten Soyabohnen, Reis, Weizen o.a. Getreide; M. ist meist gelblich. braun, o. rotbraun. Wird in ↑ *dashi*-Brühe gerührt, m. Gemüse ist die miso-shiru unverzichtbar f. jap. Essen. ↑ *miso-shiru*, ↑ *Eßgewohnheiten*.

miso-shiru. Gebundene Suppe aus dashi-Brühe m. Gemüse, z.B. Kohl,

Pilze, ↑ *Tofu*, Rettich usw. ↑ *miso*, ↑ *dashi*, ↑ *Tofu*.

MITI. Engl. „Ministry of International Trade and Industry", d. h. das japanische Wirtschaftsministerium. Zusammen mit dem Finanzministerium (Abk. MoF) und dem Außenministerium (Abk. MoFA) eines der drei Eliteministerien. Das MITI verfügt über einen großen Einfluß auf die japanische Wirtschaft, es wäre jedoch völlig falsch, hinter dem Ministerium eine umfassend planende, geheime Macht zu sehen, die es sich zum Ziel gemacht hat, die Welt wirtschaftlich zu erobern.

mizuwari. Das schenkt ↑ *mama-san* gern aus: Whisky mit viel Eis und Wasser; blaß sieht das Getränk aus, aber das Glas wird nie leer und mancher ↑ *sarariman* hat schon den letzten Zug verpaßt.

mochi. Klebriger Reis„kuchen" bzw. -kloß, der aus gestampftem, heißem Reis in einem Mörser zubereitet wird. Mit einem großen Holzhammer wird der Reis geschlagen und dabei immer wieder gewendet, bis ein zäher Kloß entstanden ist; das Schlagen (jap. „mochitsuki") bringt Glück und gehört deshalb zu den traditionellen Neujahrsritualen. Die „mochi" werden meist in einer Brühe gereicht, eine überaus klebrige Mahlzeit.

Mode. Spätestens seit der ↑ *Heian-Zeit* ein heftig diskutiertes Feld der Eitelkeiten. Die Regierungen suchten immer wieder durch strenge Regeln ausufernden Modetorheiten zu steuern, z. B. durften in der ↑ *Edo*-Zeit Bürgerliche nur braune und graue Stoffe für Kleidung verwenden. Daraus erklärt sich das Sprichwort *shijuhachi cha, hyaku nezumi* „48 mal Braun, 100 mal Grau", um die Raffinesse zu beschreiben, mit der reiche Bürger die Farbtönungen ihrer Kleidung auswählten, ohne dabei formal die staatliche „Kleiderordnung" zu verletzen. Mit dem Fall der Klassenschranken in der ↑ *Meiji-Zeit* entwickelte sich die Mode zur Ausdrucksform gesellschaftlichen Wandels: Wer Geld besaß, konnte sich elegant kleiden – mit oder ohne Geschmack, westlich oder japanisch – oder in kühner Mischform aller Stile. Weniger wohlhabende Mode-Kenner signalisierten wenigstens durch kleine Accessoires, daß sie modisch auf der Höhe waren: Die Herren trugen in der ↑ *Taishō-Zeit* Panama-Hut oder Kreissäge zum Kimono, die „moga" (d. h. „modern girls") eine freche Charleston-Frisur zum gewagt gemusterten ↑ *Yukata*. Der elegante ↑ *Kimono* schwindet heute immer mehr aus dem Straßenbild: zu teuer und zu unbequem. Statt dessen tragen Damen und Herren elegante Prêt-a-porter Mode oder Modelle aus Paris, Rom, Mailand – vor allem aber japanischer Mode-Designer. Die Kenzo, Issey Miyake, Yohji Yamamoto, Hanae Mori, Yuca rangieren längst in der Spitzengruppe des Mode-Designs: Schon 1991 plazierte das „Journal du Textile" Issey Miyake (Nr. 5) noch vor Karl Lagerfeld (Nr. 8) unter 20 internationalen Top-Designern. Zeitschriften wie „Marie Claire" oder „Elle" haben Japans Mode-Designer im Heimatland der Mode bekanntgemacht und fest etabliert. Französische Firmen wie Chanel S.A., oder Moët Hennessy Louis Vuitton machen in Japans Mode-Boom mehr Umsatz als in Frankreich. Neben der „großen" Mode hat sich in der Subkultur von Tokyo und anderen Großstädten längst eine ganz eigene Jugendmode etabliert; das jeweils neueste Outfit im Trend ist bei den Jugendtreffs in Shibuya (Stil-Begriff: „Shibuya casual"), ↑ *Harajuku* usw. zu bestaunen.

mon. Wappen, gemeint ist meist das Familienwappen. Es wurde von den ↑ *Samurai* auf der Kleidung, am Helm, an der Rüstung und auf Feld-Standarten angebracht. Vorherrschend bei Motiven sind stark stilisierte Tiere, Blüten, Pflanzen, abstrakte geometrische Formen, auch chinesische Zeichen (↑ *Kanji*) usw. Bekannte Familienwappen sind z.B. die 16-blättrige kaiserliche Chrysantheme, die drei ↑ *Mitsubishi*-„Diamanten" oder die „drei Brunnen" von ↑ *Mitsui* (auf die Spitze gestelltes Viereck m. überschneidenden Seitenlinien, darin drei waagrechte Parallellinien = Zeichen f. Brunnen plus Zeichen f. „drei"). ↑ *montsuki.*

Monatszeitschriften. Die Auflagenzahlen jap. Monatsmagazine sind gewaltig, gemessen an Deutschland: 1980 wurden 18,2 Mio. Exemplare gedruckt, 1990 waren es 26 Mio., 1994 lag die Gesamtauflage aller M. bei 30,5 Mio. Exemplaren. 1994 (letzte Zahl) gab es 2341 Monatsmagazine aller Fachrichtungen. Magazine wie „Sekai" (linksliberal, intellektuell), „Bungei shunjū" (sehr konservativ), „Chūō kōron" (liberal) u.a. sind ein eifrig genutztes Diskussionsforum für teils heftig geführte Auseinandersetzungen um nationale Streitfragen; im Jahre 1995 z.B. um die Frage der ↑ *Vergangenheitsbewältigung* oder etwa Japans Rolle in der Welt.

montsuki(-haori). Dunkler, meist schwarzer Seidenmantel der Männer, der seit der ↑ *Tokugawa*-Zeit über dem Festkimono getragen wird; auf der Vorderseite, unterhalb der Schultern ist das Familienwappen (↑ *mon*) eingewebt/gestickt.

moribana. Der „flache Stil" beim ↑ *Ikebana.*

Müllentsorgung ↑ *Abfallbeseitigung.*

Murasaki Shikibu (980–1040). Hofdame im Palast von ↑ *Heiankyō.* Verfasserin des Romans ↑ *Genji monogatari.* Im Gegensatz zu ihrer Kollegin ↑ *Sei Shonagon* war sie eine zurückhaltende Persönlichkeit; in Gegenwart anderer Hofbediensteter wirkte sie reserviert. Von ihr ist auch ein ↑ *Tagebuch* erhalten, in dem sie scharf ↑ *Sei Shonagon* wegen ihres Benehmens und ihrer Schreibweise kritisiert.

Musik. Alle Stilrichtungen, alle M.-Epochen finden in Japan begeisterte Anhänger. M. gehört zur Erziehung, die meisten jap. Kinder beherrschen ein Instrument und/oder können M. „verstehen", das gilt in besonderem Maße für westliche Musik, aber auch die traditionelle Musik ist sehr lebendig. Erstklassige Orchester, zahlreiche Chöre und Kammermusikensembles ebenso wie Pop-Bands prägen das jap. M.-Leben. Konzerte ausländischer Orchester sind stets ausverkauft, hunderte von Chören singen jedes Jahr die „Ode an die Freude", berühmte Dirigenten und Orchester werden begeistert gefeiert. Großkonzerne wie Yamaha produzieren nicht nur hervorragende Musikinstrumente, sondern fördern aktiv das Musizieren schon der Kleinsten. Für gute Musik sind Japaner bereit, auch sehr, sehr hohe Eintrittspreise zu bezahlen. ↑ *Musikinstrumente, klassische*, ↑ *Harajuku.*

Musikinstrumente, klassische. Die klassische japanische Musik verfügt über eine Vielzahl verschiedenster Instrumente, wie sie in ihren Grundformen auch in Europa bekannt sind. Manche der Musikinstrumente haben in ihrer Entwicklung einen weiten Weg hinter sich, bis sie über China z.B. aus Persien oder Indien nach Japan gelangten. Die ältesten Instrumente sind in der klassischen Hofmusik des 8. und 9. Jhs. zu finden; in späteren Epochen mischen sich Tanz, Drama und lyrischer Vortrag bzw. Erzählungen mit musikalischer Begleitung. Die Theaterstücke des ↑ *Noh* (Nō), des ↑ *Kabuki* oder die Puppendramen des ↑ *Bunraku* sind ohne Instrumentalmusik nicht zu denken. Einige klassische Instrumente:

Saiteninstrumente

koto: 13-saitige langgestreckte „Zither", die Saiten (Seide) laufen über einzelne Stege, die während des Spiels verschoben werden können. Mit der Rechten werden die Saiten mittels Fingerplektrons gezupft, die Linke drückt die Saiten nieder. Die k. ist ein Instrument mit eigenem Solowert und wird auch in der modernen Musik gern eingesetzt.

shamisen: Dreisaitiges Zupfinstrument; der viereckige Resonanzkörper mit gerundeten Kanten ist mit Katzenhaut bespannt, die Saiten laufen über einen langen Hals und werden mittels Wirbeln gespannt. Angerissen/gezupft werden die Saiten mit einem Plektron. Die s. ist unverzichtbar im ↑ *Kabuki* und ↑ *Bunraku.*

biwa: Viersaitige Laute mit bauchigem Resonanzkörper, wahrscheinlich ursprünglich aus Persien; wird ebenfalls mittels eines Plektron angerissen. Lieblingsinstrument der Göttin Benten (↑ *Glücksgötter*).

Blasinstrumente

shakuhachi: Bambusflöte; ohne Blatt gespielte Flöte aus dem Fußteil der Stämme einer besonderen Bambusart. Die s. erzeugt einen melancholisch-meditativen Klang.

yokobue: Im Gegensatz zur „shakuhachi" die nach unten leicht verdickt und aufgebogen ist, dazu beträchtliche Länge haben kann, ist die y.-Flöte schmal und kürzer; sie erzeugt einen hohen Ton. Ähnlich, aber mit größeren Variationsmöglichkeiten die *sho*, eine Flöte, bei der die unterschiedlich langen Bambus-Pfeifen rundständig über einen runden Fuß angeordnet sind, der auch das Mundstück enthält.

Schlaginstrumente

taiko: Große Trommeln, manche groß wie Riesenfässer; auf Ständern gelagert. Sie werden mit zwei Stökken geschlagen und sind besonders auf ↑ *matsuri* beliebt. Die Trommler machen aus ihrem Spiel teils eine artistische Darbietung, teils scheinen sie in Trance zu verfallen.

tsuzumi: Doppeltrommel („Uhrglastrommel"), die auf der Schulter liegt und mit flacher Hand geschlagen wird. Typisches Instrument der klassischen Hofmusik, ebenso die „sho".

N

nabemono. Gerichte, die in einer irdenen Schüssel mit Deckel (nabe) gekocht und serviert werden, oft mit versch. Nudelarten zubereitet. Berühmt ist die „chanko-nabe" (Huhn, Fisch, Muscheln, Garnelen, Tofu in Brühe), die Spezialspeise der ↑ *Sumo-Ringer.*

nagaya Wörtl. „lange Dächer". Die eng aneinander gebauten, in derselben Dachhöhe verbundenen, niedrigen Häuser der japanischen Altstädte. Die n. säumen meist enge Gassen, in die keine Autos einfahren können. Dadurch erhöht sich die Gefahr der Ausbreitung von Bränden, denn auch die Feuerwehrfahrzeuge sind blokkiert, wie z. B. das ↑ *Erdbeben* von Kobe 1995 gezeigt hat.

nage-ire. Wörtl. „hineinwerfen" oder auch „kunstlos hingestellte" Blüten, d. h. in Wirklichkeit raffiniert einfach komponierte aufrecht stehende Arrangements im ↑ *Ikebana.*

naginata. Eine Art „Hellebarde", d. h. eine leicht gekrümmte Klinge an einem langen Lanzenschaft. Der Umgang mit der n. ist als Kampfsport besonders bei Frauen beliebt.

Nahverkehr: Die Kunst des Gleichmuts. Im Großraum Tokyo ist der N. ein dichter Verkehrsverbund aus Stadtbahnen der ↑ *„JR"* (privatisierte ehem. Staatsbahn) z. B. „Yamanote"-Linie (grün) oder „Keihin-Tohoku"-Linie (blau) mit U-Bahnen sowie Privatbahnen; zahlreiche Stationen bieten Umsteigemöglichkeiten zwischen den Linien. Daneben in Tokyo auch viele Bus-Linien, die aber für Ausländer nur schwer zu benutzen sind, da die Richtungsschilder nur japanisch geschrieben sind. Auch in allen anderen Städten dichte U- und S-Bahnnetze sowie gute Busverbindungen.

In Tokyo rollt täglich eine gewaltige Woge von fast zehn Millionen Menschen in die zentralen Geschäftsviertel, die abends wieder zurückschwappt; Gleiches gilt für alle anderen jap. Großstädte. Auf engstem Raum müssen sich die Menschen in die Nahverkehrszüge drängen; Rauchen auf den Bahnhöfen ist von 7.00–9.00 h sowie von 17.00–19.00 h streng untersagt. Die ↑ *„oshiya"* drücken die Fahrgäste in die Waggons, sonst schließen die Türen nicht und der Zug ist zwangsgebremst. Wenn der Zug anrollt und fährt, schwanken alle Fahrgäste im Rhythmus mit: Widerstand ist nicht nur zwecklos, sondern kostet auch Kraft. Hände möglichst hochhalten (als Herr), um zu vermeiden, daß eine nebenan eingezwängte Dame eine zufällige Berührung als „grabschen" mißversteht; natürlich wird eine

Hand zum Festklammern gebraucht! Keine Aufregung, wenn man einen Fuß schmerzhaft zu spüren bekommt, nächstes Mal ist der „Täter" dran ... Wichtig: Niemals die Tasche auf die Ablage! Sie rückt unvermeidlich immer weiter weg, wenn man vom Strom ein- und aussteigender Passagiere abgetrieben wird. Lange Pendlerzeiten sind die Regel, Japans ↑ *sarariman* haben sich daran gewöhnt. Der Walkman gehört ebenso zur Grundausstattung wie die kunstvoll gefaltete (Sport)Zeitung. Pendeln bedeutet aber auch ernsthafte Lektüre, es ist die „Stunde des Taschenbuchs" – und natürlich dürfen die ↑ *Manga* nicht fehlen.

Nakasendo. Eine der beiden berühmtesten Landstraßen, die im 18. Jh. abgelegene Gebiete bzw. die Regionalmetropolen mit der Hauptstadt ↑ *Edo* (Tokyo) verbanden; die andere berühmte Straße ist der ↑ *Tōkaidō*. Entlang dieser Straßen lagen Poststationen, die Übernachtungsmöglichkeiten boten. Der N. verlief zwischen Edo und Kyōto im Landesinneren.

nakodo. Vermittler bei einer Heirat durch ↑ *omiai*, also einer arrangierten Verbindung, meist ein Freund oder guter Bekannter einer der Eheleute z. B. ein Vorgesetzter. ↑ *Hochzeitszeremonie*.

Nara. Fünfundsiebzig Jahre lang (710–784) Hauptstadt Japans, dann Verlegung der Hauptstadt nach Nagaoka und Heiankyō (Kyoto). Die Stadt war nach chinesischem Vorbild angelegt: Im nördlichen Drittel der Kaiserpalast, daneben achsensymmetrisch zwei Stadthälften, die Straßen rechtwinklig zueinander. In der sog. Nara-Zeit blühte dort der Buddhismus, schließlich wurde der Einfluß der buddh. Klöster so stark, daß auch aus diesem Grunde die Hauptstadt verlegt wurde. Zeugnisse der Nara-Kultur sind u. a. der ↑ *Shōsōin*, der ↑ *Daibutsu* und die zahlreichen Tempel. Heute ist N. eine Kleinstadt, die vor allem von den Touristenströmen lebt, die jährlich die Stadt besuchen.

Nationalflagge. Das „Sonnenbanner", jap. „Nisshōki", ist eine weiße, rechteckige Flagge im Abmessungsverhältnis 2 × 3. Im Zentrum eine rote Scheibe, die die Sonne symbolisiert. Bei der Kriegsflagge/Marineflagge gehen von dieser Sonne rote Streifen aus, die sich zu den Seiten hin leicht verbreitern; die Sonne ist dabei leicht nach links versetzt. Die einfache Flagge, auch „hi-no-maru" genannt, wurde schon im 16. Jh. auf jap. Schiffengeführt, 1870 wurde sie offiziellzur Nationalflagge. „hi-no-maru"- ↑ *Bento* ist ein typisches Schulessen: Weißer Reis, in der Mitte eine rote Salzpflaume. ↑ *Kimigayo*, ↑ *Chrysantheme*.

Nationalhymne gibt es in Japangesetzlich nicht, aber bei vielenformellen Veranstaltungen wird das „Nationallied" ↑ *Kimigayo* gespielt.

nemawashi. Die Kunst der Entscheidungsvorbereitung. Im japanischen Empfinden ist der eigentliche Entscheidungsvorgang nur Abschluß eines sorgfältigen Prozesses der E.-

Vorbereitung. Der Ausdruck n. kommt aus der Gärtnersprache und bezeichnet eigentlich das Verfahren, mit dem z.B. ein Baum umgesetzt wird: Um den Wurzelballen wird ein Graben gezogen, die Wurzelenden gekappt; dann läßt man den Wurzelballen antrocknen, um schließlichden Baum samt Ballen herauszu-heben und in neues Pflanzloch zu setzen.

nembutsu. Die formelhafte Anrufung Buddhas. Man spricht von n.-Sekten, die lehren, daß allein die Anrufung des Buddha Erlösung bringe.

„Neue Religionen“ ↑ *Religionen, neue.*

netsuke. Kunstvoll geschnitzte Knebel aus der ↑ *Edo-* und ↑ *Meiji-Zeit* in Form von Menschen, Tieren, Dämonen etc., mit denen kleine Medizin-Dosen (inrō) am ↑ *Obi* befestigt wurden. Die n. wurden aus Holz, Elfenbein, Jade usw. geschnitzt und haben als Kleinkunstwerke höchsten Sammlerwert.

new towns. Stadtrandsiedlungen, Schlafstädte. ↑ *Wohnen.*

Neue Fortschrittspartei (NFP). Jap. „Shinshinto“. Entstand 1994/95 aus der vereinigten parlamentarischen Opposition (o. Kommunisten). Die NFP setzt sich zusammen aus den früheren Oppositionsparteien Komeito, Dem.-Soz.P., Erneuerungspartei, Neue Japan-Partei u. a. Dominiert wird die politische Gruppierung von Komeito und Gruppen, die vormals zur Lib.-Dem.P. gehörten; der erste Parteichef ist ein ehemaliger LDP-Ministerpräsident.

Neujahrsfest. Jap. „o-shogatsu“ erstreckt sich über mehrere Tage, die meisten Unternehmen geben ihren Mitarbeitern drei Tage frei. Die meisten Familien bereiten die Feiern mit gründlichem Hausputz vor; kalte Speisen werden vorbereitet, denn in vielen Familien wird nicht gekocht. Traditionell verfielen Schulden zum Jahreswechsel, so daß man sie durch Hausbesuche noch einzutreiben suchte; heute sind nur die Besuche als Tradition geblieben. Die Neujahrsdekoration besteht aus einem Strohseil mit weißen Papierstreifen über der Tür; in der ↑ *tokonoma* werden Reiskuchen (↑ *mochi*) dekoriert, vor der Tür stehen vielleicht Gestecke aus Bambus (schräg angeschnitten) und Kiefern. Erwachsene und Kinder tragen am Neujahrstag ihre schönsten ↑ *Kimono* zum Besuch des örtlichen ↑ *Schreins* oder eines berühmten Großschreins. Traditionelle Kinderspiele sind eine Art Badminton mit kunstvoll verzierten Holzschlägern (Glückssymbol), ein Kartenspiel mit den Gedichten von 100 berühmten Dichtern, man läßt Drachen steigen oder übt Kreisel-Spiele.

Die buddh. ↑ *Tempel* begehen den Neujahrsabend mit „offenem Haus“: Die Gemeindemitglieder kommen und lassen die gewaltigen Glocken der Tempel 108mal ertönen. Der Priester verteilt Süßigkeiten, für jeden Schlag eine, so zählt er mit – alle Sünden des alten Jahres sind verklungen. Neujahr ist auch die zweite große Geschenksaison: Beim „o-seibō“ werden Geschenke an alle guten Bekannten und Freunde geschickt oder persönlich überreicht.

Neujahrskarten, „nengajo“. Glückwunschkarten, die fast jeder Japaner zu Neujahr in großen Mengen verschickt. Die Post beginnt schon vier Wochen vor Jahresende damit, Standardglückwunschkarten zu verkaufen; in den Tagen vor Neujahr wird andere Post eher verzögert zugestellt. Viele Glückwunschkarten sind auch künstlerisch aufwendig gestaltet, nicht selten auch heute noch Holzdrucke. Das Versenden von Neujahrskarten ist fast ein gesellschaftlicher Zwang, es empfiehlt sich auch für ausländische Besucher Japans, später die Visitenkarten-Sammlung vorzunehmen und jedem Bekannten und Freund einen Gruß zu schicken.

NHK. „Nihon Hōsō Kyōkai“, der staatlich kontrollierte Rundfunk- und Fernsehsender. NHK strahlt fünf Radio- und TV-Programme aus. Die TV-Programme des NHK gelten im Gegensatz zu den rein kommerziell arbeitenden Privatsendern als seriöser. ↑ *Rundfunk und Fernsehen.*

Nichiren (1222–1280); Stifter der „nationalen“ Richtung des japanischen ↑ *Buddhismus.* Anfangs Mönch der ↑ *Tendai*-Richtung des Buddhismus, dann suchte er einen eigenen Weg, um die verschiedenen Sekten seiner Epoche zu einen. Für ihn wurde das ↑ *Lotus-Sutra* zur allein maßgebenden buddh. Lehrschrift, dessen feierliche Anrufung die absolute Wahrheit von Himmel und Erde erkennen läßt. N. eiferte gegen alle damals bestehenden buddh. Lehrrichtungen und zog sich so die Feindschaft der Tempel und Klöster zu, schließlich mußte er auf Straßen und Plätzen predigen. Auch die Obrigkeit sah in ihm einen Unruhestifter, mehrmals entging er nur knapp schweren Strafen. N. prophezeite eine feindliche Invasion, wenn seine Lehre nicht allgemein anerkannt würde; bei ihm verbanden sich Endzeit-Prophezeiungen mit einem aggressiven „japanischen“ Buddhismus, er lehnte besonders die „ausländischen“ (i.e. chinesischen und indischen) Interpretationen des Buddh. ab.

Nihon ↑ *Nippon,* ↑ *Japan.*

Nihongo. Die japanische Sprache. Viele japanische Sprachwissenschaftler unterscheiden zwischen N. und ↑ *kokugo* (Landes-, Nationalsprache); dabei vertreten sie die Ansicht, daß N. die „internationalistische“, d.h. von Ausländern erlernbare Form der japanischen Sprache sei, kokugo dagegen sei als eigentliche, ureigene japanische Sprache von Ausländern nicht zu erlernen. ↑ *Sprache.*

Nikkei-Index. Aktienindex von 225 Unternehmen, die an der Tokyoter Börse gehandelt werden. Inzwischen auch ein Parallel-Index mit 300 Werten in Osaka und Singapur.

Nikkeiren. Der zweitgrößte japanische Wirtschaftsverband. Kurzform für „Nihon keieisha dantai rengo“ (Vereinigung der japanischen Unternehmerverbände). Gegründet 1948; der Verband koordiniert die Strategie von Unternehmen gegenüber der Gewerkschaftsseite und vertritt die Arbeitgeberposition in Tarifverhandlungen (↑ *shuntō*). ↑ *Keidanren*, ↑ *Japanische Industrie- und Handelskammer*, ↑ *Keizai dōyūkai*.

Ninja. Kundschafter, Geheimagenten, Einzelkämpfer, bezahlte Killer, die N. waren alles das; aber wie sie genau aussahen, weiß man nicht, schließlich beherrschten sie die „Kunst, sich unsichtbar zu machen" (ninjutsu). In der ↑ *Sengoku-Ära* (16. Jh.) setzten machthungrige Fürsten die N. ein, um feindliches Territorium zu erkunden, Sabotage zu verüben oder einfach einen Gegner zu liquidieren. Es gibt so gut wie keine schriftlichen Überlieferungen zu den verschiedenen N.-Schulen, aber aus den wenigen Aufzeichnungen läßt sich rekonstruieren, daß die N. in den Kampfkünsten (↑ *budō*) ausgebildet waren, sie hatten besondere Waffen und Werkzeuge (Wurfsterne, Strickleitern, Kletterhaken u.ä.), vor allem aber beherrschten sie die Kunst der Täuschung und Verkleidung.

Nippon. Wie ↑ *Nihon* Bezeichnung für ↑ *Japan*, jedoch mit einem leicht chauvinistischen Unterton. ↑ *Yamato*.

Nirvana. Wörtl. etwa „absolutes Verlöschen", nämlich aller Leidenschaften und allen Verlangens. N. ist also keineswegs gleichbedeutend mit dem Tod, vielmehr lebt der „Würdige", der das N. erreicht hat, weiter unter den Menschen und sucht auch sie zur Erlösung zu führen; das beste Beispiel ist ↑ *Buddha* selbst: Nachdem er das N. unter dem Bodhi-Baum erfahren hatte, lebte er predigend und lehrend weiter. In engerem Sinne ist aber N. auch das endgültige Verlöschen, d.h. der vollständige Austritt aus dem Wiedergeburten-Kreislauf.

Nobelpreisträger, jap. Zwischen 1949 und 1994 erhielten acht japanische Persönlichkeiten diese Auszeichnung, dreimal den Physik-Nobelpreis, zweimal Literatur (Yasunari Kawabata, 1968, Kenzaburo Ōe, 1994), Chemie und Medizin je einmal; 1974 erhielt der ehemalige jap. Ministerpräsident Eisaku Sato den Friedensnobelpreis.

Noh. Diese Theaterform entstand im 14. Jh., als Begründer gelten die Schriftsteller und Schauspieler Kan'-ami und sein Sohn Zeami Motokiyo (1363–1443). Die klassische Theaterkunst des N. ist geprägt durch sparsame Gestik und gemessene Bewegungen, die von begleitender Musik und dem Vortrag eines Rezitators bestimmt sind. In allen Rollen treten nur Männer auf; die Schauspieler tragen ↑ *Masken* und prunkvolle Gewänder, die Kulissen und Requisiten sind äußerst sparsam: Im Hintergrund stets eine gemalte Kiefer, auf der Bühne die Andeutung eines Brunnens usw. Die verschiedenen Schulen des N. geben ihre Lehren mündlich weiter, sie haben sich bis heute erhalten. Zwischen den N.-Aufführungen wurden und werden Possen gespielt, die ↑ *Kyōgen*. ↑ *Kabuki*, ↑ *Masken*, ↑ *Theater*.

noren. Geteilter, kurzer Vorhang vor dem Eingang von Restaurants, öffentlichen Bädern, aber auch in manchen Privathäusern. Der farbige n.

trägt manchmal den Namen eines Restaurants in schöner Kalligraphie, z. B. bei ↑ *fugu*-Restaurants nicht selten eine Skizze des *Kugelfischs* usw. Hängt der n. hinter der Eingangstür, ist das Restaurant geschlossen.

norito. ↑ *Shintō*-Priester gebrauchen diese in altem Japanisch abgefaßten Worte, um im Namen der Gläubigen die Gottheiten anzusprechen; Grundsatz ist: Formal korrekte, richtige Worte bringen Gutes, „unordentliche" Ansprache bringt Unglück. Die n. sind manchmal in ↑ *Shintō*-Schreinen bei Zeremonien zu hören, wenn der Priester die Gottheit preist, die Opfergaben auflistet, die Person des Gläubigen identifiziert und den Gegenstand der Bitten erläutert. Die verbindliche Form der n. ist in einem Text des 9. Jh. festgelegt.

NTT. „Nippon Telephone and Telegraph" war bis 1985 das staatliche japanische Fernmeldemonopol. Danach wurde NTT als AG privatisiert, allerdings hält das Postministerium bei den Anteilen eine Sperrminorität. Seit 1985 haben andere staatliche Betriebsgesellschaften, die ebenfalls privatisiert worden sind (Staatsbahnen, Autobahn-Betriebsgesellschaften), eigene Telekommunikationsnetze aufgebaut und werben z. B. mit Mobilfunk-Netzen um Privatkunden. Im Jahre 1989 waren schon insgesamt 62 Anbieter von Telekommunikationsnetzen am Markt, die mit NTT konkurrieren. Zusätzlich gab es 841 Anbieter von Datenbanken, die über das Telekommunikationsnetz abgerufen werden können. Auto-Telefone, Mobilsets und Fax-Geräte gehören heute fast zur Grundausstattung eines japanischen Haushalts.

Nudeln. Gerichte mit Nudeln sind sehr beliebte kleine Mahlzeiten; oft im Stehen an kleinen Imbißbuden verzehrt. Werden sehr heiß gegessen, man muß sie deshalb schlürfen, dadurch wird auch das Aroma betont. Neben ramen, udon, soba (heiß) gibt es auch sōmen und soba, die kalt (Sommer) gegessen werden. ↑ *sōmen,* ↑ *udon.*

O

o. In Verbindung mit Substantiven Ausdruck des Respekts, d. Ehrerbietung, z. B. o-bentō (Lunchbox), o-furo (heißes Bad) usw., in manchen Verbindungen auch „go".

OB. „Old-Boy-Network"; aus dem Englischen und Amerikanischen übernommene Bezeichnung für die langjährigen Sonderbeziehungen zwischen Absolventen derselben Universität, besser noch desselben Jahrgangs. Diese persönlichen Beziehungsgeflechte bleiben ein Leben lang erhalten. Sie sind Kernelemente der informellen Entscheidungsprozesse in Politik und Wirtschaft – und zwischen beiden Bereichen. Viele ausländische Beobachter sehen in diesen Geflechten ein „nicht-tarifäres Hemmnis" für den Handel, weil z. B. bei staatlichen Ausschreibungen durch den informellen Informationsfluß ausländische Bieter benachteiligt werden.

Obdachlose. Auch in Japan ein soziales Problem. Die ↑ *Bubble Economy* hat besonders viele ältere Menschen getroffen, von denen einige in die gesellschaftliche Außenseiterrolle gedrängt wurden. Auf den Bahnhöfen der großen Städte sieht man sie hausen, mit Pappkartons und Decken, die Sake-Flasche griffbereit. Eine große japanische Wirtschaftszeitung schätzte 1993 die Zahl der Obdachlosen in Tokyo auf 1500, eine Zahl, die jedoch weit unter der in westlichen Ländern liegt.

Oberhaus. Jap. „sangiin"; zweite Kammer des japanischen ↑ *Parlaments*. Die 252 Sitze des O. werden in festen Wahlperioden alle drei Jahre je zur Hälfte neu gewählt. Von den 252 Sitzen werden 100 nach dem Verhältniswahlrecht über nationale Listen bestimmt, die übrigen 152 Mandate werden durch Direktwahl in den 47 ↑ *Präfekturen* als Wahlkreisen vergeben. Das O. ist zustimmungspflichtig bei allen Gesetzen außer dem Haushaltsgesetz und internationalen Verträgen; ein Widerspruch des O. kann im Unterhaus mit Zweidrittel-Mehrheit überstimmt werden. Im Gegensatz zum ↑ *Unterhaus* kann das O. nicht vorzeitig aufgelöst werden. ↑ *Parlament*, ↑ *Regierungssystem*.

Obi. Meist kostbare breite Seidenschärpe für den ↑ *Kimono*. Verheiratete Frauen tragen den Obi zu einer einfachen, junge unverheiratete Frauen zu einer kunstvollen Schleife auf dem Rücken geknüpft.

Oda, Nobunaga 1534–1582; der erste der drei Reichseiniger, ihm folgten ↑ *Toyotomi, Hideyoshi* und ↑ *Tokugawa, Ieyasu*. Aus den Bürgerkriegswirren des 16. Jh. gelang es Nobunaga, teils durch geschickte Bündnispolitik, teils auf dem Schlachtfeld, durch seine überragende Feldherrenkunst die mächtigen Feudalherren zu besiegen oder hinter sich zu scharen; einer seiner Verbündeten war Ieyasu. Nachdem er auch die Mönchsheere der mächtigen buddh. Klöster um Kyōto geschlagen hatte, war eine erste Einigung des Reiches erzielt. Nobunaga gestattete christliche Missionierung in Japan und förderte den Außenhandel. In seinen Heeren wurden erstmals systematisch Feuerwaffen eingesetzt. 1582 aber war Nobunaga gezwungen, unter Druck seiner Gegner Selbstmord zu begehen.

Oden. Eintopfgericht (wörtl.: „Gekochtes"); in einer Brühe werden Geflügelstücke, Rettich, *Konnyaku*, *Fisch„kuchen"* (↑ *kamaboko*) u.ä. langsam gegart. In speziellen Restaurants sitzen die Gäste um den großen Topf mit O., der Wirt serviert daraus.

Ōe, Kenzaburo. Geb. 31. 3. 1935 in der Präfektur Ehime als Sohn eines Bauern. Studium der französischen Literatur, Examensarbeit über Sartre. Bereits 1958 mit dem ↑ *Akutagawa*-Preis ausgezeichnet („Der Fang", dt. 1964). Zentrales Thema seiner Arbeiten sind anfangs die psychischen Brüche der Jugend in der Nachkriegszeit, später – nachdem seine Frau einen geistig behinderten Sohn zur Welt gebracht hat – sucht er das Erlebnis der Behinderung zu verarbeiten („Eine persönliche Erfahrung“, 1972). Ōe gehört als produktiver Essayist zu den schärfsten Kritikern der politischen Kultur und der Gesellschaft des modernen Japan. 1994 erhielt er den Literatur-Nobelpreis; als die japanische Regierung ihm eilig den (staatlichen) Nationalpreis für Literatur „nachreichen“ wollte, lehnte er diese Ehrung ab.

ōgi. (Klapp- o. Falt-)fächer. Meist aus Bambusgräten mit Papierbespannung, eine echt japanische Erfindung (↑ *Fächer*).

Ohaiyō gozaimas’. Sprich: O-heijoo goseimas’, „guten Morgen!“.

Okinawa. Eine der 47 ↑ *Präfekturen* Japans, im SW zwischen Kyūshū und Taiwan. ↑ *Ryūkyū-Inseln.*

„OL“. Kurz für „Office Lady“, die eher leicht abfällige Bezeichnung für Mitarbeiterinnen in Büros. In vielen Unternehmen müssen sie im Gegensatz zu den Männern uniformierte Kleidung tragen; sie servieren Tee, machen die Ablage; aber immer häufiger übernehmen die OL auch wichtigere Aufgaben: Es findet eine stille Revolution in der Arbeitswelt statt. Die Arbeitskräfteknappheit bei jungen Mitarbeitern führt dazu, daß die jungen Kolleginnen nicht mehr automatisch Mitte zwanzig aus dem Job gedrängt werden, spätestens aber nach der Heirat. Vielmehr nehmen die OL jetzt an innerbetrieblichen Fortbildungsmaßnahmen teil, sie erreichen auch schon leitende Positionen – und sind tatsächlich längst keine OL mehr, sondern haben sich zur „Karriiru wuman“ (career woman) gewandelt. Es bleibt aber z. B. in den Bankfilialen der Eindruck, daß noch immer die Mitarbeiterinnen uniformiert sein müssen, während die Kollegen im gedeckten Anzug eigener Wahl erscheinen dürfen.

o-mamori. ↑ *Amulette* gegen alle möglichen Gefahren; beliebt sind o-mamori, die gegen Gefahren im Straßenverkehr schützen sollen. Es sind meist kleine Täfelchen oder Papierstückchen, auf denen der Name einer Gottheit geschrieben ist. Die ↑ *Shintō*-Schreine machen mit dem Verkauf solcher Amulette gute Geschäfte.

omiai. Vermittelte Heirat. ↑ *Hochzeitszeremonie*, ↑ *nakodo.*

ōni. In Sagen und Märchen spielen die ōni eine wichtige Rolle. Ein roter, teufelähnlicher, gehörnter Dämon; seinen Rachen zieren drohnende Hauer, in der Hand hält er eine Keule. Die spärliche Kleidung des ōni besteht nur aus einem Lendentuch. Früher erschreckte man gern Kinder mit den ōni.

o-nigiri. Mit getrocknetem Seetang (nori) umwickelte, gefüllte kalte Reisbällchen. Füllung z. B. salzige Pflaumen, Rettich (↑ *takuan*) o. ä. entspricht unserem Butterbrot als kleine Mahlzeit.

Onsen. Der vulkanische Untergrund Japans läßt im Lande eine unübersehbare Zahl heißer Quellen aus dem Boden dampfen, die meisten sind mehr als 30 Grad heiß; Urlaub für Japaner ist oft Urlaub im O., viele Betriebsausflüge führen dorthin: Essen, baden – trinken usw. – alles mit den Kollegen. Um die heißen Quellen liegen viele ↑ *Ryōkan*, deren Bäder von den Quellen gespeist werden; manche O. erlauben vorsichtig „gemischtes" Baden – beliebt heute bei Jungvermählten, früher aber durchaus die Regel. Neben den eigentlichen Bädern gibt es Baden im heißen Sand, Sauna-Baden, es gibt aromatische Zusätze, das Wasser fällt als Wasserfall herab und massiert die Badenden, die Badelandschaft geht in die natürliche Landschaft über, besonders attraktiv, wenn draußen Schnee liegt. In jedem Fall empfiehlt sich eine frühzeitige Reservierung im O.

Origami. Kunst des Papierfaltens (von oru = falten, k/gami = Papier) (↑ *Papier*).

oshiya. Die Männer mit den weißen Handschuhen, die Fahrgäste in die U-Bahnen drücken, damit die Zugtüren schließen und der Zug abfahren kann.

oyako-domburi. Reisgericht, das in einer Schale (domburi) serviert wird. Hühnerfleisch mit Rührei („Eltern u. Kind"-d.).

Ōzeki. Zweithöchster Rang der ↑ *Sumo-Ringer.* Auch bekannte ↑ *Sake-Marke.*

P

Pachinko. Zu Deutsch heißt es wohl „Flippern" – und funktioniert auch ganz ähnlich. Es geht darum, in einem Automaten Metallkugeln gegen Kontakte zu schnippen. Für 1000 Yen erhält man 250 Metallkugeln (Minderjährige haben keinen Zutritt!), die dann in eine Maschine gefüttert werden. Rechts unten an den senkrecht hängenden Geräten befinden sich Hebel, mit denen die Kügelchen „abgeschossen" werden. Die Kugeln klappern durch das Gewirr der Kontakte, und die meisten verschwinden im Gerät. Einige aber laufen durch und fallen in einen Trog unter dem Gerät – bei einem Haupttreffer sogar zuhauf. Die verbliebenen Kugeln tauscht man an der Kasse gegen Gewinne wie Armbanduhren, Feuerzeuge, Taschenrechner, Süßigkeiten usw. ein; gleich neben der P.-Halle öffnet sich diskret ein Fenster und alle diese Dinge kann man gegen Bargeld zurückgeben. Ein Höllenlärm durchzieht die P.-Hallen, durchmischt von Disco-Musik oder TV-Getöse, denn in vielen Salons kann man im Gerät auch fernsehen. Viele P.-Salons werden von Koreanern geführt, die seit Generationen in Japan leben; nicht wenige von ihnen haben gute Kontakte nach Nordkorea. Die P.-Geräte unterliegen starken modischen Veränderungen, immer neue Ideen werden umgesetzt – die P.-Salons schließen ebenso schnell, wie sie aufmachen.

Pagode. Ursprünglich das Reliquiar in einem buddh. Tempel, später auch Grabmal (z.B. eines buddh. Weisen) oder nur baulicher Mittelpunkt einer Tempelanlage; Urform der P. ist der indische Stupa, in dem Reliquien beigesetzt waren. Die P. ist ein turmartiges Gebäude mit schlanker Spitze, die aus einer Lotusblüte wächst. Sie trägt neun Bronzeringe, die die neun Buddha des Paradieses symbolisieren. Die P. hat meist drei, fünf, sieben, neun oder dreizehn Geschosse, jedes mit einem kurzen Pultdach bedeckt. Die hölzerne Bauweise der P. war so durchkonstruiert, daß die hohen Gebäude trotz ihres beinahe filigranen Aussehens sehr erdbebensicher waren: Die gesamte Konstruktion schwankte mit den Erdstößen. Dennoch gibt es kaum noch P. aus der frühbuddh. Zeit, die meisten fielen Bränden zum Opfer.

Papier. Die Technik des Papier-Herstellung kam aus China. Echte japanische Papiere (↑ *washi*) sind handgeschöpft, meist aus Pflanzenfasern mit kunstvollen Strukturen. In der ↑ *Tokugawa*-Zeit gab es sogar Bekleidung aus Papier, mit der die Bürger die (für sie verbotene) Seide nachahmten. P. wurde traditionell für kunstgewerbliche Gegenstände (Verpackungen), für die Tuschmalerei oder noch früher für Holzschnitte verwendet, bekannt ist das Papierfalten (↑ *origami*).

Parlament. Besteht aus zwei Kammern: ↑ *Unterhaus* und ↑ *Oberhaus*. Die Mehrheitspartei oder die Stimmenmehrheit einer Koalition im Unterhaus wählt den Ministerpräsidenten, der anschließend im Oberhaus einen weiteren Wahlgang bestehen muß, maßgeblich ist jedoch die Entscheidung des Unterhauses, das gilt auch im Gesetzgebungsverfahren. In schwierigen Fällen tritt ein Vermittlungsausschuß beider Kammern des P. in Aktion. ↑ *Wahlrecht*, ↑ *Ministerpräsident*.

Parteien, politische. Die ersten politischen Parteien entstanden als Gefolgschaftsgruppen prominenter Politiker in der zweiten Hälfte des 19. Jahrhunderts. Parteien waren seither nie programmorientierte politische Organisationen (Ausnahme: ↑ *Kommunisten*), sondern lockere Interessenverbände unterschiedlichster Persönlichkeiten, die gemeinschaftlich die Regierungsmacht anstrebten. Spaltungen und neue Zusammenschlüsse waren und sind die Regel. ↑ *Liberaldemokratische Partei (LDP)*, ↑ *Sozialistische Partei Japans*, ↑ *Kōmeitō*, ↑ *Sōka gakkai*, ↑ *Komm. Partei Japans*, ↑ *Dem.-Soz. Partei*.

Parteienfinanzierung. Bis 1994 mußte man eher von „Politikerfinanzierung" sprechen, denn die Parteien erhielten weniger Geld als einzelne Politiker und ihre Gefolgschaften. Das Geld kam nur zu einem geringen Prozentsatz aus Mitgliedsbeiträgen; die meisten Gelder flossen als Spenden aus der Wirtschaft (↑ *Lib-Dem. P.*) oder von Gewerkschaftsverbänden (↑ *Sozialisten*, ↑ *Dem.-Soz.P.*). Die Wirtschaftsspenden gingen vor allem an einzelne einflußreiche Polit-Bosse der Regierungspartei. Die politischen Reformen von 1993/94 haben auch die P. neu geregelt: Der Staat zahlt jetzt jeder Partei nach ihrem Stimmanteil in vorangegangenen nationalen Wahlen (↑ *Unterhaus*, ↑ *Oberhaus*) je Wählerstimme einen festen Satz. Spenden aus der Wirtschaft dürfen nur noch an Parteien oder registrierte Spendenorganisationen eines Politikers gezahlt werden; Zuwendungen von mehr als 1000 Yen (15,– DM) sind namentlich anzeigepflichtig. ↑ *Kōmeitō*, ↑ *Kommunistische Partei*, ↑ *Liberal-Demokratische P.*, ↑ *Minshatō*, ↑ *Neue Fortschrittspartei*, ↑ *Shinshintō*, ↑ *Shintō Sakigake*, ↑ *Sozialistische Partei Japans/Sozialdemokratische P.*

Pazifischer Krieg. Für Japan begann der Zweite Weltkrieg schon 1931 mit dem sog. „mandschurischen Zwischenfall", der zu ersten militärischen Zusammenstößen mit China führte; Japan konnte dabei die Gründung des Marionettenstaates „Mandschukuo" erzwingen (an der Spitze stand der „letzte Kaiser" Chinas, Pu Yi). 1937 kam es zum offenen Krieg gegen China; die japanische Kwantung-Armee hatte gegen den Willen ziviler Politiker diesen Krieg provoziert. Zu Beginn der vierziger Jahre folgten die Angriffe auf (britisch) Malaya und Singapur, (franz.) Indochina und niederl. Indien (d.h. heute Indonesien), 1941 schon war der Angriff auf ↑ *Pearl Harbor* erfolgt und damit hatte der Krieg gegen die USA begonnen; noch 1945 trat schließlich auch die Sowjetunion gegen Japan in den Krieg ein. Japan verlor den P.K. vor allem zur See, seine Marine war den überlegenen Seestreitkräften der USA nicht gewachsen. In der Frühphase des Krieges konnte Japan in vielen Ländern (Burma, Indonesien, Indien) auf Sympathie zählen, hoffte man doch, mit japanischer Hilfe das Kolonialjoch abschütteln zu können. Das änderte sich aber schnell, als deutlich wurde, daß auch die Japaner als Kolonialmacht auftraten. ↑ *„Trösterinnen"*, ↑ *Kriegsgefangene*, ↑ *Vergangenheitsbewältigung*.

Pearl Harbor. Stützpunkt der US-Pazifikflotte auf Hawaii. Ohne offizielle Kriegserklärung, mit einem Überraschungsangriff japanischer Bomber von Flugzeugträgern aus, begann am 7. 12. 1941 der Krieg Japans gegen die USA. Die Kriegserklärung sollte 25 Minuten vor dem Angriff überreicht werden, aber durch einen Fehler in der jap. Botschaft in Washington verzögerte sich die Übergabe. Bei dem Angriff kamen 2200 amerikanische Marinesoldaten um; die USA verloren 7 Schlachtschiffe und 120 Flugzeuge. Der Angriff auf P.H. bewirkte letztlich das Gegenteil dessen, was das japanische Oberkommando bezweckte: Keine Lähmung der USA, sondern Siegeswillen und enorme Kriegsanstrengungen.

Perlen ↑ *Mikimoto*, ↑ *Zuchtperlen*.

Perry, Matthew C. 1794–1858; Commodore der US-Marine, der mit einem Geschwader aus vier „schwarzen Schiffen" 1853 nach 200 Jahren die Selbstisolierung Japans (↑ *Abschließungspolitik*) durchbrach; er überbrachte ein Schreiben des US-Präsidenten Fillmore an den ↑ *Shogun*, ↑ *Tokugawa, Ieyoshi*, in dem die USA auf Handelsbeziehungen drängten, d.h. auf eine Beendigung der ↑ *Abschließungspolitik*. Am 12. Februar 1854 erschien Perry ein zweitesmal mit sieben Schiffen vor Japan und erzwang einen Handelsvertrag, der den USA die Vertragshäfen Shimoda und Hakodate öffnete.

PKO-Gesetz. Kurz für „Peacekeeping-Operations"-Gesetz; das heftig umstrittene Gesetz von 1991 erlaubt es Verbänden der ↑ *Jieitai-Armee*, an Blauhelm-Einsätzen der UN teilzunehmen. Das PKO-Gesetz begrenzt die Einsätze streng auf frieden*serhaltende* Maßnahmen, an Kampfeinsätzen zur Herstellung von Frieden dürfen japanische Soldaten nicht teilnehmen. Bisherige Einsätze: Kambodscha und Ruanda.

Plastik. Die Entwicklung der japanischen Plastik ist untrennbar verbunden mit der Übernahme des ↑ *Buddhismus*; nur im B. ist die Abbildung verehrungswürdiger Gestalten eines Pantheons erlaubt, die ↑ *kami* des ↑ *Shintō* entzogen sich der bildnerischen Wiedergabe. Völlig fehlen in Japan Garten- und Grabplastiken sowie – bis in die Neuzeit – monumentale Bauplastiken. Erste Formen des plastischen Gestaltens sind schon in den frühgeschichtlichen ↑ *haniwa*-Figuren zu sehen. Mit der Verbreitung des Buddhismus übernahm Japan aus China und Korea schon hoch entwickelte Kunstformen der Plastik, unter ihrem Einfluß entstanden schon im 7. Jh. plastische Meisterwerke, deren Künstler namentlich bekannt sind. Bildschnitzer buddh. Kunstwerke genossen höchstes Ansehen. Holz, Bronze, Ton und ↑ *Lack* waren die bevorzugten Werkstoffe durch die Jahrhunderte, weniger Stein. Neben buddhistische Plastiken als Kunstform der Bildschnitzer (und Gießer) traten bald die Schnitzer von ↑ *Masken*, erst für höfischen Maskentanz, seit dem 15. Jh. besonders für das ↑ *Noh-Theater*. In der ↑ *Edo-* (↑ *Tokugawa-*) Zeit kam ein weiteres Betätigungsfeld für Bildhauer hinzu: die Klein-Plastiken der ↑ *netsuke*, also der Knebel, mit denen Lackbehälter am ↑ *Obi* befestigt wurden. Die moderne Kunst Japans hat längst auch Großplastiken als Ergänzung und Vervollständigung architektonischer Ensembles entdeckt, die ganze Bandbreite von Materialien wird heute für Skulpturen verwendet; Japans „Plastiker" sind längst nicht mehr nur Bildhauer, bei experimentellen Skulpturen zählen japanische Künstler zu den Vorreitern.

Polizei. Schon in der ↑ *Edo-Zeit* verfügte Japan über einen perfekt ausgebauten P.-Apparat; nach der ↑ *Meiji*-Restauration wurde 1880 unter preußischer Mithilfe ein modernes P.-System aufgebaut. Die P.-Zentrale war in Tokyo, die ↑ *Präfekturen* hatten P.-Abteilungen. Die Gliederung in Kriminalpolizei (Justizp.) und Ordnungspolizei stammt aus dieser Zeit. Parallel zur regulären P. entstand in der Armee die berüchtigte Militärpolizei (jap. „kenpeitai"), die in den zwanziger und dreißiger Jahren vor allem Staatsschutzaufgaben hatte, der sie mit größter Brutalität nachkam. Hauptinstrument politischer Unterdrückung war die *Tokkō*, eine Geheimpolizei, ähnlich der Gestapo (n. 1945 aufgelöst).

Die US-Besatzungsbehörden lösten die Vorkriegsstrukturen der P. auf und bauten ein System auf, das eher dezentrale Elemente hat. Die einzelnen Präfektur-Polizeikräfte werden heute von der Nationalen Polizeibehörde (National Police Agency, NPA) in Tokyo koordiniert. Die Präfektur-P. untersteht den Kommissionen für öffentliche Sicherheit in den 47 großen ↑ *Gebietskörperschaften*, die NPA wird von der Nationalen Kommission für öffentliche Sicherheit (Kabinett) kontrolliert. Die NPA ist zuständig für Ausbildung, Ausrüstung, Datenerhebung, Informationssammlung und zentrale Dokumentation. Zu den P.-Kräften zählt auch die ↑ *Kidōtai*, also die Bereitschaftspolizei. Eine Besonderheit des japanischen P.-Systems sind die ↑ *Kōban*, die kleinen Polizeiwachen, die „bürgernahe" P. versinnbildlichen. Dieses mag ein Grund sein, daß die ↑ *Kriminalität* in Japan noch vergleichsweise niedrig und die Aufklärungs-rate hoch ist. In Japan kommt ein Polizist auf 557 Bürger, in Deutschland 311 und in Frankreich 268.

ponsu. Sauce aus Essig oder Zitrone mit ein wenig Soyasauce, vor allem für ↑ *shabu-shabu*.

Pop-Musik. Jahrzehntelang war die Pop-Szene Japans außerhalb des Landes nur wenigen Spezialisten bekannt. Unter den Begriffen „kayokyoku" oder „enka" tauchten kurzlebige Hits auf, die außerhalb Japans kaum bekannt wurden. Dennoch waren die Umsätze in Japan enorm: Die Gruppe „Dreams Come True" z.B. verkaufte 1993 drei Millionen Stück eines einzigen Albums; 1992 wurden über 415 Millionen CDs produziert, der Umsatz lag bei umgerechnet neun Mrd. DM. Viele CDs werden mit TV-Shows koordiniert, um größtmögliche Breitenwirkung zu erreichen. Die jap. Pop-M. besteht zu einem guten Teil aus Songs mit überwiegend jap. Melodik, aber westliche Einflüsse sind sehr stark: Die jap. „Szene" hat alle Stile aufgenommen. Die Songs, die in den ↑ *Karaoke*-Bars zu hören sind, klingen sentimental, die Texte sind bis zur Kitschigkeit melancholisch. Aber Japans Jugend hat sich gewandelt: In den Discos von Hokkaidō bis Kyūshū, auf der Straße in ↑ *Harajuku* oder in den Musikclubs der „Szene" Tokyos, Osakas und Kyōtos ist Musik zu hören, die jedem westlichem Jugendlichen sofort vertraut wäre. Gruppen wie „Pizzicato Five", die Punkband „Star Club", „Mondo Grosso" oder die „Kyōto Jazz Massive" haben längst auch international Erfolg. In den Fachgeschäften für Pop-Musik in London gibt es bereits eine Abteilung „Japan-Pop" und Kenner behaupten, die Welt-Metropole z.B. der Richtung Acid-Jazz sei nicht irgendwo in den USA oder England, sondern in Kyōto – auch das ist Internationalisierung.

Pornographie. Die P. hat spätestens seit dem 17. und 18. Jh. Tradition. Die Holzschnittmeister des ↑ *ukiyōe* verdienten gutes Geld mit aufwendigen Privatdrucken (sog. „Frühlingsbilder", jap. „shunga"), die an Deutlichkeit unübertroffen waren. Die moderne P. erreicht alle Medien:

Fotobände, Filme, Videos und nicht zuletzt die ↑ *Manga*-Heftchen. Bis in die 80er Jahre war es verboten, den Geschlechtsakt darzustellen oder Schamhaar abzubilden, heute sind auch diese Tabus weitgehend gefallen. ↑ *Prostitution*, ↑ *Sex*.

Präfekturen. Die 47 großen ↑ *Gebietskörperschaften* mit begrenzter regionaler Autonomie (↑ *Schulsystem*, ↑ *Steuern*). Die P. gliedern sich in ein „dō" (die Insel ↑ *Hokkaidō*), ein „to" (Tokyo), zwei „fu" (↑ *Osaka*, ↑ *Kyōto*) und 42 „ken" (Flächenpräfekturen). Die P. von Nord nach Süd: Hokkaidō, Aomori, Akita, Iwate, Yamagata, Miyagi, Fukushima, Ibaraki, Tochigi, Gumma, Saitama, Chiba, Tokyo, Kanagawa, Shizuoka, Yamanashi, Nagano, Niigata, Toyama, Ishikawa, Fukui, Gifu, Aichi, Mie, Shiga, Kyoto, Nara, Osaka, Wakayama, Hyōgo, Tottori, Okayama, Hiroshima, Shimane, Yamaguchi, Kagawa, Tokuhima, Kochi, Ehime, Fukuoka, Saga, Nagasaki, Kumamoto, Oita, Miyazaki, Kagoshima, Okinawa. An der Spitze der Präfekturen stehen Gouverneure, die von der Bevölkerung direkt gewählt werden. ↑ *Regierungssystem*.

Presse ↑ *Manga*, ↑ *Medien*, ↑ *Monatszeitschriften*, ↑ *Sportzeitungen*, ↑ *Tageszeitungen*, ↑ *Wochenzeitschriften*.

Prostitution. In der Literatur seit dem ↑ *Manyōshū* belegt; die P. wurde bis in das 17. Jh. durch wandernde Frauen betrieben, die zu den untersten sozialen Schichten zählten. In der ↑ *Edo*-Zeit kamen Freudenhäuser auf, die in speziellen „Rotlicht"-Vierteln lagen (↑ *Yoshiwara*). Die Dirnen mußten dort in völliger Abhängigkeit von dem Bordell-Betreiber ihre Arbeit tun, denn sie waren buchstäblich gekauft worden. Bis weit in die ↑ *Taishō*-Zeit, also im frühen 20. Jh. galten für viele Bauerntöchter nur die Alternativen Prostitution oder mörderische Arbeit in der Spinnerei-Industrie. Das jap. Wort für P. ist verharmlosend poetisch „baishun", den „Frühling verkaufen". Per Gesetz von 1956 offiziell verboten, aber in Clubs, Bars oder Callgirl-Ringen noch heute praktiziert. Kontaktadressen und „Werbebroschüren" in Telefonzellen, öffentlichen WCs usw. Eine Sonderform der P. wurde in Militärbordellen der kaiserlichen Armee betrieben; hier wurden Zwangsprostituierte, die sog. ↑ *„Trösterinnen"*, entwürdigt. Es waren vor allem Koreanerinnen, aber auch Philippinas, Holländerinnen u.a., die dort als Zwangsprostituierte arbeiten mußten.

P.T.A. nach dem amerikanischen System der Elternbeiräte an Schulen gibt es auch in Japan solche „Parent-Teachers-Associations", die auch in Japan mit dem amerikanischen Kürzel bezeichnet werden. Meist sind es Hausfrauen, die ↑ *Kyōiku*-mamas, die über das Leistungsniveau der Schule und der Lehrer ein wachsames Auge haben. Die PTA sind aber auch die ersten, die sich bemühen, die wachsende Gewalt (↑ *ijime*) an japanischen Schulen in den Griff zu bekommen.

Puppen. Kleine Figuren von Menschen und Tieren in Puppenform haben in Japan weit größere Bedeutung als nur Kinderspielzeug zu sein: Puppen sind eine eigene Kunstform, das Puppenspiel (↑ *Bunraku*) ist großes Theater geworden, und trotzdem sind Puppen auch immer Spielzeug geblieben. In vorgeschichtlicher Zeit wurden Nachbildungen von Menschen und Tieren als Opfergaben den Begräbnisstätten beigegeben (↑ *haniwa*), sie sind z.T. so ausdrucksvoll gestaltet, daß man schon von frühgeschichtlichen Kunstwerken sprechen muß. Heute hat jede Region Japans ihre eigenen, unverwechselbaren Puppenformen; die „gosho-Puppen" in Kyōto waren z.B. Geschenke für Adlige, ihre Kleidung ist aus kostbaren Stoffen gefertigt, die Gesichter sind wahre Meisterwerke. Die „Hakata-ningyō" (Hakata-P.) sind Keramik-P. aus Fukuoka usw. Puppen werden einzeln mit Hand gefertigt, die vollendeten Stücke werden signiert und sind wertvolle Sammlerstücke. Aus Kinderspielzeug entwickelt, in ihrer vollendeten Abstraktion aber echte Kunstwerke sind die ↑ *Kokeshi*. Mittelpunkt des Mädchenfests ist heute noch ein Puppen-Hofstaat, der für die Mädchen aufgebaut wird.

R

rakugo. Die traditionelle japanische Kunst des Geschichtenerzählens. Immer sind es komische oder groteske Geschichten, die der *rakugoka* seinen Zuhörern vorträgt. Der Erzähler sitzt im ↑ *Kimono* auf einem Sitzkissen ganz allein auf der Bühne. Ein Klappfächer und ein zusammengelegtes Tuch sind die einzigen Requisiten, die er benötigt. Erzählweise, Mimik, einige sparsame Gesten mit dem Fächer genügen, um die Geschichte zu illustrieren. Die meisten Geschichten spielen in der ↑ *Edo*-Zeit, wobei die Pointen oft auf Kosten leicht dümmlicher ↑ *Samurai* oder anderer Höhergestellter gehen.

rangaku, rangakusha. „Holländische Wissenschaft" bzw. „Hollandwissenschaftler". Diese Gelehrten waren japanische Wissenschaftler des 17. und 18. Jh., die sich vermittels der holländischen Sprache mit europäischen Wissenschaften befaßten. Ihre Kenntnisse erhielten sie teils durch Befragungen der holländischen Gesandtschaften, die von ↑ *Dejima*bei Nagasaki nach ↑ *Edo* kommen mußten, teils gewannen sie Erkenntnisse aus holländischen Veröffentlichungen, die oft heimlich nach Edo gebracht wurden, weil die Lektüre gegen die ↑ *Abschließungspolitik* verstieß. Die Erkenntnisse der rangakusha über europäische Medizin, Astronomie, Geographie, Physik usw. bildeten einen Brückenschlag zwischen traditionellen japanischen Wissenschaften und dem damaligen europäischen Wissensstand.

Raumfahrt ↑ *Luft- und Raumfahrt.*

Raumplanung. Als wesentlicher Teil der politischen Gesamtplanung – die in Japan als politisches Instrument durchaus akzeptiert wird – gibt die R. den ↑ *Gebietskörperschaften* ihr vielleicht wichtigstes Handlungsgebiet. Die Rahmenplanung der Zentralregierung (z. B. Ausweisung von zentralen Straßen- und Bahnverbindungen) gibt zwar Eckdaten vor, aber die ↑ *Präfekturen*, Großstädte und Kommunen wickeln die R. in ihren Verwaltungsbereichen selbständig ab. In die Zuständigkeit der Präfekturen fällt die Ausweisung von Wohnflächen, Naturschutzgebieten oder Industriezonen, damit zusammenhängend überwachen die Präfekturregierungen die Einhaltung von ↑ *Umweltschutz*-Normen in den Industriezonen. Stadtentwicklung, Verkehrsplanung und Strukturpolitik fügen sich in der japanischen R. zum zentralen Bereich der Regional- und Kommunalpolitik.

Recruit ist in Japan keine Bezeichnung eines jungen Soldaten, sondern, englisch ausgesprochen, Name eines Unternehmens, das sich auf die Vermittlung von Nachwuchskräften spezialisiert hat. In den Zeitschriften des Unternehmens werden Stellen angeboten, Unternehmen machen sich dem umworbenen Nachwuchs bekannt; vor allem aber gibt Recruit dem ehrgeizigen Berufsbewerber Tips, wo man Chancen hat und wie man erfolgreich auszusehen hat. Die Folge ist eine gewisse Uniformität der jungen (männlichen) Stellenbewerber, man spricht vom „Recruit-Stil" im Aussehen. Das Unternehmen kam 1990/91 ins Gerede, weil sein Chef Politiker und Staatsbedienstete bestochen hatte; der sog. ↑ *„Recruit-Skandal"* kostete eine Reihe von Prominenten die Karriere. Jetzt aber ist Recruit wieder gut im Geschäft.

Recruit-Skandal. Neben dem Lockheed-Skandal die größte Korruptionsaffäre der achtziger und neunziger Jahre. Der Besitzer des Immobilien- und Medienunternehmens *Recruit-Cosmos* hatte zahlreichen Politikern – Regierung und Opposition – kurz vor Umwandlung seines Unternehmens in eine AG und vor der Börsennotierung große Aktienpakete zum Nennwert und auf Kredit überschrieben. Bei Beginn der Börsennotierung der Recruit-Wert schnellten diese Werte um ein Vielfaches in die Höhe und die beschenkten Politiker konnten fette Kursgewinne einstreichen. Als Gegenleistung hatten die Politiker dafür gesorgt, daß *Recruit-Cosmos* seine Zeitschriften (Firmenwerbung um Nachwuchs) an Universitäten vertreiben durfte, daneben war so manches „Filetstück" an Immobilien zum Vorzugspreis an Recruit-Cosmos gegangen. Besonders darüber war die Öffentlichkeit empört; die beschenkten Politiker mußten reihenweise ihre Hüte nehmen, auch der damalige Ministerpräsident: Der Recruit-Skandal löste jene politischen Reformen aus, die ab 1994 Japans Politik nachhaltig veränderten. ↑ *Parteienfinanzierung*, ↑ *Wahlrecht*.

Regen ist in Japan nicht nur eine eher ärgerliche (bei Erdrutschen sogar gefährliche) Wettererscheinung, sondern auch poetischer Topos: *harusame* etwa ist der sanfte Frühlingsregen, der die Landschaften dunstig verwischt; *baiu*, der Pflaumenregen, bezeichnet jene Jahreszeit, in der im Frühsommer die jungen Reispflanzen auf den Naßreis-

Feldern glänzen, und eine klassische Sammlung meist unheimlicher Geschichten heißt „Erzählungen unter dem Regenmond".

Regierungssystem. Japan ist eine parlamentarische Demokratie; der ↑ *Tennō*, der bis 1945 nach der Verfassung von 1889 die höchste Macht im Staat verkörperte, ist in der heutigen Verfassung von 1947 nur noch als „Symbol Japans und der Einheit des japanischen Volkes" beschrieben. An der Spitze der Regierung steht ein Ministerpräsident, der vom ↑ *Parlament* (Unter- und Oberhaus) gewählt wird. Eine Legislaturperiode (Unterhaus) dauert normal vier Jahre, aber der Regierungschef kann das Unterhaus vorzeitig auflösen und Neuwahlen ausschreiben; mit Ausnahme 1976 hat der jap. Ministerpräsident bisher stets von diesem Recht Gebrauch gemacht. ↑ *Präfekturen* und Gemeinden (↑ *Gebietskörperschaften*) genießen begrenzte Autonomie (↑ *Schulsystem* ↑ *Umweltschutz*, ↑ *Raumplanung*), sind aber bei den Finanzzuweisungen vollständig von der Zentralregierung abhängig.

Reichsinsignien ↑ *Throninsignien.*

Reis. Angeblich seit Urzeiten das japanische Grundnahrungsmittel; tatsächlich aber genossen jahrhundertelang nur die Oberschichten weißen Reis, denn die Erzeuger mußten ihn als Steuern abliefern; so erhielten die ↑ *Samurai* ihren „Sold" oder Leistungen zum Lebensunterhalt in Reislieferungen. Die Größe eines ↑ *Daimyō*-Lehens wurde in ↑ *„koku"* der Reisproduktion gemessen. Die Masse der bäuerlichen und städtischen Bevölkerung aß bis weit in das 19. Jh. Hirse, Reiskleie, Gerste usw. Erst seit der ↑ *Meiji-Zeit* wurde Reis mit Ausweitung der Anbauflächen und modernerer Agrotechniken sowie beträchtlicher Einfuhren (!) zum Volksnahrungsmittel. Reis war immer auch religiös „besetzt" und damit für die Ideologen einer Gottesherrschaft des Tennō willkommenes Propaganda-Mittel: Der Tennō, angeblich Nachkomme der Sonnengöttin, pflegte als „Bauernpriester" auch die Reiskultur (noch heute gibt es ein Reisfeld im Palast, das der Tennō „bestellt"). Das „Ur-Japanische", die religiöse Bedeutung des Reises mußte dann auch als Argument gegen eine Liberalisierung der Reis-Einfuhren 1993 herhalten.

Reispreis. Der japanische Reis kostet inzwischen durch die staatliche Preisregulierung sechsmal soviel wie z.B. Reis aus Thailand (der auch in Japan „ankommt") und doppelt so viel wie amerikanischer Reis (der in Kalifornien vielfach von ausgewanderten Japanern angebaut wird). Die Regierung kauft den Reis vom Erzeuger zu einem festen Preis, der jährlich von einer Preiskommission festgesetzt wird. Seit 1987 ist dieser Preis kontinuierlich gesunken, Anfang der neunziger Jahre lag er auf dem Niveau von 1976. Die Preisfindung für Reis ist ein Politikum, denn Japans Bauern haben beträchtlichen politischen Einfluß.

Reis-Versorgung. Bis 1965 konnte die einheimische Reisproduktion die

Nachfrage nicht befriedigen; 1965 wurden durchschnittlich 118 kg pro Person/Jahr verzehrt. Seither sind die Anbaumethoden so verbessert worden, daß Japan weit mehr Reis erzeugt als nachgefragt wird, denn der Verbrauch geht seit 1965 rapide zurück: 1991 wurden nur noch knapp 70 kg/Jahr/Kopf gegessen. Die Regierung hat den Erzeugerpreis gestützt und gleichzeitig durch Fördermaßnahmen die Anbauflächen reduziert (1992 allein um 24%). Jährlich muß die jap. Regierung trotzdem riesige Mengen Reis vom Markt nehmen und einlagern, um den Preis zu stabilisieren.

Religion ↑ *bon,* ↑ *bōsatsu,* ↑ *Buddha,* ↑ *Buddhismus,* ↑ *Christentum,* ↑ *Glücksgötter,* ↑ *Jizō-bōsatsu,* ↑ *Jōdō-shū,* ↑ *Jōdō-shinshū,* ↑ *Kannon,* ↑ *Satori,* ↑ *Shintō,* ↑ *Sutra,* ↑ *Tendai-Sekte,* ↑ *Yamabushi,* ↑ *zazen,* ↑ *Zen.*

Religionen, neue. Bezeichnet Religionsgemeinschaften, die seit dem 19. Jh. neu gegründet wurden (im Ggs. zu den „alten" traditionellen Religionen Buddhismus, Shintoismus). Meist handelt es sich um Glaubensrichtungen, die mystische Umdeutungen bestehender Religionen auf der Grundlage von Erscheinungen, Träumen, Visionen usw. zum Inhalt haben. Beispiele: ↑ *Sōka gakkai* (gegr. 1930, 12 Mio. Haushalte, buddh.) Risshō kōseikai (1938, 6,5 Mio., buddh.), Reiyūkai (1925, 3,2 Mio., buddh.), Vereinigungskirche (korean., 1959, 465 000, christl.). Die meisten der rund 220 000 religiösen Gruppen und Grüppchen (alle als „Religonen" registriert und damit steuerfrei!) sind in der Öffentlichkeit kaum bekannt.

Religionszugehörigkeit. Statistisch schwer zu erfassen. Alle Angaben beruhen auf Mitteilungen der Religionsgemeinschaften; darüber hinaus sind Japaner sehr liberal, wenn es um religiöse Überzeugungen geht: Nicht selten heiratet man nach Shintō-Zeremonie, schickt die Kinder z. B. auf eine katholische Universität und organisiert Trauerfeiern nach buddhistischen Riten. Umfragen von 1992 ergaben ein absurdes Bild: Mitglieder von Religionsgemeinschaften erreichten die Zahl von 215 Mio., also fast die doppelte Bevölkerungszahl, zahlreiche Japaner hatten sich gleich zu mehreren Gemeinschaften bekannt. Davon waren Shintō-Gläubige 49,7%, Buddhisten 44,6%, Christen 0,7%, „sonstige" 5,0%. Es gab 1991 rund 82 000 Shintō-Schreine, 77 000 buddh. Tempel und 34 000 christl. Kirchen. (↑ *Christentum,* ↑ *Buddhismus,* ↑ *Shintō,* ↑ *Religionen, neue,* ↑ *Konfuzianismus*).

ren-ai. Liebesheirat im Gegensatz zu ↑ *Omiai,* ↑ *Hochzeit,* ↑ *nakodo.*

Renga. „Kettengedichte", die von mehreren Dichtern in geselliger Runde verfaßt werden. Die Sequenz ergibt sich aus der Verknüpfung von Ober-und Unterstrophe des ↑ *„tanka".* Die erste Strophe („hokku", auch: „haiku") greift ein Jahreszeiten-Motiv auf, die folgende Strophe des Partners muß das Motiv fortschreiben; beide Strophen zusammen bilden ein „tanka". Wie in den genannten Gedichtformen werden Silben gezählt; „tanka" haben eine Oberstrophe mit 5-7-5 und eine Unterstrophe mit 7-7 Silben; die Oberstrophe allein wurde verselbständigt zum „↑ *haikai/haiku*". Feste Regeln ordnen die weitere Motivfolge im „r.", was teilweise zu Formalismus führte. Anfangs (14. Jh.) Unterhaltung bei Hofe, seit dem 15. Jh. auch in der einfachen Bevölkerung beliebt. (↑ *renku*, ↑ *tanka*).

Rengo. Der Gewerkschaftsdachverband seit 1985, als sich die damaligen großen Dachverbände auflösten und in diesem Verband aufgingen. Die R. arbeitete traditionell mit der ↑ *Sozialistischen Partei Japans* zusammen, hat sich aber zunehmend von ihr gelöst und stützt jetzt bei Wahlen auch Kandidaten anderer Parteien.

renku. Wörtl. „verbundene Verse" nach den Regeln des ↑ *Renga*, aber mit mehr chines. Einflüssen, Bevorzugung der Umgangssprache und freier Themenwahl (↑ *haikai/haiku*, ↑ *Renga*, ↑ *tanka*, ↑ *waka*).

Rentensystem. Setzt sich aus vier Rentenarten zusammen: Wohlfahrtsrenten, Nationalrente (Volksrente) und Renten aus Pensionskassen auf Gegenseitigkeit (öfftl. Dienst, Agrar-, Fischereikooperativen), hinzu kommen notwendige Leistungen aus privater Daseinsvorsorge (↑ *Lebensversicherung*). Die Wohlfahrtsrenten sollten vor allem die Beschäftigten in Kleinbetrieben (weniger als 5 Beschäftigte) absichern, die i.d.R. keine Beiträge für die nationale Rentenkasse leisten; seit 1986 gilt die Zahlung einer Grundrente allgemein, sie wird ab 65 Jahre gezahlt, erfordert aber eine zusätzliche Versorgung; ohnehin gilt es, für die meisten abhängig Beschäftigten, zwischen dem üblichen Pensionsalter von 60 Jahren und dem Beginn der Rentenleistungen mit 65, eine Überbrückungsfinanzierung zu finden; private Versicherungen, aber auch die befristete Weiterbeschäftigung zu verschlechterten Bedingungen sind üblich. Angestellte im öfftl. Dienst, Lehrer, Beschäftigte in Staatsunternehmen (Schnellstraßenbetrieb, Brückenverwaltung u.ä.) haben eigene Pensionskassen. Die optimale Durchschnittsrente liegt heute real bei 149966 Yen (1992; ca. 2500 DM). ↑ *Beschäftigungssystem*.

rikishi. Die ↑ *Sumo-Ringer*. Ein lukrativer Sport, wenn man die richtigen Erfolge hat: Monatlich verdient ein ↑ *Yokozuna* (höchster Rang) umgerechnet rund 34000 DM, hinzu kommen Preisgelder und Einnahmen aus Werbeverträgen.

ringi, ringisei. Häufig mystifizierte Form innerbetrieblicher Entscheidungsprozesse. Im ringi-Verfahren (ringisei) zirkuliert eine formalisierte Entscheidungsvorlage als Dokument (ringisho) durch Abteilungen und zwischen Abteilungen; die befaßten Mitarbeiter setzen ihre ↑ *hanko*-Siegel darunter, wenn sie zustimmen. Wird die Weiterleitung des ringisho blockiert, gilt das als Ablehnung, neue Besprechungen sind dann nötig. Das ringi-Verfahren ist längst nicht mehr das allein übliche Entscheidungsverfahren – und war es nie. ↑ *nemawashi.*

rōmaji. Bezeichnung für einen japanischen Text oder einzelne Wörter in europäischer Schreibweise („römisch“); nach diesem System funktionieren z.B. alle japanisch-deutschen Wörterbücher.

rōnin. Herrenlose ↑ *Samurai*, die im 16. Jh. während der blutigen Bürgerkriege durchs Land zogen und ihre Waffendienste anboten. Heute werden manchmal Schüler so bezeichnet, die sich lange auf die Eingangsprüfung für eine gute Universität vorbereiten.

Rundfunk, Fernsehen. Das Angebot in beiden Bereichen teilen sich das öffentlich-rechtliche ↑ *NHK* (Zentralsender in Tokyo, Nagoya, Osaka und in allen Präfekturhauptstädten) und kommerzielle Anbieter, die sich ausschließlich über Werbung finanzieren. Kommerzielles Fernsehen dominiert in den Großstädten, inzwischen auch als Satelliten-TV. Ab 1996 wird es digitales Satelliten-TV geben; Kabelfernsehen erfährt ebenfalls immer weitere Verbreitung – 1994 boten 158 Unternehmen in Großstädten Kabeldienste an.

Ryōkan. Traditionelles Gasthaus, meist mit typisch japanischer Atmosphäre. Die Zimmer sind mit ↑ *Tatami*-Matten ausgelegt, geschlafen wird auf ↑ *Futons*; oft öffnen sich die Schiebewände (↑ *shōji*) zu einem traditionellen Garten. Im R. bewegt man sich in Pantoffeln, auf den Tatami natürlich nur auf Strumpfsocken. Die Übernachtungspreise schwanken stark, aber stets ist ein Abendessen und ein Frühstück (meist japanisches F.) eingeschlossen. 1994 lagen die Preise zwischen 5000 Yen und 60 000 Yen/Person/Nacht (Spitzenryōkan, z.B. in Kyōto). Von den ca. 80 000 Ryōkan haben sich 2100 in der „Japan Ryokan Association“ zusammengeschlossen; sie garantieren hohes Niveau und sind entsprechend in der Preisgestaltung: 10 000 bis 60 000 Yen zuzüglich 3–6% Steuern und bis zu 15% Bedienung – allerdings ist der Service exquisit (ein Kulturschock, gemessen an europäischem Service). Preisgünstiger sind die ca. 70 Mitgliedsryōkan der „Japanese Inn Group“, die Übernachtungen zu 5000 Yen anbieten, jedoch ohne Mahlzeiten. Die Ryōkan stellen ihren Gästen üblicherweise ↑ *Yukata* und Toilette-Artikel. Unverzichtbar ist das Bad, das in vielen Ryōkan überhaupt den Mittelpunkt bildet, in den ↑ *Onsen* nämlich. ↑ *Bad*, ↑ *furo.*

Ryūkyū-Inseln. Inselgruppe im äußersten Südwesten Japans, in SW-Verlängerung zwischen der Hauptinsel Kyushu und Taiwan. Die größte R.-Insel ist Okinawa in der Hauptstadt Naha. Die R. bilden geographisch die Grenze zwischen Ostchinesischem Meer und Pazifik und haben subtropisches Klima. Sprachlich und ethnisch sind die R.-Bewohner den Japanern eng verwandt, aber jahrhundertelang orientierten sich die R.-Herrscher nach China. Bis 1609 waren die R. ein chinesischer Vasallenstaat, dann annektierte der Satsuma- ↑ *Daimyō* einen Teil der

Inseln. In der ↑ *Meiji-Zeit* wurden die verbliebenen Inseln als ↑ *Präfektur* Okinawa dem japanischen Staatsgebiet einverleibt. Im ↑ *Pazifischen Krieg* erorberten US-Marineinfanteristen in einer blutigen Landungsoperation Okinawa, viele Zivilisten kamen in den Kämpfen um oder wurden von fanatischen japanischen Militärs zum ↑ *Selbstmord* gezwungen. 1945 annektierten die USA die R. und errichteten dort einen riesigen Militärstützpunkt; 1969 wurden die R. an Japan zurückgegeben.

S

sabi. Wörtl. „Rost, Verfall, Patina", aber auch „Einsamkeit, Verlassenheit". Melancholische Schönheit, die durch eine Patina des Alterns entstanden ist. Für die ↑ *Teezeremonie* von ↑ *Sen-no-Rikyū* entdeckt: Die Ästhetik eines elegant geformten Gebrauchsgegenstandes, z. B. für die Teezeremonie, der schon neu schön ist, gewinnt zusätzlich Schönheit auf einer höheren Stufe durch die Abnutzungsspuren des täglichen Gebrauchs. Die angestoßene Teeschale, deren Rand mit Goldlack repariert wurde, eine zersprungene, mit Weidenrinde ausgebesserte, altersbraune Bambusvase z. B. vermitteln das Gefühl für Vergänglichkeit, ihre Unvollkommenheit macht sie Kennern des ↑ *cha-no-yū* wertvoll. ↑ *wabi.*

sadō Andere Bezeichnung für „cha-no-yū", d. h. Teezeremonie; wörtl. „Weg des Tees".

Sake. Reis„wein"; hergest. aus gekochtem Reis u. Wasser, ca. 12% Alkohol. Der Rücksand des Brauens wird in manchen Regionen zum Einlegen von Gemüse (↑ *tsukemono*) verwendet. S. wird im ↑ *Shintō* vielfach bei feierlichen Zeremonien verwendet (↑ *Hochzeit*).

Sakura. Die Kirschblüte, die beim ↑ *hanami* so begeistert betrachtet wird. Symbol des ↑ *Samurai*: Ihre prachtvollen Blüten fallen so schnell, wie ein Samurai sein Leben im Kampf verliert.

Samurai. Das Wort leitet sich von dem Begriff für „Dienen, Aufwarten" ab. Mit dem Aufkommen der Ritter- oder Kriegerfamilien war S. die Bezeichnung für den schwerttragenden Adel, angefangen vom ↑ *Shōgun* bis hinunter zum rangniedrigen Dienstmann. Rangabzeichen der S. waren die zwei ↑ *Schwerter*, Kampf- und Kurzschwert (f. ↑ *Selbstmord*) in der ↑ *Obi*-Gürtelschärpe. Sold der S. war Reis, den sie bei den verachteten Kaufleuten gegen lebensnotwenige Dinge eintauschen mußten. Nebeneinkünfte waren den S. verboten; weil aber der Reis ständig an Wert verlor, verarmten viele S. zu Beginn des19. Jh. Herrenlose S., die sog. ↑ *rōnin*, waren ein gefährlicher Unruheherd; unzufriedene S. und rōnin gemeinsam trugen schließlich entscheidend zum Zusammenbruch der ↑ *bakufu*-Herrschaft bei.

san. An den Vor- oder Familiennamen angehängte Bezeichnung von „Herr", „Frau", aber auch Kinder werden so angeredet, z.B. Michiko-san. Als Koseform zu „-chan" verändert, dann wird der Vorname verkürzt, z.B. „Ken-chan" statt „Kentaro-san". Unter engen Bekannten oder auch im Kollegenkreis wird häufig „kun" verwendet.

sankin kōtai. Die (überaus kostspieligen) Reisen der ↑ *Daimyō* nach ↑ *Edo* und ihre Pflicht, dort Residenzen zu unterhalten; das System wurde 1635 von den ↑ *Tokugawa* eingeführt. Alle Daimyo, auch die Fürsten mit weit abgelegenen Ländereien, mußten nun im Wechsel ein Jahr in Edo, ein Jahr auf ihren Gütern wohnen; in dieser letzten Phase blieben dann die Familien als Geiseln in Edo. Dieses System belastete die Damiyō wirtschaftlich in ungeheurem Maße und verhinderte jedes Komplott gegen die Tokugawa-Herrscher (Armeen kosten Geld ...). Ganz nebenbei wurde auf dieser Art Edo zu einer blühenden Großstadt, denn die Daimyō mit ihren aufwendigen Residenzen mußten versorgt werden.

sarariman. Von dem engl.-jap. Kunstwort „salaryman", in England/USA ungebräuchlich. Bezeichnung f. die typischen Angestellten, die in Scharen tägl. die Verkehrsmittel, Büros und Kneipen jap. Städte bevölkern. Sie vor allem sind von ↑ *karōshi* (Tod d. Überarbeitung) bedroht; Schicksal d. Sarariman: Lange reguläre Arbeitszeiten, unbezahlte ↑ *Überstunden*, Sorge um die Karriere, Familienprobleme, aber noch heute große Loyalität zur Firma. ↑ *Beschäftigungssystem* (lebenslange Anstellung), ↑ *kachō*, ↑ *karaoke*, ↑ *karōshi*, ↑ *Versetzungen auf Zeit*, ↑ *Visitenkarte*.

sashimi. Aufgeschnittener, roher Fisch versch. Art, z.B. Thunfisch (nach Fleischsorten große Qualitäts- und Preisunterscheide), ↑ *Tai*, Makrele (auch leicht gesäuert) usw. Man taucht die Stückchen in ↑ *Soyasauce* m. ↑ *wasabi*.

Satori. Aus dem Sanskrit „bodhi" d.h. Erleuchtung. Nach der ↑ *Zen*-Lehre ist die absolute Leere der Urgrund allen Seins, die Buddha-Natur, die man durch Meditation erlangen kann. Darin wird der Gegensatz zwischen Objekt und Subjekt aufgehoben, der Mensch „erfährt" das Wissen um das Wahrhaft-Leere-Erscheinungslose. Meister, die willentlich auf den Eingang ins Nirvana nach dem S. verzichten, um lehrend und heilend unter den Menschen zu weilen, sind ↑ *bōsatsu* (indisch: Bodhisattva), heute meist populäre Schutzgottheiten. ↑ *Jizō*.

Sayonara. „Auf Wiedersehen!", „Leb' wohl!" (Sprich: sajoonara). Die übliche Verabschiedungsformel, allerdings tendenziell eher ein wenig förmlich, gebräuchlich vor allem bei längerer Trennung. ↑ *Verabschiedung*.

Schöpfungsmythos. Der Legende nach sind die japanischen ↑ *Inseln*, die Götter und natürlich auch die Menschen vom Götterpaar ↑ *Izanami* und *Izanagi* gezeugt worden: Sie standen auf der Himmelsbrücke und blickten hinunter auf eine endlose

Salzflut, dann rührten sie mit einem Speer in dieser Flut; aus herabfallenden Tropfen entstand eine erste Insel, das göttliche Paar stieg herab, vereinigte sich auf der Insel und zeugte alle anderen Erscheinungen der Welt.

Schreine. Im Gegensatz zu ↑ *Tempeln* Heiligtümer im ↑ *Shintō*; kenntlich an den meist roten ↑ *Torii.*

Schriftsystem. Vielleicht das komplizierteste S. der Welt: In Japan wird mit vier verschiedenen Systemen gemischt geschrieben: die Silbenschriften ↑ *katakana* und ↑ *hiragana*, chinesische Zeichen ↑ *kanji* und das euroäpische Schriftsystem werden nebeneinander verwendet. Die beiden „kana"-Silbenschriften wurden aus verkürzten chinesischen Zeichen abgeleitet, die nicht nach ihrer Wortbedeutung, sondern vorwiegend als Lautträger benutzt wurden (sog. „manyōgana"), aus der kursiven Verschleifung der chines. Zeichen entstanden die „kana"-Zeichen; das geschah bereits im 9. Jh. Die „hiragana"-Silbenschrift war jahrhundertelang die „Frauenschrift", in eleganter „hiragana"-Kalligraphie wurden z. B. die Werke der berühmten Autorinnen ↑ *Murasaki Shikibu* und ↑ *Sei Shonagon* niedergeschrieben, wobei die letztere schon viele ↑ *Kanji* verwendete und deshalb getadelt wurde.

In der Grundschule werden zuerst die zweimal 46 Silbenzeichen der „kana"-Zeichen gelernt, aber parallel dazu werden sukzessive einfache, dann immer kompliziertere ↑ *Kanji* eingeführt. Mit Wandlungsformen ergeben sich 50 kana-Zeichen, deren Lautung auch in japanischen Lexika als Ordnungssystem verwendet wird. Bis zur Mittelstufe lernen Japans Kinder in der Schule 1945 Standardzeichen Chinesisch, gebräuchlich sind jedoch ca. 3000 ↑ *Kanji*, ↑ *Shodō*.

Schüsselgerichte („domburi"). Speisen, die in einer Steingut-Schüssel (jap. „domburi") gekocht und serviert werden. Es gibt zwei Grundvarianten: Reis mit Zutaten oder ↑ *Nudeln* der verschiedenen Sorten mit Gemüse, wenig Fleisch, ↑ *Tofu*, Fisch usw. Typisches Reis-„domburi" ist „oyako-domburi" (Eltern und Kind-d.): Über weißen Reis wird eine Mischung aus Hühnerfleisch mit Rührei und Lauchzwiebeln (gewürzt m. Soyasauce, Zucker, Sake) gegossen. ↑ *nabemono.*

Schulsystem Nach einer freiwilligen Kindergartenzeit (von den meisten Kindern jedoch besucht) beginnt die Pflichtschule mit dem 6. Lebensjahr; sie besteht aus sechs Jahren Grundschule sowie je drei Jahren Mittel- und Oberschule. Die Kosten für diese staatliche Schulausbildung werden zu 11% (Grundschule) und zu 16% (Mittelschule) von den Eltern getragen. Es folgt eine freiwillige „Oberstufenschule" (15–18 Jahre), die jedoch über 95% eines Jahrgangs besuchen; hier gibt es schon zahlreiche Privatschulen, die hohe Schulgebühren verlangen: Für ihren Ruf (und die Kosten) ist entscheidend, wieviele Absolventen anschließend auf gute Universitäten gelangen. Nach harten Eingangsprüfungen folgt also i. d. R. ein Studium, das mit 22 Jahren abgeschlossen werden kann, häufig wird aber noch ein Magister-Kurs (bis 24, rund 8% eines Jgg.) angefügt; durchschnittlich wird vier Jahre studiert. Für Frauen gibt es neben der Regeluniversität noch die sog. „Kurzzeit-Universitäten“ (jap. tanki daigaku), die nur ein gewisses Maß an Konversationswissen vermitteln. Vergleichszahlen: 1990 besuchten 32% eines Jahrgangs Universitäten (Deutschland 1988: 36%). ↑ *juku*, ↑ *yobiko*.

Schülerselbstmorde. In den 80er und 90er Jahren ein Phänomen, das in der japanischen Gesellschaft große Bestürzung auslöste. In der scheinbar heilen Welt japanischer Schulen herrschte offenbar nicht selten ein Klima, das von psychischer und physischer Gewalt gegenüber einzelnen Schülern bestimmt war. Dieser Terror wird jap. als ↑ *ijime* bezeichnet; ein spektakulärer S. 1994 löste eine ganze Welle von S. aus. Aber das *ijime*-Phänomen ist nicht neu, schon 1986 gab es ähnliche Fälle, die Tendenz an den Schulen – und auch bei den Eltern – schien aber zu stark, solche Ereignisse totzuschweigen; erst 1994 griff das Erziehungsministerium das Problem auf und arbeitet zusammen mit den ↑ *P.T.A.* an Lösungen. ↑ *Selbstmord*.

Schwerter. Die jap. Schwerter sind leicht gekrümmt und haben eine einseitige Schneide. Der vorzügliche Stahl wird durch Erhitzen, Rollen, Falten, Schmieden hergestellt; kontinuierlich wird die Klinge gehärtet, wobei vom „Rücken“ her verschieden starke Lehmschichten aufgetragen wurden, nur die spätere Schneide bleibt frei. Die Klinge wird unterschiedlichen Härtungsverfahren (hohes Erhitzen – schockartiges Abkühlen m. Wasser oder Eis) ausgesetzt; anschließend wird der Lehm abgeklopft und die Klinge erhält von einem Schleifer einen komplizierten Wellenschliff. Der Schmied trug früher bei der Arbeit ein Gewand, das dem der ↑ *Shintō*-Priester ähnelt. Das „Schwertfegen“ galt als das edelste Handwerk, dem sich sogar ↑ *Tennō* in ihren Mußestunden widmeten. Schwerter sind Familienbesitz, in ihnen spiegelt sich gleichsam die Seele einer Sippe. Für eine gute Schwertklinge (i.d.R. ohne Montierung, d.h. Griff u. Stichblatt/ ↑ *tsuba*) wird auch heute noch viel Geld ausgegeben. Die Klingen werden signiert, und Schwerter berühmter Meister (z.B. Masamune) sind heute unbezahlbar, wenn sie überhaupt auf den Markt kommen; viele historische Schwerter haben eigene Namen. Im ↑ *Pazifischen Krieg* wurden viele billige sog. „Militär“-S. hergestellt, die von Offizieren getragen wurden; nach dem Krieg wurden sie größtenteils vernichtet, nur die „historischen“ S. blieben erhalten.

Die Montierung der S. ergänzt die schlichte Furchtbarkeit der Waffe durch Pracht: Auf den Oberteil der Klinge wird ein kunstvoll geflochtener oder z.B. mit Haifischhaut bezogener Griff montiert. Der Knauf und die Fassung der Montierung sind oft Kleinplastiken aus Silber, Kupfer, Gold usw. Die Schwerthand wird durch das meist runde Stichblatt (↑ *tsuba*) geschützt, das ebenfalls in eleganter Stilisierung verziert ist, diese Stichblätter sind begehrte Sammlerobjekte. Das Schwert steckt in einer schwarzen oder roten Lackscheide, die mit Ornamenten oder als ↑ *Goldlack* (↑ *Lack*) verziert ist. Die Schwerter wurden bis zur ↑ *Meiji-Zeit* als Rangabzeichen der ↑ *Samurai* stets in Paaren im ↑ *Obi* getragen: Das Kampfschwert („katakana“) und das Kurzschwert („wakizashi“), das zur Selbstentleibung diente (↑ *Selbstmord*). Die ↑ *Sumo*-Ringer hoher Grade haben ebenfalls S. als Zeichen ihres Ranges; sie werden heute nur noch bei den Zeremonien zu Eröffnung eines Turniers verwendet, zeigten ursprünglich aber an, daß ↑ *rikishi* auch in den Rang niedriger Samurai befördert wurden.

Seetang (nori). Zu dünnen Blättern gepreßt ist trockener „nori“ unverzichtbar in der japanischen Küche: Als „norimaki“-Rollen mit Reis und Fisch- oder Gemüsefüllung, zum ↑ *Sushi*, über weißen Reis gebröselt usw. „nori“ wird heute in „Farmen“ gezüchtet, aber auch z.B. aus Korea importiert. ↑ *kombu*, ↑ *dashi*.

Seide. Bis weit in die ↑ *Edo*-Zeit als Kleidung allein dem ↑ *Adel* vorbehalten. Jap. Seidenbrokate waren nach Muster und Feinheit der Weberei Spitzenprodukte, berühmt sind noch heute die traditionellen Nishijin-Brokate aus Kyōto. Erhalten sind kostbare Hofgewänder der ↑ *Heian-Zeit*, aber auch prachtvolle ↑ *Noh*-Kostüme, die die frühe Meisterschaft jap. Webtechniken für Seide belegen.

Seidenraupenzucht. In schriftlichen Quellen schon für das 8. Jh. belegt, aber kaum als Erwerbszweig verbreitet. Kenntnisse über die S. waren aus China nach Japan gelangt. Die S. als wichtiger Erwerbszweig der bäuerlichen Betriebe begann in der ↑ *Edo*-Zeit; die zunehmenden Exporte von Seide nach Europa und in die USA seit der ↑ *Meiji-Zeit* gaben der S. noch größere Bedeutung: Viele bäuerliche Betriebe machten den Anbau von Maulbeerbäumen (Nahrung der Seidenraupen) und die S. zum Haupterwerbszweig. Die Seidenraupen spinnen sich nach einigen Wochen der Fütterung ein; die Raupen werden dann abgetötet, indem man die Kokons in heißes Wasser gibt. Anschließend werden die Kokons abgewickelt und zu Seidenfäden versponnen. Höhepunkt der S. war 1930, als pro Jahr 40000 t Kokons geerntet wurden. Die S. ist heute meistens nur noch Zuerwerbszweig, die S.-Betriebe werden jährlich mit umgerechnet ca. 291 Mio. DM subventioniert.

Sei Shonagon (965–1025?). Hofdame einer Kaiserin und berühmte Schriftstellerin der ↑ *Heian-Zeit*. Die Verfasserin des „Kopfkissenbuches“ (jap. Makura-no-sōshi) war eine scharfe, oft zynische Beobachterin ihrer Umgebung bei Hofe. Das „Kopfkissenbuch“ umfaßt kurze Notizen z.B. über „das, was ärgerlich ist“, ätzende Beschreibungen von Menschen, die sich mit den komplizierten Hofregeln nicht auskannten, kurze Reisebeschreibungen u.ä. Sei Shonagon schrieb teilweise schon mit chinesischen Zeichen (↑ *Kanji)* statt mit ↑ *Hiragana*, wie es sich für eine Dame schickte.

Von ihrer Kollegin bei Hofe, der Schriftstellerin ↑ *Murasaki Shikibu* (↑ *Genji monogatari*) wurde sie deswegen scharf getadelt, sie warf Sei Shonagon Gefallsucht mit ihren Chinesisch-Kenntnissen vor. Sie galt bei ihren Zeitgenossen als sehr ehrgeizig, so konnte sie es z.B. nicht ertragen, wenn jemand besser über die chinesischen Klassiker Bescheid wußte als sie selbst.

seibō, o-seibō. Geschenke zum Jahresende; können bei einem ↑ *sarariman* einen guten Teil seines ↑ *Bonus* zum Jahresende verschlingen. ↑ *Geschenke.*

Sekten. Hier stets als buddhistische S. gemeint, also nicht abfällig, sondern zur Bezeichnung der verschiedenen Strömungen im japanischen ↑ *Buddhismus.* ↑ *Shingon*-Sekte, ↑ *Tendai*-Sekte.

Selbstmord. Jap. ↑ *seppuku*, manchmal auch ↑ *harakiri.* Die Übersetzung des Begriffs verdeutlicht die traditionelle Methode: „Aufschlitzen des Bauches". Der Entschluß, *seppuku* zu begehen, konnte verschiedene Ursachen haben: Sühne für eine Verfehlung, ehrenvolles Verfahren der Hinrichtung eines ↑ *Samurai*, ernste Mahnung an einen pflichtvergessenen Fürsten, Trauer über den Tod eines Tennō (General Nōgi beging 1912 S. nach dem Tod Meiji-Tennōs) oder Verzweifelung über eine militärische Niederlage (1945 beging eine ganze Reihe hoher Offiziere S.). Für einen ↑ *Samurai* war es eine Schande, eine verlorene Schlacht zu überleben. Das „klassische Verfahren": Der zum S. entschlossene Samurai sitzt weiß gekleidet vor einem niedrigen Tischchen, darauf Papier, Pinsel, Tusche – und sein Kurzschwert (↑ *Schwerter*). Er schreibt noch ein Abschiedsgedicht (eine Mahnung o.ä.). Dann stößt er das Kurzschwert in die linke Leibesmitte, zieht es langsam nach rechts und macht einen kurzen Schnitt nach oben. Ein Gefährte hinter ihm schlägt ihm danach den Kopf ab. Handelte es sich um die Vollstreckung eines Todesurteils, waren Zeugen des Gerichtsherrn anwesend.

Auch heute noch wird S. nicht selten noch als ehrenvoller Ausweg aus einer tragischen Situation angesehen, allerdings wird nicht mehr das „klassische Verfahren" angewendet. ↑ *Schülerselbstmorde.*

senbei, o-senbei. Reiscracker, mit süßer Soyasauce glaciert, fast immer auch mit ↑ *Seetang* (nori) umwickelt oder gewürzt. s. gibt es in zahllosen Variationen, aber die Grundzutaten sind stets dieselben. Hübsch verpackt gut als Geschenk geeignet. ↑ *Geschenke.*

Sengoku-Zeit. Wörtl. „Zeit der kämpfenden Fürstentümer"; Epoche zahlreicher Bürgerkriege im 15. und 16. Jh. Der Name ist der chines. Geschichtsschreibung entlehnt. Die Bürgerkriege begannen mit einem elfjährigen Kampf um ↑ *Kyoto* (1467–77), der die Hauptstadt völlig verwüstete, und neigten sich ab 1590 dem Ende zu, als ↑ *Toyotomi, Hideyoshi* die Vorherrschaft über die anderen Fürstentümer erkämpfte. Hundert Jahre lang hatten sich die

↑ *Daimyō*-Fürsten gegenseitig bekriegt; es war die Epoche der großen ↑ *Burgen*, der ↑ *Samurai*-Heere, aber auch eine „Modernisierungsphase“, die schon deren Ende ankündigte: Musketen und Kanonen, nicht ↑ *Schwerter* und ↑ *Bogen* entschieden zunehmend über den Ausgang von Schlachten. ↑ *Tokugawa, Ieyasu.*

Sen-no-Rikyū. (1522–1591); Teemeister der beiden Feldherren und späteren Herrscher über Japan ↑ *Oda, Nobunaga* und ↑ *Toyotomi, Hideyoshi.* Sein ↑ *sadō*-Stil (↑ *cha-no-yu*) der „stillen, schlichten Eleganz“ (jap. ↑ *wabi*) verbunden mit ↑ *sabi* (Patina des Alters) prägt die ↑ *Teezeremonie* und das Blumenstecken des ↑ *chabana* bis heute. Rikyū schuf mit seinem Stil erst das Lehrgebäude des ↑ *sadō,* ↑ *cha-no-yu* in seiner Gesamtheit aus Teeraum, maßvoller Bewegung, Gerätschaften, den Blumen und dem umgebenden Garten. Die ↑ *Samurai* seiner Epoche griffen seinen meditativen Stil des ↑ *sadō* eifrig auf. Unter Toyotomi hatte Rikyū deshalb auch enormen politischen Einfluß. Nach einem Zerwürfnis mit Toyotomi verurteilte ihn dieser zum ↑ *seppuku* (Selbstmord).

sentō, o-sentō. Das öffentliche Bad in der Nachbarschaft. ↑ *Bad, öffentl.*

seppuku. Ritueller Selbstmord durch Bauchaufschlitzen. Andere Lesung der chinesischen Zeichen für „harakiri“, heute gebräuchlicher. ↑ *Selbstmord.*

setsubun ↑ *Bohnenfest.*

Sex in jeder Form in Japan über Jahrhunderte zu Höhepunkten der Verfeinerung entwickelt. Auffällig ist der unbefangene Umgang der meisten Japaner mit Darstellungen von Sex. Jahrzehntelang wurden zwar in Bildjournalen die Schamhaare ausgeschwärzt, aber die einschlägigen Veröffentlichungen liegen heute längst unzensiert auf dem Ladentisch: Sado-Maso-Orgien, Gewaltdarstellungen aller Art, die gequälten Partnerinnen so jung wie möglich, um unschuldig zu wirken; ganze ↑ *Manga*-Serien widmen sich ausschließlich dem Sex in jeder Form und für jede Altersstufe. Phallus- und Vulva-Darstellungen finden sich in vielen ↑ *Shintō*-Schreinen. Wen es zur praktischen Ausübung von Sex drängt, findet ein breites Angebot – alles natürlich illegal bzw. am Rande der Legalität. In Telefonzellen und öffentlichen WCs liegen Bildbroschüren von Hostessen- und „Escort“-Diensten: für ein schnelles Schäferstündchen bieten sich ↑ *Love Hotels* an. Anmerkung: Die meisten einschlägigen Dienstleistungen stehen Ausländern nicht offen. ↑ *Prostitution.*

Shabu-shabu. Eine Art „Suppen-Fondue“. Grundlage sind hier Brühe, Gemüse, ↑ *Tōfu* und hauchdünne Rindfleisch-Scheibchen wie bei ↑ *Sukiyaki.* Alle Zutaten werden nacheinander in die kochende Brühe getaucht, dann in verschiedene Saucen (z. B. ↑ *ponsu*). Shabu-shabu soll das Geräusch beim Wäschespülen nachahmen.

shibori, O-shibori. Heißes (i. Sommer auch kaltes) Frotteetuch in einem Körbchen, vor dem Essen gereicht, um Gesicht u. Hände abzureiben.

Shichi-go-san. Das Fest der drei-, fünf- und siebenjährigen Kinder am 15. November. An diesem Tag werden die fünfjährigen Jungen sowie die drei- und siebenjährigen Mädchen den örtlichen ↑ *Shintō*-Gottheiten „vorgestellt“ (früher der Clan-Schutzgottheit, jap. „ujigami“); man kauft glückbringende Geschenke und erfleht den Schutz der Götter. Vielleicht die beste Gelegenheit, einmal ↑ *Kimono* in ganzer Pracht zu erleben, denn Kinder und Eltern tragen dann ihre besten Kimono. In Tokyo zieht vor allem der ↑ *Meiji*-Schrein Scharen festlich gekleideter Besucher an. ↑ *Feste für Kinder.*

shichimi. „Sieben-Düfte-Gewürz“; Pfeffermischung aus sieben verschiedenen Gewürzen, die z.B. über Nudelgerichte gestreut wird.

Shiitake-Pilze Braunschwarze Zuchtpilze, die frisch oder getrocknet (vor Zubereitung eingeweicht) verwendet werden. Frisch inzwischen auch in Deutschland erhältlich. ↑ *Matsutake*-Pilze.

Shikoku. Die kleinste der vier Hauptinseln, zwischen ↑ *Kyūshū* und W- ↑ *Honshū.* Mit 18778 qkm nur 5,1% der japanischen Landfläche. Benannt nach vier alten Lehensgebieten (koku). Die traditionell unterentwickelten Regionen auf S. dürften in naher Zukunft neuen Auftrieb erhalten, seit die gewaltige Brückenverbindung zwischen S. und Honshū (Seto-Ohashi, „Große Seto-Brücke“) geschlossen worden ist.

Shingon-Sekte. Gegr. 806 von dem Mönch Kūkai. Diese buddh. Schule ist stark durch Geheimlehren mit mystischen Zügen geprägt. Im Mittelpunkt des Glaubens steht der Buddha Dainichi-nyōrai (ind.: Vairocana), der das ganze Weltreich verkörpert. In geheimen Riten soll der Mensch zur Identität mit Dainichi-nyōrai, dem Absoluten, geführt werden. Die S.-Sekte ebnete den Weg zu einer Verschmelzung mit dem ↑ *Shintō*, indem die Sonnengöttin ↑ *Amaterasu* zu einer Inkarnation des Vairocana-Buddha erklärt wurde.

Shinkansen. „Bullet Train“; Schnellzüge der Typen „Hikari“ (‚Lichtstrahl‘, hält nur an wenigen großen Stationen) u. „Kodama“ (‚Echo‘, hält häufiger). Verbindet Tokyo m. Fukuoka, via Osaka u. Kyoto (W) bzw. m. Niigata (NO). Seit einigen Jahren auch Nichtraucher-Abteile. Reservierungen sehr empfehlenswert. Die Erste Klasse heißt „Green Car“ (Symbol: Kleeblatt). Im Oktober 1994 wurde der S. dreißig Jahre alt, die erste S.-Strecke zwischen Tokyo und Osaka (↑ *Tokaido*-Linie) war zu den Olympischen Spielen von Tokyo 1964 in Betrieb genommen worden. Heute verkehren auf dieser Strecke täglich 282 Züge, die 360000 Passagiere befördern. Die Gesamtlänge der S.-Strecken beträgt 1835 km und jeden Tag benutzen 750000 Menschen diese Strecken. Die Spitzengeschwindigkeit der S.-Züge liegt bei 270 km/h; seit Bestehen des S. hat es kein schweres Unglück gegeben. ↑ *shiteiseki*, ↑ *Eisenbahnen*.

shinnenkai. Feier im Kollegenkreis, Studenten usw. zum Jahresbeginn. ↑ *bonenkai*.

Shinran. (1173–1262) Gründer der ↑ *Jōdō-shinshū*-Richtung (i.e. neue *Jōdō*-Lehre) des ↑ *Buddhismus*. Nach dem Studium der ↑ *Tendai*-Lehre und einigen Jahren bei dem Meister ↑ *Hōnen* verließ er die Hauptstadt Kyōto und ging nach Ostjapan ins Exil. S. verfocht nachdrücklich die Lehre der ↑ *Jōdō-shū*, lehnte aber deren Forderung nach Ehelosigkeit und mönchischer Abstinenz ab.

Shinshintō ↑ *Neue Fortschrittspartei* (↑ *Parteien*).

Shintō. Wörtl. „Weg der Götter", Japans Ur-Religion, ist eine Mischung aus Natur- und Seelenkult, Ahnenverehrung und Schöpfungsmythen. Im Zentrum der Verehrung stehen zahllose Gottheiten (jap. *kami*), unter denen die Sonnengöttin ↑ *Amaterasu* die höchste Stellung einnimmt. Viele Gottheiten gelten als Urahnen großer Familien, die zugleich Schutzgottheiten dieser Familienverbände wurden, z.B. Amaterasu für das japanische Kaiserhaus. Reinigungszeremonien stehen im Mittelpunkt der S.-Rituale, denn rituelle Reinheit ist oberstes Gebot im S. Daneben werden den *kami* Opfergaben dargebracht, Priester rezitieren Gebete (↑ *norito*), und zu einer größeren Zeremonie gehört auch Musik (Trommeln). Jahrhundertelang war der S. fast gänzlich vom ↑ *Buddhismus* aufgesogen, erst im 18. Jh. wurden die S.-Kulte wiederentdeckt und für die politische Restauration des Kaiserhauses ideoligisiert, war doch früher der Tenno stets Oberpriester des S.; der ↑ *Ise*-Schrein als höchstes S.-Heiligtum wurde von einer kaiserlichen Prinzessin geführt. Im 19. Jh. wurde der S. Staatsreligion und Rechtfertigungslehre eines aggressiven Nationalismus, die hohen Feste des S. wurden zu Nationalfeiertagen. Nach 1945 wurde dieser Staats-S. verboten, die staatliche Finanzierung der ↑ *Schreine* beendet, heute werden die S.-Heiligtümer von privater Seite finanziert. S. ist selbstverständlicher Teil des täglichen Lebens: In großen Firmen finden sich S.-Schreine z.B. auf dem Dach, in Büros oder Werkshallen; kein Baubeginn ohne S.-Zeremonie, um die Erdgottheit zu besänftigen, und selbst die Luftwaffe läßt ihre neuen Kampfflugzeuge von S.-Priestern weihen.

Shintō-Priester. Zusammen mit den ↑ *miko* (Schrein-Priesterinnen) verantwortlich für die Zeremonien an ↑ *Shintō*-Schreinen. Sie tragen traditionelle Kleidung, d.h. ↑ *Kimono*, ↑ *hakama* (zeigt den Rang an: Purpur m. Insignien, Purpur oder hellblau), bei großen Zeremonien auch eine hohe schwarze Mütze aus lakkierten Bambusfasern; die ↑ *miko* tragen weiße Kimono und rote ↑ *hakama*.

Shintō Sakigake. „Neue Partei – der Vorreiter"; Kleinpartei, die 1993 von einem ehemaligen ↑ *Präfektur*-Gouverneur zusammen mit Politikern gegründet worden ist, die mit der ↑ *Lib.-Dem. P.* (LDP) gebrochen hatten. Die Kleinpartei war ab 1994 als Koalitionspartner mit ↑ *Sozialisten* und LDP an der Regierung beteiligt.

Shitamachi. Die Unterstadt Tokyos. In der ↑ *Edo*-Zeit das Wohnviertel der einfachen Bürger, die Adligen hatten ihre Residenzen auf den Höhen über den Flußniederungen z. B. des Sumida-Flusses; das Gebiet der S. liegt teilweise unter dem Flußniveau. Das höhergelegene Gebiet ist Yamanote, das Wort ist heute noch in der Nahverkehrslinie ↑ *Yamanote* erhalten, deren grüne Züge im Ring Tokyos Kern umfahren. Die Shitamachi erstreckt zwischen den Stationen „Tabata" und „Shinagawa" dieser Linie. Noch heute herrscht in diesen Vierteln eine besondere Atmosphäre: Hier findet man noch ältere Häuser, farbige Märkte und mit Glück kann man ausgelassene örtliche Schrein-Feste erleben.

shitauke. Zulieferbetriebe im Subkontraktsystem: Große Endfertiger der verarbeitenden Industrie (z. B. Autoindustrie) vergeben Teile- oder Komponentenherstellung an kleine und mittelgroße Zulieferbetriebe, die zu einem großen Teil inzwischen auch schon im Ausland arbeiten. Die vergleichsweise niedrigen Produktionskosten in den Endmontagewerken basieren auf den niedrigeren Lohnkosten der Zulieferer, die auch die Lagerhaltungskosten übernehmen. Effizienz der Zulieferung ist nur gewährleistet, wenn die Teile „just-in-time" bei der Entfernung ankommen; s.-Unternehmen, die den Zeittakt nicht genau einhalten können, verlieren ihre Aufträge. Die meisten Zulieferer arbeiten in völliger Abhängigkeit von ihren Endabnehmern, aber inzwischen gibt es auch große Zulieferer, die mehrere Abnehmer beliefern können. Die steile Yen-Aufwertung (↑ *endaka*) seit 1985 hat die kleineren s. in große Schwierigkeiten gebracht: Die Endabnehmer verlagern ihre Produktion zunehmend in das benachbarte Ausland, 1994 mußte über die Hälfte der s. Auftragsrückgänge verzeichnen; über 40% der Klein- und Mittelunternehmen hatten Umsatzeinbußen durch konkurrierende Importprodukte zu verzeichnen. ↑ *Kanban*-System.

shiteiseki. Reservierte Sitze vor allem in ↑ *Shinkansen*-Zügen.

shochu. Reisschnaps aus gebranntem Sake, ca. 40% Alkohol; oft m. heißem Wasser getrunken, beliebt besonders b. Jugendlichen.

shodō. Kalligraphie, Schreibkunst. Die Haupt-Schriftarten sind gyōsho (förml. Schrift), ↑ *kaisho* (Siegelschrift, leicht eckig, wird oft auf dem persönlichen ↑ *hanko* angewendet) und sōsho (d. h. „Grasschrift", kunstvolle Kursivschrift, meist schwer zu lesen).

Shōgi. Brettspiel, das dem Schach sehr ähnelt; es wird jedoch ohne Damen gespielt. Dafür wird der König von zwei Figuren flankiert („Gold", „Silber"), die ähnlich vielseitige Zugmöglichkeiten haben. Weiterer wesentlicher Unterschied zum traditionellen Schach: „Gefangene" Steine des Gegners können auf der eigenen Seite eingesetzt werden. ↑ *Go.*

Shōgun. Ursprünglich ein rein militärischer Amtstitel, den Befehlshaber trugen, die im 8. Jh. Feldzüge gegen die ↑ *Ainu* führten („Sei-i-tai shōgun" d.i. Großer Feldherr zur Unterwerfung der Barbaren). Diese Bedeutung geriet bald in Vergessenheit; im 12. Jh. wurde der Titel wieder als besondere Ehrung durch den ↑ *Tennō* vergeben. Träger dieses Titels waren danach ausschließlich Mitglieder des Hauses ↑ *Minamoto.* Bevor ↑ *Tokugawa, Ieyasu* S. wurde, hatte er dafür gesorgt, daß der Stammbaum seiner Familie auf die Minamoto zurückging. Bis 1868 übten die S. die tatsächliche politische Macht aus, während das nominelle Staatsoberhaupt, der Tennō, in Kyōto ein politisches Schattendasein fristete.

shōji. Papierbespannte Schiebetüren, oft zum Garten. Das (Reis)Papier scheint durch und erhellt die Zimmer. Kinder pieken gern Löcher in die Bespannung, die häufig erneuert werden muß.

Shōsōin. Schatzhaus des Tōdaiji-Tempels in ↑ *Nara.* Enthält zahlreiche (ü. 5000) Gegenstände wie Priesterkleidung, Sakralgeräte, ↑ *Masken,* ↑ *Musikinstrumente* u.ä.; viele der Objekte sind Geschenke für den Tennō, andere waren Gaben für den Tempel. Einmal im Jahr (25. 10.) werden Schätze aus den kaiserlichen Sammlungen gezeigt. Die Verwaltung des S. untersteht dem kaiserlichen Haushofamt (↑ *Kunaishō*). Das hölzerne Gebäude aus dem 8. Jh. ist „atmungsaktiv" gebaut, d.h. bei feuchtem Wetter schließen sich die Balken der Wände (Blockhausbauweise), trockenen Wind dagegen lassen sie durchstreichen. Viele der Kunstgegenstände im S. belegen, daß Japan in der ↑ *Nara*-Zeit bereits über China (Seidenstraße) indirekte Kontakte zu Persien und dem Nahen Osten hatte.

Shōwa. Ära-Name der Epoche des Tennō Hirohito, 1926–89: Auf deutsch „Erleuchteter Friede".

shōyū. Jap. f. Soyasauce. Hergest. a. fermentierten Soyabohnen m. Salz; berühmteste Marke wohl „Kikkoman". ↑ *Soyasauce,* ↑ *miso.*

shunga. Wörtl. „Frühlingsbilder". Erotische, sehr detailreiche Blockdruck-Blätter des 18. Jahrhunderts. Aufwendig gedruckte Blätter, die von berühmten Holzschnittkünstlern, meist für private Auftraggeber (also nicht für Verlage) angefertigt wurden.

shuntō. Wörtl. „Frühjahrs(lohn)-kampagne". Koordinierte Aktionen der ↑ *Gewerkschaften* zur Erhöhung des Grundlohns. Die nationalen Gewerkschaftsdachorganisationen versuchen, für alle Betriebsgewerkschaften gemeinsame Mindesterhöhungen durchzusetzen. Es gibt zwar abgestimmte symbolische Streiks, meist aber handeln die Betriebsgewerkschaften ohne Rücksicht auf übergeordnete Arbeitnehmerinteressen ihre Lohnerhöhungen aus.

Sicherheitsvertrag. 1960 schloß Japan mit den USA einen bilateralen Vertrag, in dem die USA sich verpflichteten, Japan gegen jede äußere Aggression (d.h. natürlich vor allem durch die damalige Sowjetunion) zu schützen. Im Kalten Krieg war der amerikanische Atom-„Schirm" wichtigstes Instrument der japanischen Sicherheitspolitik; zugleich konnten die eigenen Rüstungsausgaben auf ein Minimum begrenzt werden. Der S. war heftig umstritten, vor Ratifizierung des Vertrages gab es gewalttätige Demonstrationen der Vertragsgegner; dieser sog. ↑*Anpo*-Kampf war für eine ganze Generation prägend.

Siegel ↑*hanko*. Besser als „Stempel" zu bezeichnen. Der meist rote Abdruck dient seit dem 7. Jh. der urkundlichen Beglaubigung und ersetzt manchmal die Unterschrift. Der ↑*Tennō*, große Tempel und die Lehensfürsten (↑*Daimyō*) führten Amtssiegel.

Sitzen – auch eine Kunst? In einem traditionellen japanischen Zimmer, wo man auf „zabuton"-Sitzkissen, auf ↑*tatami* sitzen muß, ist es höflich, zuerst neben dem Sitzkissen zu knien, dort die Begrüßung zu machen und erst danach auf das „zabuton" zu rücken. Formal „sitzt man im Knien", den Oberkörper aufgerichtet. Das halten auch Japaner schon nicht mehr lange durch; bald macht man es sich mit untergeschlagenen Beinen bequem, in den meisten Restaurants gibt es „beinlose" Stühle mit Polster und Rückenlehne, und man kann behaglich die Beine unter dem (niedrigen) Tisch ausstrecken. In einem Zimmer mit ↑*tokonoma* (Bildnische) sitzt der Ehrengast mit dem Rücken zur Nische, die stets am weitesten von der Tür entfernt ist. Liegen tokonoma und Tür nebeneinander, sitzt der Ehrengast wiederum am weitesten von der Tür entfernt. In einem Raum mit westlicher Möbilierung, z.B. die Sitzecke in einem Großraumbüro, ist das unvermeidliche Sofa stets der Ehrenplatz, dort nimmt der Gast Platz.

soba. Dünne, leicht bräunliche Buchweizennudeln in Wasser gekocht und in Brühe mit Einlagen als Schüsselgericht oder (kalt) auf einem Bambussieb serviert. Die s. werden in eine Sauce aus Soya, Essig, gehackte Lauchzwiebeln usw. getaucht und geschlürft. Zahlr. Variationen n. Regionen. Preiswert u. sehr beliebt, s.-Restaurants servieren häufig auch ↑*domburi*-Gerichte. ↑*ramen*, ↑*sōmen*, ↑*udon*, ↑*Essen*.

Sōgo shōsha. Wörtl. Generalhandelshaus, auch Universalhandelshaus. ↑*Kigyō keiretsu*.

Sōka gakkai. Wörtl. „Studiengesellschaft zur Schaffung von Werten". Riesige buddh. Laienorganisation, die sich von der ↑*Nichiren*-Richtung des Buddh. abgespalten hat. Die S. wurde 1930 von Tsunesaburo Makiguchi gegründet, der eine Erscheinung des ↑*Nichiren* hatte. Diese

„neue Religion“ trägt nationalistische Züge und zwingt ihre Anhänger in eine straffe Organisation. Mit anfänglich fast gewaltsamer Missionierung gelang es der S. in den 60er Jahren ca. 30 Mio. Gläubige zu gewinnen. Haupttempel der Sekte ist der „Daisekiji“. Die Laienorganisation war bis Anfang der 90er Jahre eng mit dem Klerus des Nichiren-Buddh. verbunden, hat sich aber seither im Streit von der Nichiren-Schule getrennt. International äußerst aktiv; die „Soka gakkai International“ (SGI) unter dem zweiten Sektenchef Daisaku Ikeda unterhält zahlreiche Zweigorganisationen weltweit. Die S. hat mit der ↑ *Kōmeitō* eine eigene politische Partei, die eine wichtige Rolle in der japanischen Innenpolitik spielt.

sōmen. Soba-Art, die kalt gegessen wird; typ. Sommergericht.

sorōban. Abacus, also ein Rechenbrett. Besteht aus einem zweigeteilten Holzrahmen mit 15 parallelen Stäbchen, auf die insgesamt 75 flache runde Rechen„steine“ aufgereiht sind. Die Grundrechen-Operationen lassen sich auf dem s. in atemberaubender Schnelligkeit ausführen, in jährlichen Wettkämpfen zwischen Elektronenrechnern und s.-Meistern siegen häufig die letzteren.

sōsho. „Grasschrift“; Kalligraphie-Art, die stark kursiv und vereinfacht ist. In der ↑ *Heian-Zeit* schrieben die Hofdamen ihre Gedichte, Tagebücher und Romane mit kunstvoll kursiv verschliffenen Zeichen, Männer nutzten die sōsho für chinesische Schriftzeichen. Die Bezeichnung leitet sich aus dem Eindruck ab, den diese Schrift auf den Betrachter macht: Wie Wind, der durch Gräser streicht. Wie ↑ *kaisho* ist sōsho in der jap. Kunst eine eigenständige Kunstform.

Soyasauce. Jap. „shōyū“. Eine tiefdunkelbraune, manchmal fast schwarze Würzsauce, unverzichtbar für eine unübersehbare Zahl japanischer Speisen. Die S. gelangte aus China nach Japan; sie wird aus fermentierten Soya-Bohnen hergestellt. Die berühmteste Marke ist wohl „Kikkōman“. S. darf in Restaurants auf keinem Tisch fehlen, meist wird sie in einem kleinen Steingut-Kännchen serviert. ↑ *Essen.*

Sozialausgaben. Im internationalen Vergleich liegen die japanischen Sozialausgaben im Verhältnis zum Nationaleinkommen weit unten: Schweden 40,7%, Frankreich 36,2%, (West-)Deutschland 29,1%, Großbritannien 25,5%, USA 16,2%, Japan 14,3% (1993, letzter intl. Vergleich).

Sozialsystem ↑ *Arbeitslosenversicherung,* ↑ *Lebensversicherungen,* ↑ *Rentensystem,* ↑ *Sozialversicherung,* ↑ *Sozialausgaben,* ↑ *Überalterung.*

Sozialversicherung. Das System der jap. S. basiert auf einer Mischung aus privaten Beiträgen (Arbeitnehmer/Arbeitgeber) und staatlichen Zuschüssen bei Härtefällen. Es besteht aus Kranken-, Unfall- und Rentenversicherung. Die Einnahmen der

S. kamen 1994 aus: privaten Einzahlungen/Beiträgen zu 53,6%, Leistungen der Zentralregierung zu 25%, kommunalen/regionalen Zuschüssen 8,2%, sonstigem 13,2%. Die Ausgaben verteilten sich zu 79,6% auf Renten und Pensionen, 5,1% Krankenversicherungen, Wohlfahrtszahlungen (d.h. Renten o. vorherige Beiträge) 4,2%, Zuschüssen zum Lebensunterhalt 2,8%, sonstiges 8,3%.

Sozialistische Partei Japans (SPDPJ). Jap. „Nihon shakai-tō"; im englischen Namen als „Sozialdemokratische P." bezeichnet. gegründet 1955 aus dem Zusammenschluß zweier sozialistischer Gruppierungen. Jahrzehntelang die größte Oppositionspartei gegen die ↑ *Liberal-Demokratische Partei* (LDP), die 38 Jahre die Regierungen Japans stellte. 1994 in einem Koalitionskabinett erstmals in der Regierung – mit der LDP. Die SDPJ kämpfte ursprünglich gegen den Amerikanisch-Japanischen ↑ *Sicherheitsvertrag* und für die Neutralität Japans, gegen die Atomkraft und für Verstaatlichung der Schlüsselindustrien. Seit 1994 sind alle diese Grundsätze aufgegeben, die Partiew ist ohnen eigenes Profil.

Sparraten. Im Weltvergleich liegen Japans Haushalte bei den Sparraten deutlich an der Spitze mit rund 15% des verfügbaren Einkommens, vor Deutschland mit ca. 12% und weit vor den USA mit 4,1% (1992; letzter Vergleich). Es sind objektive Zwänge, die japanische Familien zum Sparen anhalten: An der Spitze steht die Notwendigkeit zur privaten Daseinsvorsorge; so wurden 1993 insgesamt 74% der Spareinlagen für die Vorsorge gegen Krankheit, Unfall, Invalidität getätigt; mit sinkender Tendenz: 1980 waren es noch ca. 80% aller Rücklagen. Umgekehrt stiegen die Rücklagen für die Altersversorgung von 38% auf 52%. Seit der Explosion der Bodenpreise ab 1985 sind die Rücklagen für den Erwerb von Haus- und Grundeigentum stark gesunken: 1980 waren es 32% der Spareinlagen, 1994 nur noch 18%, es zeigte sich Resignation. (Alle Zahlen Mehrfachantworten).

Sportarten ↑ *Aikidō*, ↑ *Baseball*, ↑ *dō*, ↑ *dōjō*, ↑ *Fußball*, ↑ *Golf*, ↑ *Kendō*, ↑ *Karate*, ↑ *Kyūdō*, ↑ *Sumo*.

Sportzeitungen. Ein Riesengeschäft: Von den 120 Mitgliedern der japanischen Newspaper and Publishers Association mit ihren zusammen 52,34 Mio. Auflagen sind 12% S.; die populärste S. ist die „Sports Nippon" mit täglich 1,8 Mio., die „Nikkan Sports" liegt bei 900 000 täglich. Die harte Konkurrenz durch das Fernsehen hat die S. in journalistische Randbereiche vordringen lassen, die mit Sport wenig zu tun haben: Soft Pornos und Sensationsberichte, die als Gemeinsamkeit nur den Klatsch über bekannte Spieler haben.

Sprache, japanische. Gesprochen wird die japanische S. heute von ca. 124 Millionen Japanern auf den japanischen Inseln; hinzu kommen noch größere japanische „Exil"-Gemeinden in den USA (San Francisco, Hawaii) und Südamerika (Brasilien, Peru). Der Ursprung der jap. S. ist ungesichert, enge Verbindungen gibt es zur Sprache auf den ↑ *Ryūkyū-Inseln* (Okinawa), zum Alt-Koreanischen und damit zu Sprachgebieten in NO-China. Weitere Einflüsse aus den austronesischen Sprachgruppen sind zu erkennen. Es gibt keinerlei Verwandtschaft des Japanischen mit dem Chinesischen. Die Einschätzung, Japanisch sei die schwierigste Sprache der Welt, leitet sich von der äußerst komplizierten ↑ *Schrift* und den vielstuftigen Höflichkeitsformulierungen ab.

Staatsgründungstag. Jap. „Kenkoku kinen no hi"; gesetzl. Feiertag am 11. Februar. Der Überlieferung nach soll der erste „Kaiser" ↑ *Jimmu-Tennō* am 11. Februar 660 v. Chr. den Thron bestiegen haben. In der ultranationalistischen Phase der dreißiger und vierziger Jahre einer der wichtigsten Feiertage, an dem sich glühende patriotische Gefühle hochpeitschen ließen.

Stammarbeitnehmer. Ca. 30% aller jap. Arbeitnehmer; sie werden direkt von den Universitäten angeworben und bleiben i.d.R. ihr ganzes Arbeitsleben bei einem Unternehmen; sie genießen dort praktisch Kündigungsschutz, müssen aber widerspruchslos jeden Aufgabenbereich annehmen, der ihnen zugewiesen wird. Die Wirtschaftskrise der späten 80er und frühen 90er Jahre hat viele Betriebsleitungen vor die Frage gestellt, ob auch in Zukunft dieses System noch Bestand haben kann.

Stellschirm. Jap. *byōbu*; diese zusammenfaltbaren Raumteiler mit zwei oder drei Segmenten haben sich neben den ↑ *Fächern* und den ↑ *emakimono* zu eigenständigen, typisch japanischen Kunstgegenständen entwickelt. Berühmte Künstler haben S. bemalt, ↑ *Lack*-Meister haben eindrucksvolle S. geschaffen, und auch in der Gegenwartskunst sind S. anerkannte Kunstobjekte.

Steuern. Im Gegensatz zum europäischen Steuersystem basiert das jap. Steueraufkommen zur Hauptsache auf direkter Besteuerung. Es gibt zwar eine umstrittene Mehrwertsteuer (ggw. 3%) auf Waren und Dienstleistungen, aber Einkommen- und Körperschaftssteuern bringen die größten Einnahmen des Staates. Indirekt besteuert werden auch Tabak und Alkohol. Im Haushaltsjahr 1994 kamen 75,3% der Staatseinnahmen aus direkten Steuern. Jeder abhängig beschäftigte Staatsbürger zahlt zwei Steuerarten: Eine Steuer für die Zentralregierung und eine zweite für seine Wohngemeinde; die Progression ist sehr steil und kann bei hohen Einkommen leicht 50% übersteigen. Andererseits können Landwirte sowie Eigentümer von ↑ *Klein- und Mittelunternehmen* durch Verlustausweisungen leicht völlig unbesteuert oder nur nominal besteuert bleiben. Das Steueraufkommen ist unter dem Strich unzureichend, deswegen wird die Mehrwertsteuer ab 1997 auf 5% angehoben. Mit Deutschland besteht ein Doppelbesteuerungsabkommen.

Stoffmuster, Stoffdekoration. Die jahrhundertalte Webertraditionen Japans kennen alle Formen der

Stoffdekoration, neben den eingewebten Mustern für Seiden- und Baumwollstoffe. Stoffe werden mit Schablonen bedruckt, in Knüpfbatik-Technik eingefärbt, Fäden werden vor dem Webgang eingefärbt, z.B. mit Indigo (*kasuri*-Gewebe). In manchen Städten (z.B. auch in Kyōto) konnte man früher in den Flüssen die langen Bahnen frisch gefärbter Stoffe im Spülvorgang sehen; heute ist dieses Verfahren wg. des Umweltschutzes verboten.

Strafvollzug. Die niedrige ↑ *Kriminalitätsrate* wird auch begünstigt durch eine „Politik des Wegsehens" bei „weniger schwerer" Kriminalität (↑ *Prostitution*, ↑ *Pornographie*, ↑ *Glücksspiele*), die häufig kurzerhand nicht verfolgt werden. Es ist unbestritten, daß Japan mit weit weniger Freiheitsstrafen auskommt als andere Industrieländer. Wird jedoch eine Zuchthausstrafe verhängt, fällt diese überaus hart aus, und die Vollzugsbedingungen sind gemessen an europäischen Verhältnissen vormodern: Einzelzellen, auch bei der Arbeit, Sitzen auf dem Boden, kein Anlehnen an die Wand (nur Schneidersitz). Die Zellen sind kalt, Entzug von Radio, TV und Umschluß mit anderen Häftlingen kommen häufig vor. Viele Haftanstalten liegen in den klimatisch kalten Regionen des Landes. Die Todesstrafe wird noch immer verhängt, aber unterschiedlich vollstreckt (abhängig vom Justizminister, der den Vollzug anordnen muß!). ↑ *Todesstrafe*.

Straßenverkehr. Achtung: In Japan herrscht Linksverkehr! Die Verkehrspolizei ist sehr strikt: Bei Verkehrsdelikten (z.B. Geschwindigkeitsüberschreitungen oder gar bei einem Unfall) muß der „Sünder" u.U. ein Wochenende in die Verkehrsschulung, zuvor ist ein Entschuldigungsschreiben aufzusetzen. Bei einem Unfall hat niemals nur eine Partei Schuld, die Verantwortung wird immer geteilt. Bei Parksündern wird sehr schnell und rigoros gehandelt: Das Fahrzeug wird unverzüglich abgeschleppt; mit Kreide wird die Polizeistation auf dem Pflaster notiert; die jungen Park-Kontrolleurinnen sind streng und unerbittlich. Selbst auf Schnellstraßen (Mautstraßen) herrscht strikte Geschwindigkeitsbegrenzung, meist bei 100 km/h, maximal 120 kmh. Alle japanischen Pkw haben eine akustische Warnanlage, die piept, wenn die Geschwindigkeitsbegrenzung überschritten wird.

Studentenbewegung. Wie die „68-er" in Deutschland nur noch Nostalgie. Die Führer der japanischen Studentenrevolte in den sechziger Jahren sind heute meist angesehene Mitglieder des Establishments, man trifft sie in den Führungsetagen großer Unternehmen oder als Professoren an angesehenen Universitäten. Wehmütig erinnern sie sich an die gewalttätigen Demonstrationen, als es mit Tuch vor dem Gesicht, den Sturzhelm mit revolutionären Parolen verziert und einem Bambusknüppel in der Hand gegen die Phalanx der Bereitschaftspolizisten (↑ *Kidotai*) ging. Die Helden des ↑ *Anpo* blicken schon mit einem Auge auf die Pensionierung ... ↑ *Chūkaku-ha*, ↑ *Kakumaru*, ↑ *Zengakuren*.

Sturmgott Susanoō. Der Bruder der Sonnengöttin ↑ *Amaterasu-omikami*, Urahnin des Kaiserhauses. Der Sturmgott liegt mit seiner Schwester ständig im Streit, er verwüstet ihre Reisfelder, die sie so wohlgeordnet hat, benimmt sich ungezogen gegen niedrige Göttinnen ihres Gefolges und ist überhaupt in allem das Gegenteil seiner Schwester. Einmal trieb er es so schlimm, daß Amaterasu sich in einer Höhle einschloß und die Welt dunkel wurde; es kostete die übrigen Götter große Mühe, sie wieder hervorzulocken.

Sukiyaki. Hauchdünn geschnittene Rindfleisch-Scheiben (am besten ist das fett-marmorierte!) werden mit Gemüse (Pilzen, Zwiebeln, Lauchzwiebeln z.T. Bambus), ↑ *Tōfu*, Chrysanthemenblättern usw. sowie Reis-Glasnudeln in einer eisernen tiefen Pfanne in Soya-Brühe gegart. Diese Spezialbrühe besteht aus Soya-Sauce, süßem ↑ *Sake*, Zucker und ↑ *dashi*. Die Pfanne wird erst eingefettet, dann folgt eine Schicht Fleisch, dann Brühe und nacheinander die übrigen Zutaten. Jeder fischt sich Stücke aus der Pfanne, die auf einem Gaskocher steht; die Stücke werden in geschlagenes rohes Ei getaucht. ↑ *shiitake-Pilze*, ↑ *Shabu-shabu*.

sumi. Tusche, schwarz, in seltenen Sorten auch ein tiefes Grau-Schwarz; hergestellt aus feinem Ruß, der mit Bindemitteln und Duftölen vermengt wird. Die klassische *sumi* wird in Stangen angeboten, die hochwertigen Sorten kunstvoll verziert. Die Tusche wird auf einem Reibstein ↑ *suzuri* mit Wasser zu flüssiger Tusche angerieben; für Eilige gibt es auch fertige Flüssigtusche in Flaschen.

sumi-e. Anderer Begriff für „suiboku-ga“, d.h. schwarze ↑ *Tuschmalerei.*

Sumo. Zwei Sportarten wetteifern in Japan um die größte Popularität: Der moderne Baseball und der uralte Ringkampf *Sumo*. Wie Baseball ist auch S. in seiner Höchstform ein Sport für Profis. Die Berufsringer werden sehr früh ausgewählt und jahrelang nicht nur trainiert, sondern auch regelrecht „gemästet“ (↑ *nabemono)*. S.-Kämpfer müssen dick und groß sein, um kinetische Energie und Masse zu vereinen. Aber auch kleinere Kämpfer, mit geringerem Leibesumfang haben Chancen: Sie können Volumen durch bessere Technik ausgleichen. Die Ursprünge des S. gehen auf religiöse Riten zurück, wahrscheinlich wurden schon vor über tausend Jahren Ringkämpfe vor ↑ *Shintō*-Heiligtümern veranstaltet. Vieles an den S.-Kämpfen erinnert noch an die engen Beziehungen zum *Shintoismus*: Der Kampfrichter trägt eine Tracht, die an die Kleidung der ↑ *Shintō*-Priester erinnert, jeder Kampf beginnt mit Reinigungszeremonien (z.B. werfen die Ringer schwungvoll handvollweise Salz in den Ring), mit gewaltigem Stampfen zerdrücken die Ringer vor dem Kampf alles Böse, das im Ring lauern könnte; auch Imponiergetue. Der Übergang von S. als festlich-religiöser Veranstaltung zu einem professionellen Schauereignis fiel schon in die ↑ *Edo*-Zeit, als man S.-

Turniere veranstaltete, um Geld für den Bau von ↑ *Schreinen*, ↑ *Tempeln*, aber auch Brücken, Straßen usw. zu sammeln; diese Turniere wurden so populär, daß die Ringer sich in Gilden organisierten und berufsmäßig antraten.

Die Regeln des S. sind trügerisch einfach: Zwei Ringer (↑ *rikishi*) treten in einem Ring von 4,55 m Durchmesser gegeneinander an. In der Mitte des Rings (*dōhyō*), der mit Strohseilen markiert ist, sind zwei weiße Streifen, an denen die Ringer vor dem eigentlichen Kampf einander gegenüber kauern. Leicht auf die Knöchel gestützt, den Gegner im Auge, erwarten sie das Startzeichen des Ringrichters. Dieser gibt den Kampf mit einer Drehung seines ↑ *Fächers* frei. Auf das Zeichen hin katapultieren sich die Ringer mit gewaltiger Energie gegeneinander; jeder versucht, den anderen zu Fall zu bringen oder ihn aus dem Ring zu drängen; verloren hat, wer mit einem Fuß aus dem Ring tritt oder den Ringboden mit einem anderen Körperteil als seinen Füßen berührt, nicht selten stürzt der Verlierer auch in die Zuschauer. Nach dem Kampf reicht der Sieger dem Unterlegenen mit einer Schöpfkelle Wasser, anschließend erhält er sofort sein Preisgeld in einem Umschlag, den ihm der Ringrichter feierlich auf dem Fächer überreicht. Insgesamt werden jährlich sechs Turniere veranstaltet, drei davon in Tokyo. Die beiden höchsten Ränge im S. sind *Yokozuna* und *Ozeki*. Der *Yokozuna* erhält seinen Rang auf Lebenszeit, die *Ozeki* müssen den Titel auf jedem Turnier neu verteidigen. Ein *Ozeki*, der zweimal acht Kämpfe hintereinander verliert, muß eine Rangstufe absteigen.

Sushi. Rohe oder auch gekochte Fisch- und Schalentierstückchen auf länglichen Bällchen von leicht gesäuertem Reis serviert; unter dem Belag ein Hauch von sehr scharfem Meerrettich (↑ *wasabi*), manchmal „gegürtet“ mit einem Stück ↑ *Seetang* (*nori*). Man taucht die Happen in Soyasauce, klassisches Getränk dazu ist ↑ *Sake*, aber auch Bier; den Abschluß der Mahlzeit bildet ein Becher ↑ *Tee*.

In einem typischen Sushi-Lokal sitzen die Gäste an einem Tresen, auf dem unter Glas die angebotenen Delikatessen liegen. Auf Bestellung bereitet der Koch die S. entweder paarweise oder als Set zu. Sein Werkzeug ist ein langes, extrem scharfes Messer. Die Sushi-Happen werden entweder auf einem dicken Holzbrett mit Füßen oder in einer großen Schale als Arrangement serviert, zu den S. wird eingelegter saurer Ingwer gereicht. Ein guter S.-Koch muß lange lernen, nicht nur die Kunst der Zubereitung, sondern auch die Kunst der Konverstation, denn ein guter S.-Koch unterhält seine Gäste am Tresen.

Sutra. Heilige Texte des ↑ *Buddhismus*, berühmt ist z.B. das ↑ *Lotus-Sutra*. Die Sutras stammen ursprünglich aus Indien und enthalten Überlieferungen der Lehren ↑ *Buddhas*, Mönchs-/Ordensregeln, Lehrschriften usw. sowie auch die gültigen Interpretationen der Lehren. Überliefert sind die Sutras in Pali, Sanskrit, Chinesisch, Japanisch, Tibetisch usw. Die Zahl der Sutras ist fast unübersehbar, denn neu entstehende Lehrschulen des Buddhismus schufen immer neue Schriften als Legitimation ihrer Lehren. Nach Japan gelangten die Sutras meist in chinesischer Übersetzung. Die Rezitation von Sutras (im chinesischen Text, japanisch gelesen) ist Hauptteil buddh. Andachten. Die Rezitation erfolgt in einem auf- und abschwellenden, fast monotonen Sprechgesang von suggestiver Kraft, nur manchmal unterbrochen von einem Schlag auf eine hölzerne Klangglocke oder einen Gongkessel.

suzuri. Tusche-Reibstein. Meist aus Schiefer geschnitten, wertvolle Stükke sind oft kunstvoll verziert. Der s. besteht aus einer ebenen Reibfläche, am Ende einer Vertiefung („Land und Meer"), in die die angeriebene Tusche läuft. Auf die Reibfläche wird Wasser gegossen, dann wird die Tuschestange so lange mit dem Wasser verrieben, bis die gewünschte Tönung erreicht ist. ↑ *sumi*, ↑ *sumi-e*.

T

tabi. Weiße „Socken"; sie lassen zwischen den kleinen Zehen und dem großen Zeh an jedem Fuß einen Spalt, um die Riemchen der ↑ *zori* aufzunehmen.

Tagebuch-Literatur. Jap. *Nikki*; Literaturform, die ihren Höhepunkt in der großen Zeit der Frauenliteratur hatte, d.h. im 10. und 11. Jh. Beispiele sind das ↑ *Murasaki Shikibu nikki* (1010), das vom Leben am Hof von Heian berichtet; auch das „Kopfkissenbuch" der Hofdame ↑ *Sei Shonagon* hat noch Züge eines Tagebuchs. Desgleichen das „Izumishikibu nikki" (1008?), das „Sarashina nikki" (1060), die alle von Frauen verfaßt wurden. Schilderungen der Gefühlswelt und persönlicher Erlebnisse, Reiseberichte oder Ereignisse bei Hofe sind die wichtigsten Themen.

Tageszeitungen. Im „Verbrauch" von T. dürften die Japaner weltweit absolute Spitze sein. 1995 lag die Gesamtauflage aller 125 T. (stets eine Morgen- und eine Abendausgabe zus.) bei 51 938 000, das sind statistisch 1,22 Zeitungen pro Haushalt. Die Zeitungen werden zu 93% abonniert und nur zu einem geringen Teil im Straßenverkauf abgesetzt, hier vor allem an Bahnhofskiosken. Die fünf größten T. drucken zu ihrer nationalen Ausgabe (Tokyo) noch vier Regionalausgaben, die mit eigenen Regionalredaktionen arbeiten. Die Auflagen der Fünf (Morgen-, Abendausgabe zus.): „Asahi shimbun" –12,8 Mio., „Mainichi shimbun" – 5 Mio., „Yomiuri shimbun" – 14,2 Mio., „Nihon keizai shimbun" – 4,7 Mio., „Sankei shimbun" – 2,5 Mio. „Asahi" und „Nihon keizai" drucken via Satellitensatz Europa-Ausgaben in London, die fast zeitgleich mit der Originalausgabe erscheinen. Neben den fünf „nationalen" Zeitungen gibt es noch über vierzig Regionalzeitungen, von denen einige ebenfalls eine Tagesauflage von weit über zwei Millionen erreichen. ↑ *Monatszeitschriften*, ↑ *Wochenzeitschriften*, ↑ *Sportzeitungen*.

Tai-Fisch. Meerbrassen; hochgeschätzter Fisch für ↑ *Sashimi*, zugleich auch Glückwunsch-Symbol, der Name erinnert an jap. o-medetai, d.h. Herzlichen Glückwunsch! Erfolgreiche ↑ *Sumo*-Ringer erhalten einen Tai als Geschenk, der ↑ *Glücksgott Ebisu* hält einen Tai in der Hand. Serviert wird der Tai von geschickten Köchen als ↑ *Sashimi*, wobei die Schwanzflosse noch zukken soll.

Taifun. Jedes Jahr, zwischen August und Oktober, ziehen die T. vom SW-Pazifik her in Richtung Japan; sie bringen Winde von Orkanstärke und heftige Regenfälle. Nicht jeder Taifun ist schon eine Naturkatastrophe, aber die Schäden, die von Taifunen jedes Jahr angerichtet werden, sind beträchtlich; zu den gefährlichsten Folgen zählen die Erdrutsche, die von den Regenmassen ausgelöst werden.

Taira. Name eines Adeslgeschlechts, die Hauptfeinde der ↑ *Minamoto*. Im 12. Jh. mächtigste Familie des Schwertadels; in einem blutigen Bürgerkrieg unterlagen die T. jedoch den Minamoto, nachdem sie jahrzehntelang die Kaisermacht in Kyōto kontrolliert hatten.

taishokukin. ↑ *Abfindungszahlung* nach lebenslanger Zugehörigkeit zu einem Unternehmen.

Taishō-Zeit. Die Jahre zwischen 1912 und 1926, benannt nach Taishō-Tennō. In dieser Epoche entwikkelte sich Japan zur pazifischen Großmacht und erlebte eine erste demokratische Phase (bürgerliche Parteien, allgemeines Männer-↑ *Wahlrecht*), die in vielem der deutschen „Weimarer Republik" glich. ↑ *Shōwa*, ↑ *Meiji*.

Takara-bune ist das Schatzschiff voller Glück, auf dem die ↑ *Glücksgötter* besonders zu Neujahr angefahren kommen.

Takarazuka-Theater. Ein faszinierendes Revue-Theater im Zentrum Tokyos, wo nur junge Mädchen und Frauen auftreten – auch in Männerrollen. Am Anfang stand ein Mädchenchor, den die Eisenbahn- und Kaufhausgruppe Hankyū 1914 gegründet hatte. 1924 das erste große Revue-Theater in Takarazuka (am Ende der Bahnlinie Osaka-T.), 1934 Bühne in Tokyo. 1967 Aufführung des Musicals „Oklahoma". 1990 muß das alte Theater zwei Kaufhaustürmen weichen, in einem wird seit 1993 wieder Theater gemacht: Von Frauen hauptsächlich für Frauen, denn die Girls des T. verkörpern hinreißend die Ideale ganzer Frauen-Generationen. ↑ *Theater*.

tako. Krake; großer Tintenfisch, bei dem im Ggs. zum ↑ *ika* vor allem die Fangarme in Scheiben geschnitten und gekocht – und verspeist werden.

takuan. Gelbe Rettich-„Pickles", vor allem als Beilage zum Reis. Große weiße Rettiche werden im ganzen in ↑ *miso*-Paste eingelegt, nachdem sie vorher an großen Gestellen getrocknet wurden. Jede Region in Japan hat ihre eigenen Rezepte für eingelegte Gemüse dieser Art, besonders berühmt aber sind die ↑ *tsukemono* aus Kyōto.

Tanabata-Fest. Wird am 7. Juli gefeiert. Nach einer (chinesischen) Legende kann an diesem Tag der Hirte (Altair) die Milchstraße überqueren und seine Geliebte, die Weberin (Vega) treffen; die beiden erneuern für ein Jahr ihre Liebe. In dieser Zeit wurden früher in Japan Gedichte verfaßt und an Bambuszweigen vor dem Haus oder im Garten angebracht.

Tanegashima. Die ersten japanischen Gewehre; benannt nach der Insel T. (südl. ↑ *Kyūshū*, heute jap. Raumfahrtzentrum), wo zum erstenmal (1543) Europäer (Portugiesen) japanischen Boden betraten. Der Inselherr kaufte den Portugiesen zwei Musketen ab, später wurden die Waffen kopiert und als T. in den Bürgerkriegen des Jahrhunderts eingesetzt; ihre Schüsse markierten das Ende der ↑ *Samurai*-Heere und der großen ↑ *Burgen*.

Tanizaki, Junichirō (1886–1965); aufgewachsen im Nihonbashi-Viertel von Tokyo in einer Zeit, die noch Elemente des alten ↑ *Edo* bewahrt hatte. Seine Mutter war begeistete ↑ *Kabuki*-Anhängerin, er begann ein Literaturstudium, das er aber abbrach. 1910 gründete er eine eigene Literaturzeitschrift, in der er seine ersten Erzählungen veröffentlichte. Sein Werk ist seither geprägt von der Faszination des Weiblichen, dem der Mann als Opfer gegenübersteht, seine Arbeiten strahlen geständnishafte, doch eindrucksvoll ästhetisierte Sexualität aus. T. verschmolz westliche Einflüsse mit prägenden Eindrücken seiner Jugend in der ↑ *Meiji-Zeit*. Mit T. erreichte die jap. Literatur im besten Sinne Weltniveau. Dabei widmete er sich auch intensiv der klassischen japanischen Literatur, er übertrug in mehreren Fassungen das ↑ *Genji monogatari* der Hofdame ↑ *Murasaki Shikibu* ins moderne Japanisch. Einige Roman-Titel, die in deutsch vorliegen: „Die Schwestern Makioka" (1964, Ü. O. Benl), „Der Schlüssel" (1961, Ü. S. Yatsuhiro, G. Knauss), „Tagebuch eines alten Narren" (1966, Ü. O. Benl).

Tanka. Kurzgedicht zu fünf Versen mit einer Oberstrophe von 5-7-5 Silben und einer Unterstrophe von 7-7 Silben; die Oberstrophe hat sich als ↑ *haikai/haiku* zu einer eigenen Gedichtform verselbständigt. Die T. wurden seit der ↑ *Heian-Zeit* häufig mit ↑ *waka* gleichgesetzt (↑ *Renga*, ↑ *renku*).

tansu. Niedrige Kommode mit mehreren Schubfächern und meist einem Fach mit Klapptür. Die T. sind aus schön gemasertem Holz gefertigt, die Ecken des Rahmens und die Griffe der Schübe sind mit kunstvollen, meist schmiedeeisernen Beschlägen versehen: Die T. waren in den traditionellen Wohnungen die wichtigsten Einrichtungsgegenstände, da man keine Schränke im westlichen Sinne kannte. Heute sind gute T. sehr begehrte und entsprechend teure Sammlerstücke.

tatami. Reisstroh-Matten, bezogen mit Binsengeflecht, die langen Ränder mit Seidenpaspelierung abgesteppt. Das Format der t. ist genormt, in Zentimetern etwa 180 × 90 cm. Die t. gliedern die Grundfläche eines Raumes, meist als 4 ½ oder 6 Matten-Zimmer (Matten = t.) In größeren Räumen werden die t. so verlegt, daß ein Spiralmuster entsteht. Noch heute findet sich auch in den meisten Apartment- ↑ *Wohnungen* noch ein t.-Zimmer.

Taxi. Zahlreiche verschiedene Unternehmen; entweder am Taxi-Stand oder durch Winken anzuheuern. Die Türen des Taxis werden vom Fahrer zur Fußwegseite hin geöffnet (Vorsicht vor der aufschwingenden Tür). Die meisten fahren mit Flüssiggas, daher ist der Koffertransport schwierig (Sitz neben dem Fahrer). Grundgebühr ist meist 600 Yen; nachts und früh morgens (23.00–5.00 h) wird ein Zuschlag von 20% erhoben. Viele Fahrer sprechen kein Englisch, deshalb ist es wichtig, Richtungspläne mitzunehmen (von Freunden und Bekannten die Lage aufzeichnen lassen!). Taxi-Fahrer nehmen mit wenigen Ausnahmen kein ↑ *Trinkgeld.*

Tee. Noch immer ist „o-cha", der grüne Tee, das am meisten verbreitete tägliche Getränk in Japan, obwohl die Japaner auch begeisterte Kaffeetrinker sind. Beim grünen Tee unterscheidet man die „Auslese" erster Ernte, mittlere Qualität und den groben Tee. Die besten Sorten werden (bei erster Qualität mit der Hand) von den Spitzen der Tee-Büsche gepflückt, die anderen Sorten werden maschinell geerntet. Für Auslese-Tee darf das Wasser nicht zu heiß sein, man gießt es zuerst in eine Schale und dann auf die Teeblätter; für die übrigen Sorten darf das Wasser sprudelnd kochen. Die beiden „Alltagssorten" Tee heißen *sencha* (mittel) und *bancha* (grober Tee). Man trinkt sie zu Mahlzeiten oder zwischendurch; selbstverständlich nimmt man zu grünem Tee keinen Zucker oder etwa Milch! Inzwischen ist aber auch englischer Tee sehr beliebt („roter Tee" auf jap.); die Teesalons der englischen Firma Lipton's sind weit verbreitet, ein echter Renner. Aus kaltem grünen Tee wird ein ausgezeichnetes Sorbet gemacht.

Teezeremonie. Japanisch „Cha-no-yū", die Kunst der T. wird auch „sadō" genannt. Die T. gelangte im 16. Jh. aus China nach Japan. Mit ihren strengen, komplizierten und dabei eleganten Bewegungsabläufen in raffiniert schlichter Umgebung ist die T. die Zusammenfassung aller ↑ *Zen*-Lehren schlechthin. Die T. verknüpft im Raum die stilvoll abgemessene Handlung der Teezubereitung mit bildnerischer Schönheit: Ein schlichtes, aber kraftvolles Tuschbild (↑ *Suiboku-ga*) in der ↑ *tokonoma*, ein bestechend einfaches, eindrucksvolles Blumengesteck davor (↑ *chabana*) und die gesammelte Ruhe, die fast meditativ die Teilnehmer an der T. verbindet, schafft jene innere Gelassenheit, die vor allem die ↑ *Samurai* bei ihrer ersten Begegnung mit der T. faszinierte.

Die Teegeräte: ein Holzkohlenbekken mit einem eisernen Wasserkessel, ein Wasserkrug zum Spülen der Teeschale, ein Becken, in das benutztes Wasser gegossen wird, ein Bambus-

Schöpflöffel an langem Stil zum Schöpfen des heißen Wassers, eine Teeschale (↑ *chawan*), aus der reihum jeder Teilnehmer trinkt, ein Gefäß mit Pulvertee (zerstoßener grüner Tee), ein Bambuslöffelchen zum Portionieren des Teepulvers sowie ein feiner Bambusquirl, mit dem der Tee und das heiße Wasser in der *chawan* aufgeschlagen werden. Der Teemeister bzw. die Meisterin füllt die Schale nach festen Regeln mit Tee und reicht sie einem Gast, dieser dreht die Schale dreimal, trinkt in drei Zügen und reicht sie zurück, nachdem er vorher den Rand mit einem Stückchen Papier abgewischt hatte. Danach erhält der nächste Gast die Schale usw. Der bedeutendste Teemeister war wohl ↑ *Sen-no-Rikyū*, der im 16. Jh. die wichtigsten, heute noch gültigen Regeln zusammenfaßte.

Ein formvollendeter Teeraum für die T. umfaßt meist 4 ½ *tatami*-Matten, rechts hinten, gegenüber dem niedrigen Eingang liegt die ↑ *tokonoma*, dort steht auch ein raffiniert einfaches Blumen-Gesteck. Die Gäste betreten den Raum durch einen absichtsvoll niedrigen Eingang, um die Abgeschiedenheit des Teeraumes von der äußeren Welt zu unterstreichen, ursprünglich aber auch, um hochrangigen Personen zu verdeutlichen, daß in der T. alle gleich seien; nicht wenige Fürsten (↑ *Daimyō*) haben daraufhin in ihre Teehäuser Seitentüren in Normalhöhe einbauen lassen. Die Teegerätschaften sind ausgesucht kostbar, der Gastgeber hat sie oft lange vor der T. gesammelt, oft auch nur geliehen, um eine Atmosphäre vollendeter Schönheit zu schaffen. Maßstab für Eleganz der Teegerätschaften sind ↑ *sabi* und ↑ *wabi*. Häufig wird zu einer abendlichen T. auch eine leichte Mahlzeit gereicht, wobei die Speisen raffiniert einfach sind. Die Gespräche sollen sich um ästhetische Fragen von Kunst und Literatur drehen, Politik und Wirtschaft sind als Themen verpönt.

Telefone, öffentliche. Es gibt fünf Arten öffentlicher Telefone, die sich durch Größe und Farbe unterscheiden. Ortsgespräche von drei Minuten kosten zehn Yen, ertönt der Signalton, muß eine weitere Münze nachgeworfen werden, unbenutzte Münzen wirft der Apparat wieder aus. Es gibt rote, grüne, rosafarbene Telefone; die meisten sind so dicht nebeneinander aufgestellt, daß man theoretisch mithören kann – was niemand tut, denn das eigene Gespräch kostet zuviel Konzentration. In den Großstädten gibt es auch Telefonzellen; die Apparate in diesen Zellen (und fast alle anderen auch) nehmen nur Telefonkarten, die in den Zellen oder an nahegelegenen Automaten gelöst werden können, übliche Karten kosten tausend Yen. Die Münztelefone schlucken zehn- und hundert-Yen-Münzen. Überseegespräche lassen sich von grünen Telefonen (in T.-Zellen) führen.

Telefonkarten. Immer mehr Telefone sind nur noch mit Karten zu benutzen; es gibt T. zu 500 Yen, gebräuchlich aber sind Karten zu 1000 Yen. Die T. sind sehr viel dünner als in Deutschland, da sie auf Magnetbasis arbeiten. Die T. sind beliebte

Werbeträger, so verteilen manche Taxi-Unternehmen z.B. Karten mit einigen Einheiten als kleine Geschenke. In jüngster Zeit werden T. immer häufiger gefälscht: Die gelochten, also gebrauchten Karten werden mit Folie überklebt und können weiter benutzt werden.

Tempel. Buddhistische Heiligtümer, jap.: *tera*, *dera* (in Verbindung mit einem Namen) z.B. in Kyōto der Kiyōmizu-dera. Das ↑ *Kanji* für T. wird auch *ji* gelesen, z.B. im Namen des ↑ *Zen*-Tempels Nanzenji (Kyōto). T. bestehen meist aus Bethalle, Wohnquartier d. Mönche und ↑ *Pagode*. ↑ *Buddhismus*, ↑ *Schreine*.

Tempura. Frittierte Meeresfrüchte und Gemüse; eigentlich urprünglich kein japanisches Gericht, sondern wohl aus Portugal von Missionaren nach Japan gebracht. In einem Backteig aus Mehl, Ei und Wasser werden die Zutaten gewälzt und dann schwimmend in Öl ausgebacken; das beste Öl ist Rapsöl. Man taucht die fertigen Stücke in eine Brühe, die mit geriebenem weißen Rettich gewürzt ist. Für den „kulinarischen Anfänger" die einfachste Art, japanische Küche kennenzulernen.

Tendai-Sekte. Buddh. Sekte; wurde 805 von dem Prister Saichō gegründet, der die Lehre aus China mitbrachte. Die T. stützt sich als erste buddh. Sekte auf das ↑ *Lotus-Sutra* im Mahayana-B. (d.h. „großes Fahrzeug"). Alles, was existiert, wird als Erscheinung der einen Buddha-Wesenheit angesehen, der Mensch kann durch die Erkenntnis dieser Wesenheit erlöst werden. Der Weg dazu führt über innere Versenkung (↑ *Zen*), zugleich aber genießen Meditation, Studium der Schriften und Kulthandlungen gleiche Bedeutung. Haupttempel ist der Enryakuji auf dem Hieizan nahe Kyōto. ↑ *Shingon*, ↑ *Zen*, ↑ *Buddhismus*, ↑ *Sekten*.

tengu. Langnasiger Dämon der Lüfte.

Tennō. Der japanische „Kaiser". Als mythischer Nachfahre eines Enkels der Sonnengöttin „himmlischer Herrscher", so die wörtliche Übersetzung. ↑ *Kaiserhaus*.

Terrorismus von links und rechts hat eine lange Tradition in Japan: Die „Regelung" von z.B. Thronfolgefragen durch politischen Mord war in früheren Jahrhunderten durchaus üblich, im frühen 20. Jh. konnten Historiker sogar von der „Epoche des politischen Mordes" sprechen: Die 20er und 30er Jahre wurden immer wieder durch Attentate auf führende Politiker erschüttert, zuletzt 1990 durch einen Anschlag auf den Bürgermeister von Nagasaki, der es gewagt hatte, die Frage nach der Mitschuld des Tennō (Hirohito) am Pazifischen Krieg zu stellen: Ein Rechtsradikaler schoß auf ihn und verletzte ihn schwer. Ultranationalistische junge Offiziere ermordeten 1932 und 1936 bürgerliche Politiker, um „den Kapitalismus zu stürzen"; noch 1960 wurde der Sozialistenchef Asanuma von einem Fanatiker vor laufenden Kameras erstochen. Auch die Linke übte Terrorismus: Die japanische „Rote Armee Fraktion" suchte in den 70er Jahren durch Anschläge das „bürgerliche Lager" von links zu erschüttern; die spektakulärste Tat der japanischen „RAF" war der blutige Anschlag auf den israelischen Flughafen Lod, bei dem wahllos zahlreiche Menschen erschossen wurden.

Theater. Die vielfältige moderne Theaterszene Japans kann auf eine jahrhundertealte Tradition zurückblicken. Erste Anfäge gehen wohl auf tänzerische Darstellungen bei religiösen Festen zurück, die Tänzer trugen kunstvolle ↑ *Masken*. Ein eigenständiges Theater entstand mit dem ↑ *Noh* im 14. Jh., in der ↑ *Edo*-Zeit wurden das ↑ *Kabuki*-Theater und das ↑ *Bunraku*-Puppenspiel zu populären Theaterformen. Die Öffnung Japans brachte auch das westliche Theater ins Land, und heute leben traditionelle und moderne Theaterformen nebeneinander, wobei im ↑ *Butoh*- Tanztheater die ursprüngliche Verknüpfung von Tanz und darstellendem Spiel wiederhergestellt ist. ↑ *angura,* ↑ *Bunraku,* ↑ *Butoh,* ↑ *Chikamatsu, Monzaemon,* ↑ *hanamichi,* ↑ *Kabuki,* ↑ *Kyōgen,* ↑ *Noh.*

Thronfolge. Bis in das 19. Jahrhundert ohne feste Regeln; anspruchsberechtigt waren neben der engeren Familie des ↑ *Tennō* auch entfernte Abkömmlinge, die aber stets direkte Familienbande haben mußten; auch Frauen! Bis zur ↑ *Meiji-Zeit* wählte der Tennō seinen Thronfolger aus, traf er keine Wahl oder starb der Benannte, entschieden die Vasallen über die T. Der legitime Thronfolger mußte im Besitz der ↑ *Throninsignien* sein, deren Übergabe die T. erst rechtens machte. Im 7. und 8. Jh. wurden siebenmal auch Frauen für die T. benannt und standen an der Spitze des frühen japanischen Staatswesens. Einen festen verfassungsrechtlichen Rahmen erhielt die T. erst in der *Meiji*-Verfassung durch das Gesetz über das Kaiserhaus: Nur männliche Nachkommen eines Tennō waren seither zur T. berechtigt. Die gegenwärtige Verfassung baut darauf auf, aber das Parlament könnte durch einfaches Gesetzgebungsverfahren das Gesetz über das Kaiserhaus ändern und dadurch eine andere T. herbeiführen.

Throninsignien. Auch: „Reichsinsignien". Es sind Spiegel, Schwert und Juwelen (wohl die sog. „Krummjuwelen", *magatama*). Die Mythologie beschreibt die Insignien als Geschenke, die die Sonnengöttin ↑ *Amaterasu-ōmikami* ihrem Enkel (Ninigi-nomikoto) mitgab, als sie ihn zur Herrschaft über Japan auf die Erde schickte; viele solcher Gegenstände sind als Grabbeigaben in den Hügelgräbern des 3. bis 7. Jh. gefunden worden.

Thunfisch. Jap. „maguro"; unverzichtbarer Bestandteil von ↑ *Sashimi* und ↑ *Sushi*; verschiedene Arten, darunter auch Bonito. Man unterscheidet je nach Anschnitt verschiedene Fleischqualitäten an demselben Fisch, besonders beliebt sind die leicht mit Fett marmorierten Fleischteile, die heller sind als die fettarmen Stücke (z.B. am Rücken). Der Thun kommt heute aus allen Weltmeeren, wo es T. gibt, auch Japan, japanische

Fangflotten folgen den Schwärmen so hartnäckig, daß die Bestände weltweit durch Überfischung in Gefahr geraten, zumal auch Koreaner, Taiwanesen und Südamerikaner usw. den Thun jagen.

Tierkreiszeichen, japanisch. Die zwölf japanischen/asiatischen T. bezeichnen a) das Jahr, b) die Tageszeit und c) die Himmelsrichtungen; sie wurden aus China übernommen. Die sog. *junishi* (m. Tageszeit u. Himmelsrichtung): Ratte (11–12.00, N), Ochse (2–3.00, NO), Tiger (3–4.00, O), Hase (5–6.00, O), Drache (6–7.00, SO), Schlange (9–10.00, SO), Pferd (11–12.00, S), Schaf/Ziege (1–3.00, SW), Affe (3–5.00, SW), Hahn (5–7.00, W), Hund (7–9.00, NW), Eber/Schwein (9–11.00, NW). Bei den Himmelsrichtungen gelten NO und SW als besonders unglücksbringend, deswegen liegen in diesen Richtungen auch die buddh. Tempel, um böse Einflüsse abzuwehren.

Jahrestiere:

Ratte	1936	1948	1960	1972	1984
Ochse	1937	1949	1961	1973	1985
Tiger	1938	1950	1962	1974	1986
Hase	1939	1951	1963	1975	1987
Drache	1940	1952	1964	1976	1988
Schlange	1941	1953	1965	1977	1989
Pferd	1942	1954	1966	1978	1990
Ziege	1943	1955	1967	1979	1991
Affe	1944	1956	1968	1980	1992
Hahn	1945	1957	1969	1981	1993
Hund	1946	1958	1970	1982	1994
Schwein	1947	1959	1971	1983	1995

Tischsitten. Jeder Besucher Japans sollte lernen, mit Stäbchen (↑ *hashi*) zu essen; zum einen ist es peinlich, in einem japanischen Restaurant nach Gabel und Messer zu verlangen, zum anderen ist die elegante Zubereitung und Darbietung japanischer Speisen erst richtig über den Gebrauch von Stäbchen zu erfahren. Ein traditionell gedeckter Tisch (oft für jeden Gast ein einzelnes Tischchen auf Füßen) weist stets dieselbe Anordnung der Speisen auf: Ganz vorn, quer zum Essenden, liegen die Eßstäbchen auf einem kleinen Keramikbänkchen (↑ *hashi-oki*). Sie stecken in einer Papierhülle, das meist den Namen des Restaurants (o. ↑ *Ryōkan*) in schöner Kalligraphie zeigt (gute Sammelstücke!). Hinter den Stäbchen stehen Reisschale und Suppenschälchen (Lack, m. Deckel). Rechts neben der Suppe z.B. ein ↑ *chawanmushi* (Eier- „pudding" m. Fisch, Garnele, Pilz u.ä.), nach links, in der nächsten Reihe: Rechteckige Platte für Fischgericht, daneben Platte/Teller für Gemüse, Fleisch etc., rechts oben ein Kännchen m. ↑ *Soyasauce* und ein Schälchen m. ↑ *tsukemono* (eingelegtes Gemüse zum Reis). In der Speisenfolge ißt man sich „an den Reis heran", d.h. weißer Reis wird mit Suppe und ↑ *tsukemono* zum Abschluß der Mahlzeit gegessen, bei einem formellen Essen werden die Gänge einzeln gereicht; wenn der Tee serviert wird, ist die Mahlzeit beendet.

Die *Stäbchen* sollten niemals wie Dolche in einer Hand gehalten werden: In der Geschichte wurden tatsächlich so schon Morde begangen. Niemals Stäbchen senkrecht nebeneinander in den Reis stecken, auf diese Art wird Reis als Ahnenopfer dargebracht. Zum Essen zieht man die Stäbchen aus der Papierhülle und bricht sie auseinander; dann wird die Reisschale in die linke Hand genommen, sie darf zum Mund geführt werden. Stäbchen werden nicht abgeleckt! Manchmal werden Beilagen für alle gemeinsam serviert, dann dreht man die Stäbchen um und nimmt sich etwas mit dem unbenutzten Ende der Stäbchen. Stets die Reisschale leeren; reicht man die Schale dem Gastgeber mit ein wenig Reis darin, bittet man um eine weitere Portion. Um an die Suppe zu gelangen, löst man den festgesaugten Deckel von der Schale, indem man sie leicht zusammendrückt. Bei Tisch sollte man anderen Gästen Getränke einschenken, das gilt für Bier und ↑ *Sake*, der Tee wird von Serviererinnen nachgeschenkt. Ist ein ↑ *Sake*-Fläschen (↑ *tokkuri*) leer, wird es quer auf den Untersatz gelegt.

Das sollte man mit Stäbchen auch nicht tun: Speisen aufspießen, Reisschale und Stäbchen in dieselbe Hand nehmen, eine Schüssel mit den Stäbchen wegschieben, mit „gezückten" Stäbchen über verschiedenen Speisen kreisen, während man überlegt, wo man zugreifen wird. Besonders unschicklich ist es, mit Stäbchen in einer Schüssel herumzurühren, aus der sich alle bedienen (s.o.) wollen. Als *inugui* (wie aus einer Hundeschüssel essen) wird es bezeichnet, wenn man sich über eine Schale auf dem Tisch beugt und direkt vom Geschirr mit den Stäbchen „einschaufelt" (die Schale darf zum Mund geführt werden). Nachdem die Suppe gegessen ist (die Einlage wird mit Stäbchen gegessen), gehört es sich, den Deckel der Schale wieder in richtiger Position aufzudecken – nicht umgekehrt.

Tōdai. Kurz f. Tōkyō Daigaku d.h. Universität Tokyo; gegr. 1877 als erste kaiserliche Universität speziell für die Ausbildung des Staatsbürokraten („Beamten"). 1949 im Rahmen des neuen Universitätssystems als staatliche U. weitergeführt. Gilt noch heute als beste Universität Japans. ↑ *Universitäten.*

Todesstrafe Die T. wird in Japan vor allem wegen Mordes aus niedrigen Motiven verhängt und durch Hängen vollstreckt. Oft vergehen Jahre bis zur Hinrichtung, denn nicht selten verschieben Justizminister ihre Unterschrift unter die Vollstrekkungsanordnung. So wurden 1993 vier Todesurteile vollstreckt, die schon zwischen 1981 und 1984 verhängt worden waren. Bei Befragungen erklärt sich regelmäßig eine deutliche Mehrheit der Japaner für die Todesstrafe, aber es gibt vermehrt kritische Stimmen. ↑ *Strafvollzug.*

Tōfu. Fermentierte Bohnenpaste, fester „Bohnen-Quark" aus Soja-Bohnen. Suppen-Einlage, Bestandteil in chinesischen Gerichten oder in ↑ *nabe*-Gerichten.

Toiletten, japanische. In den meisten japanischen Haushalten, aber auch in Restaurants herrscht peinliche Sauberkeit, schon im Grundriß einer Wohnung: WC und Bad sind immer getrennt. Für das WC werden besondere Pantoffeln (häufig aus Plastik) benutzt, die diesen kleinen Raum nicht verlassen; vor der WC-

Tür werden also die Hausschuhe abgestreift. In modernen Wohnungen, Hotels und Restaurants gibt es inzwischen das westliche WC, oft an der Tür als „Western style" identifiziert (entsprechend „Japanese style"). Der „japanische Stil" des WC ist ein längliches Steingut-Becken auf einem niedrigen Podest, aber fast zu ebener Erde. Man kauert sich über das Becken, den Blick zur Wand gerichtet – das ist schon ein wenig ungewohnt, aber leicht zu erlernen. In öffentlichen T. sollte man sich nicht durch die Reinemachefrauen irritieren lassen, die selbstverständlich z.B. auch direkt in der „Herren-Abteilung" tätig werden.

Tōkaidō. „Ostmeer-Straße". In der ↑ *Tokugawa*-Zeit die Küstenstraße zwischen ↑ *Edo* und ↑ *Kyōto* mit 53 (Post)stationen (↑ *Hiroshige*); heute fährt ungefähr auf derselben Streckenführung der ↑ *Shinkansen* von Tokyo über Kyōto, Osaka nach Fukuoka (Kyūshū). ↑ *Nakasendō*.

tokkuri. Kleine Keramikfläschchen, in denen heißer ↑ *Sake* serviert wird. Die t. werden aus dem Wasserbad direkt an den Tisch gebracht, zusammen mit den kleinen ↑ *Sake*-Schälchen (↑ *choko*, ↑ *guinomi*). Das Trinkgeschirr hat stets dasselbe Design; in ↑ *Ryōkan* werden oft t. und Schälchen aus der örtlich berühmten Keramik benutzt. T. und Schälchen sind hübsche Sammelobjekte.

tokonoma. Bildnische; hier hängt z.B. ein schönes Rollbild oder eine Kalligraphie (↑ *Kakemono, Shodō*), auf dem hölzernen Boden steht ein Blumenarrangement oder eine kleine Plastik. Bei Empfängen sitzt der Ehrengast vor der T.

Tokugawa, Tokugawa-Zeit. Die Familie der T. beherrschte Japan von ca. 1603 bis 1867 (↑ *Meiji*-Restauration). Der berühmteste T., ↑ *Tokugawa, Ieyasu* konnte nach blutigen Bürgerkriegen 1603 das Land einigen. Mit einem genealogischen Trick führte er die Linie der T. auf die ↑ *Minamoto* (d.h. auf einen Familienzweig d. Tennō) zurück; damit konnten die T. die ↑ *Shōgune* stellen, denn dieser Titel war nur dem Hause Minamoto vorbehalten. Der letzte T.-Shōgun war Yoshinobu (1837–1913), der seine Macht 1867 an den Tennō zurückgab; die T. wurden in der ↑ *Meiji-Zeit* als „Fürsten" in den Adelsstand erhoben.

Tokugawa, Ieyasu 1542–1616; der Begründer der T.-Macht. Sein eigentlicher Familienname war Matsudaira, er nahm den Namen T. an, um eine Verwandtschaft mit den ↑ *Minamoto* zu konstruieren, die allein den Titel ↑ *Shōgun* führen durften. Nach wechselnden Bündnissen mit ↑ *Oda, Nobunaga* und ↑ *Toyotomi, Hideyoshi* riß er 1603 die alleinige Macht an sich und konnte nach der Schlacht von Sekigahara gegen die Anhänger seines ehemaligen Verbündeten Toyotomi das Reich unter seiner Herrschaft einen. T. I. verlegte seinen Herrschaftssitz nach ↑ *Edo* (heute Tokyo); er konnte durch geschickte Bündnispolitik, ohne die Stellung des Kaiserhauses anzutasten, seine Machtposition ausbauen und seinen

Nachfahren die absolute Herrschaft über Japan sichern. Geistige Grundlage seiner Herrschaft war der ↑ *Konfuzianismus*, das ↑ *Christentum* wurde anfangs geduldet, später ausgerottet.

Torii. Meist rotlackiertes, freistehendes Balken-Tor, das den Bezirk eines ↑ *Shintō-Schreins* markiert. Zwei Seitenpfosten, ein übergreifendes, geschwungenes Querholz, darunter zwischen den Pfosten ein schmaleres Querholz. Andere Materialien: Unbehandeltes Holz (Ise-Schrein), Beton, dann unlackiert. ↑ *Shinto*, ↑ *Schrein.*

Touristinformationen. In Deutschland bzw. Europa über die ↑ *JNTO*; in Tokyo und Kyōto (sowie anderen Städten) mit eigenen Büros. Büro Tokyo: Kotani Bldg., 1-6-6, Yurakucho, Chiyoda-ku, Tokyo (gleich am S-Bahnhof „Yurakucho", Yamanote, Keihin-Tohoku-Line), Tel.: (03) 3502-1461; Kyōto: Kyōto Tower Bldg., gleich gegenüber des Ausgangs „Kyōto Tower", Hauptbahnhof Kyōto (JR-Lines, versch. Privatlinien), Tel.: (075) 371-5649.

Toyotomi, Hideyoshi 1536–1598; ihm gelang gegen Ende der ↑ *Sengoku*-Ära die Einigung Japans nach blutigen Kämpfen. Der Sohn eines einfachen Bauern, den die Wirren der Bürgerkriege nach oben gebracht hatten, stieg unter ↑ *Oda, Nobunaga* zum Feldherren auf. Sein Stammschloß war die gewaltige ↑ *Burg* von Osaka; hier leisteten seine Vasallen bis zuletzt Widerstand gegen die Truppen ↑ *Tokugawa, Ieyasus*. Die drei Einiger Japans vom 16. bis in das 17. Jh. – Oda, Nobunaga, Toyotomi, Hideyoshi und Tokugawa, Ieyasu – werden in ihren Temperamenten mit drei ↑ *haiku* treffend beschrieben:

Nakanu nara	Wenn der Kuckuck nicht singt,
koroshite shima-u	werde ich ihn töten,
Hotogisu	(spricht Nobunaga).
Nakanu nara	Wenn der Kuckuck nicht singt,
nakasete miseyo	werde (ich) ihn überreden
Hototogisu	zu singen. (Hideyoshi)
Nakanu nara	Wenn der Kuckuck nicht singt,
naku made matto-u	werde ich warten,
Hototogisu	bis er singt. (Ieyasu)

Trauerfeiern umrahmen in Japan ausschließlich Feuerbestattungen. Es handelt sich um ein Riesengeschäft, das z. B. 1993 auf einen Umsatz von umgerechnet 45 Mrd. DM geschätzt wurde, davon zwei Drittel für die Kosten der Zeremonien, der Rest für Grabsteine, Grabstätten und Nebenkosten. Trauergäste überreichen der Familie des Verstorbenen Geldgeschenke, die aber nur rund die Hälfte der anfallenden Kosten decken. Ca. 4500 Spezialunternehmen für Bestattungen, 400 Bestattungskooperativen sowie weitere 1000 Bestattungsvereinigungen auf Gegenseitigkeit z.B.

landwirtschaftliche Kooperativen teilen sich das Geschäft. Der Markt wird mit wachsender ↑ *Überalterung* Japans größer, aber der Konkurrenzkampf wird zugleich heftiger, zumal auch Supermärkte und Chain-stores sowie Warenhäuser als „Agenturen" in den lukrativen Markt einbrechen.

Trinkgelder gibt es in Japan (noch) nicht. In Restaurants wird meist an einer Zentralkasse bezahlt, oder der Gast zahlt vor der Bestellung für sein Menü. Taxifahrer geben stets genaues Wechselgeld heraus, Handwerker erhalten gar keine Trinkgelder.

„Trösterinnen" Dieser verharmlosende Begriff bezeichnet die Zwangsprostituierten, die in den Militärbordellen der kaiserlichen japanischen Armee „arbeiten" mußten. Die Militärs zwangen Frauen und Mädchen aus Korea (damals japanische Kolonie), China, Taiwan (auch jap. Kolonie), den Philippinen, Indonesien und den Niederlanden zur Prostitution, insgesamt 100000 bis 200000. Von diesen Opfern leben noch ca. 40000; die japanische Regierung hat bisher keine individuellen Entschädigungen gezahlt, obwohl diese Frauen dringend darauf angewiesen sind: Die weitaus meisten haben keine Kinder, die traditionell in den Ländern der Opfer für die Altersversorgung aufkommen würden. Statt einer individuellen Wiedergutmachung hat die japanische Regierung bisher nur die Errichtung eines Kulturfonds mit einer Milliarde US-Dollar angeboten. ↑ *Prostitution*, ↑ *Pazifischer Krieg.*

tsuba. Schwert-Stichblätter; angebracht zwischen Griffbezug und Klinge jap. Schwerter. Das t. schützte die Schwerthand, wurde bald aber auch zu einem eigenständigen Schmuckelement an der Waffe. Meist aus Eisen, oft in durchbrochener Arbeit, mit Gold, Silber oder Kupfer eingelegt. Heute sind t. begehrte Sammlerobjekte. ↑ *Schwerter.*

tsukemono. Jap. eingelegtes Gemüse.

Tsunami. Flutwellen, die durch Erdbeben ausgelöst werden, deren Epizentren unter dem Meeresboden liegen. Diese Wellen können sich bis zu einer Höhe von 30 m aufbauen und erreichen Geschwindigkeiten von 200 m/sec. Sie rasen auf Japans Küsten zu und richten schwere Schäden an. Im Juli 1993 verwüstete eine Flutwelle nach einem Erdstoß der Stärke 7,8 vor der Küste die kleine Insel Okushiri vor Hokkaidō, 200 Menschen starben. 1933 wurde eine Flutwelle von 27,8 m gemessen, die an der Küste von Miyagi (S-Honshu) 3064 Menschenleben forderte. 1944 kostete eine Tsunami in der Präfektur Wakayama 998 Tote. Gegen Flutwellen solchen gewaltigen Ausmaßes gibt es kaum Schutzmaßnahmen, die japanischen Küstenbewohner vertrauen auf das gut ausgebaute Frühwarnsystem nach Beben unter dem Meeresboden – aber die Vorwarnzeit ist nur in Minuten zu messen. ↑ *Erdbeben.*

Tuschmalerei. Jap. „sumi-e"; Malerei mit angeriebener, flüssiger schwarzer Tusche (↑ *sumi*) auf stark saugendem Papier oder auf Seide.

Die Pinselführung reicht von kräftigen, tiefschwarzen Linien bis zu hauchzarten, dunstigen Flächen in wässrigem Grau durch starke Verdünnung der Tusche. Die T. kam ebenfalls aus China nach Japan.

U

Überalterung. Die hohe Lebenserwartung japanischer Frauen und Männer sowie eine drastisch sinkende Geburtenrate haben das Problem schneller Ü. der japanischen Gesellschaft zur wahrscheinlich größten sozialpolitischen Herausforderung des kommenden Jahrhunderts gemacht. Die staatliche ↑ *Sozialversicherung* ist auf die Versorgung alter Menschen nur unzureichend vorbereitet, viele Menschen können sich andererseits eine ausreichende private Alterssicherung nicht leisten.

Überstunden. Man unterscheidet reguläre Ü., die bezahlt werden, und freiwillige Ü., die zusätzlich als selbstverständliche, kostenlose Leistung von den Stamm-Mitarbeitern erwartet werden.

Ukiyōe. „Bilder der fließend vergänglichen Welt". Gemeint sind ↑ *Farbholzschnitte* der ↑ *Edo*-Zeit; sie zeigen vor allem Motive aus der Theaterwelt, Modebilder von Kurtisanen aus den Freudenvierteln (↑ *Yoshiwara*) oder Genreszenen. Die bürgerliche Gesellschaft der neuen Riesenstädte wie Edo und Osaka war für die U.-Meister zugleich Motiv und Markt. Die grafisch eindrucksvollen Blätter – teilweise aufwendig mit mehreren Platten gedruckt – übten auf europäische Künstler, besonders die Impressionisten, eine enorme Wirkung aus; Motive aus Holzschnitten z.B. von ↑ *Hokusai* und ↑ *Hiroshige* finden sich z.B. bei van Gogh wieder. Bonnard von den „Nabis" war so begeistert von jap. U., daß er als ‚le Nabi tres japonard" bezeichnet wurde, für ihn und andere Impressionisten waren die Flächigkeit und die Linienführung der Bildkomposition in den U. von prägender Bedeutung. Die Grafik des Jugendstils schließlich ist ohne die Farbholzschnitte des U. nicht vorstellbar. ↑ *Farbholzschnitte.*

Umweltschutz. Schreckliche Umweltkatastrophen wie die Folgen der Quecksilbervergiftungen von Minamata (Kyūshū), die itai-itai-Krankheit (Verkrüppelungen, Kindesmißbildungen nach Cadmium-Vergiftungen) oder das Yokkaichi-Asthma (ausgelöst durch Chemie-Unternehmen in Y.) in den sechziger und siebziger Jahren haben das Umweltbewußtsein in Japan geschärft. Erste Erfolge im U. gab es bei der Luftreinhaltung: Die Verwaltungen der Großstädte zwangen durch hohe Gebühren die Betreiber von Großfeuerungsanlagen zu wirkungsvollen U.-Maßnahmen (Filter gegen Stickoxyde, Rauchgasentwicklung, Schwefelung u. ä.). Die Bekämpfung der Autoabgase hat beachtliche Erfolge erzielt: Katalysatoren sind Pflicht, und z. B. Tokyos Taxis fahren fast alle mit Flüssiggas. Dieser „staatliche" U. wird ergänzt durch Gerichtsentscheidungen nach Klagen von Bürgerinitiativen; Unternehmen wurden so gezwungen, strengere U.-Auflagen einzuhalten, wo es um wirtschaftliche Interessen geht; Umweltschäden durch japanische Unternehmen in Ländern der Dritten Welt verursacht, machen selten Schlagzeilen. Auch wird die Müllentsorgung z. B. an vielbesuchten Sehenswürdigkeiten (↑ *Fuji*) zu einem Problem. Die ↑ *Gebietskörperschaften* registrieren in den neunziger Jahren vor allem Klagen von Bürgern über Lärmbelästigung (Schnellzüge durch Wohnviertel, Verkehrslärm) und Grundwasserbelastungen durch Pestizide, vor allem in der Nähe der zahlreichen ↑ *Golfclubs*.

unagi. Wohlschmeckener Aal; wird mit süßer Soya-Sauce glaciert gegrillt und meist auf weißem Reis serviert. ↑ *anago*.

Universitäten. Die ersten U. westlicher Prägung entstanden Ende des 19. Jhs., z.T. als Privatuniversitäten; die ↑ *Meiji*-Regierung gründete die ↑ *Tōdai* als Ausbildungsstätte für die Verwaltungselite des Landes. Es folgten Gründungen einer Reihe anderer kaiserlicher U., aber die Tōdai hat ihre Bedeutung als Elite-U. gewahrt. Der Zugang zu allen U. führt über scharfe Aufnahmeprüfungen, auf die sich die meisten Schüler sorgfältig mit Paukschul-Unterricht vorbereiten. Es gibt staatliche U. (z.B. Tōdai), Präfektur-U., städtische U. und private U., die angesehensten U. (d.h. die ehemaligen kaiserlichen U.) sind zugleich von den Studiengebühren die „billigsten" Bildungsstätten. ↑ *Schulsystem*.

Unterhaus. Erste Kammer des jap. Parlaments. Bis 1994 wurden die damals 511 Sitze in 129 Wahlkreisen mit zwei bis sechs Mandaten vergeben. Nach tiefgreifenden politischen Reformen 1993/94 hat das U. jetzt 500 Sitze, von denen 300 in Einer-Wahlkreis durch Direktwahl vergeben werden; die übrigen 200 Mandate werden in elf Stimmbezirken (zusammengesetzt aus Gruppen von ↑ *Präfekturen*) über Parteilisten bestimmt; das Auszählungsverfahren zur Sitzvergabe läuft nach d'Hondt. Jeder jap. Wähler hat also ähnlich wie in Deutschland zwei Stimmen. Die Legislaturperiode des U. ist vier Jahre, aber der Ministerpräsident kann das U. vorzeitig auflösen. ↑ *Ministerpräsident*, ↑ *Oberhaus*, ↑ *Regierungssystem*, ↑ *Wahlsystem*.

V

Verabschiedung. Unter Schulkindern oder Studenten ist das amerikanische „bye, bye!" üblich. Formeller ist „sayonara!" (sajoonara). Verläßt man vorübergehend (Besorgung etc.) die Wohnung, ruft man „itte mairimas", die Antwort heißt „itte 'raschai".

Verfassung, jap. (JV). Die erste JV galt von 1889–1945. Vorbild dieser Verfassung war die preußisch-deutsche Verfassung von 1871. Bei der Ausarbeitung der ersten JV hatten deutsche Staatsrechtler mitgewirkt (z.B. Herrmann Roesler), aber im Kern war diese Verfassung eine japanische Schöpfung. Die wichtigsten Prinzipien: Absolute kaiserliche Gewalt mit dem Unterton göttlicher Überhöhung des Tennō („Der T. ist heilig und unverletzlich"), Kabinett ist nur Ratgeber des Monarchen, keine Ministerverantwortlichkeit vor dem Reichstag; der Reichstag hatte mit dem Adelshaus (kizokuin) eine Städtevertretung als übermächtiges Gegengewicht. Das Militär war völlig unabhängig und konnte jedes Kabinett stürzen (Nichtbesetzung d. Position des Kriegs- bzw. Marineministers, die aktive Militärs sein mußten). Wahlrecht für den Reichstag anfangs nach Steueraufkommen (Zensuswahlrecht), seit 1925 allgemeines Männerwahlrecht (Frauenw. erst seit 1947).

Neue JV seit 1947 in Kraft. Erarbeitet unter maßgeblichem Einfluß der US-Besatzungsmacht. Grundsätze: Volkssouveränität, allgemeines freies Wahlrecht für Männer und Frauen, Zwei-Kammer-System (↑ *Parlament*), Gewaltenteilung, Trennung von Religion und Politik, d.h. keine politische Macht für den Tennō; begrenzte lokale und regionale Selbstverwaltung (↑ *Präfekturen*).

Vergangenheitsbewältigung ein mühsamer Prozeß zwischen offiziell gepflegter Opfermentalität (↑ *Atombombenabwürfe*) und systematischer Verdrängung der jap. Aggressionshandlungen im ↑ *Pazifischen Krieg* bzw. im ↑ *Zweiten Weltkrieg*. Häufig wird als Mittel der V. die Umdeutung der Aggressionskriege als „Befreiungskriege" vom europäisch-amerikanischen Kolonialjoch eingesetzt. Kritische Zeitgeschichte findet erst langsam Eingang in den jap. Schulunterricht.

Verkehrsmittel. Die Eisenbahn ist noch immer das bequemste V. in Japan, aber auch ein ausgedehntes Netz von Busverbindungen überzieht Japan, z.B. die „Hato Busse", die von Tokyo aus zahlreiche Orte auf ↑ *Honshu* anfahren. Die sieben ↑ *JR-Eisenbahngesellschaften* bieten Zugverbindungen aller Art (Nachtzüge, ↑ *Shinkansen*) nach Fukuoka (Süden), Morioka und Niigata (N- und NW-Honshu) und seit der neuen Tunnelverbindung zwischen Honshu und ↑ *Hokkaidō* auch nach dorthin. Flugverbindungen gibt es ebenfalls zu allen Großstädten Japans. Fahrten mit dem eigenen Auto (Mietwagen) erfordern genaue Zeitplanung (Stau) und sind recht teuer (Mautstaßen). Schließlich gibt es ein weit verzweigtes Netz von Fährverbindungen, um weit entfernte Inseln anzubinden, Fährfahrten gehören zu den eindrucksvollsten Reiseerlebnissen.

Verkehrsunfälle, tödliche. Im Jahre 1994 starben auf Japans Straßen 10649 Menschen, ein leichter Rückgang gegenüber 1993, aber bereits siebenmal hintereinander lag die Zahl der Unfalltoten über der 10000 Marke. Rund ein Viertel der tödlichen Verkehrsunfälle war auf überhöhte Geschwindigkeit zurückzuführen.

Versetzung auf Zeit. Fast alle jap. Unternehmen praktizieren diese zeitlich befristete Abordnung von Führungspersonal der mittleren Ebene in Tochterunternehmen oder Partnerbetriebe. Dieses sog. *shukkō* betrifft jedoch nicht nur Führungspersonal, sondern u.U. ganze Teilbelegschaften, wenn z.B. japanisches Personal in ein japanisch-ausländisches Joint Venture entsandt wird. Hauptzweck des *shukkō* aber ist die Streuung von *Management*-Know-How aus dem Dachunternehmen in kleinere Tochterbetriebe oder Betriebseinheiten. Die abgeordneten Manager des Dachunternehmens machen in dem neuen Betrieb auf Zeit einen Statussprung, aber auch nach Rückkehr in das Stammhaus kann ein Karrieresprung bevorstehen. *shukkō* kann auch dazu dienen, Know-How in umgekehrter Richtung in das Stammunternehmen zurückzuspeisen: So entsenden z.B. Firmen der Prêt-a-porter Mode regelmäßig Mitarbeiter in den Einzelhandel, um den neuesten Kundentrend aufzuspüren.

Versicherungen ↑ *Sozialversicherung*, ↑ *Lebensversicherung*.

Verteidigung ↑ *Jieitai*.

Visitenkarten. Die streng genormten V. (jap. *meishi*) dienen der sozialen und beruflichen Einordnung ihrer Besitzer bzw. seiner Gesprächspartner. Sie bezeichnen genau die Position und Entscheidungskompetenz z.B. eines Geschäftsmannes im Gefüge seines Unternehmens und ermöglichen den späteren Kontakt. Der Kartenaufdruck enthält „verborgene Signale", denen man in Japan große Aufmerksamkeit schenkt: Die ADRESSE eines Unternehmens sollte in einem angesehenen Geschäftsviertel (möglichst natürlich Tokyos) liegen; der TITEL des Karteninhabers (z.B. Managing Director) bezeichnet seine Position im Unternehmen, zwei TELEFONNUMMERN (mindestens ein Firmenanschluß, ein Privatanschluß) deuten auf eine große Firma. Eine Privatnummer signalisiert die Bedeutung des Karteninhabers, er muß auch privat erreichbar sein. Die AUSSENABMESSUNGEN der Karten sind ziemlich genau genormt mit ca. 8 × 3,5 cm, größere oder kleinere Karten werden ungern aufbewahrt, weil sie nicht in die üblichen Kartenalben oder -kästen passen. Wichtig: Ohne Karte ist man nicht vorhanden! Das Firmenemblem (Universitätswappen usw.) ist von großer Bedeutung. Gesicht! Auf die erhaltenen Karten notiert man sich (unauffällig!) Ort, Datum, Gesprächsinhalt (Stichwort) des Zusammentreffens (u.U. auch Hobbies, persönl. Daten des Gebers). Mindestens die Karten-Inhaber eines Jahres (besser alle) bekommen zum Neujahr einen Kartengruß (↑ *Neujahr*). V. mit Foto des Inhabers, Karten aus Mikroholz, Metallfolie etc. wirken leicht unseriös, man ordnet sie eher dem Unterhaltungsgewerbe zu. Allerdings nutzen Politiker neuerdings „illustrierte" Karten zur Eigenwerbung. So normiert das Äußere der Karten (jap. *meishi*), so formalisiert ist auch das *Austauschritual*: Nach der mündlichen namentlichen Vorstellung zücken beide Gesprächspartner ihre Kartentäschchen, dann werden unter Verbeugungen die *meishi* ausgetauscht; bei höhergestellten Persönlichkeiten gibt und empfängt man die Karte mit beiden Händen – niemals mit Links! Namen, Funktion/Titel werden memoriert, denn es ist schlechter Stil, die Karte als Gedächtnisstütze wieder hervorzuziehen; jedoch ist es besonders bei mehreren Gesprächspartnern zulässig, die Karten nach Sitzordnung vor sich hinzulegen. Absolut verboten: Knicken oder Beschädigen der erhaltenen Karte, die o.g. Notizen sollte man NACH dem Gespräch machen. Eine kurze Notiz auf der Rückseite der eigenen Karte kann als Empfehlung/Vorstellung „in Abwesenheit" fungieren, der Überbringer gilt dann als vom Karteninhaber empfohlen, z.B. „This is my good friend XXX, I should be very grateful, if you could assist him in any way" o.ä.

Vulkane. Japanische Geologen schätzen die Zahl der erloschenen und tätigen V. des Landes auf ca. 265, die „Feuerberge" finden sich auf allen Inseln, und sicher lag es nahe, daß ein Vulkan, der ↑ *Fuji-san*, zum Symbol Japans schlechthin wurde. Insgesamt werden 45 V. als gefährlich eingeschätzt, darunter der Asama (Honshū), Aso und Sakurajima (Kyūshū). Der jüngste Ausbruch ereignete sich 1990, als der Unzen weite Landstriche, Städte und Dörfer auf Kyūshū mit Asche und Lava bedeckte, 43 Menschen kamen um. Der „jüngste" V. dürfte der Shōwa-shinzan auf Hokkaidō sein, der in den dreißiger Jahren „wuchs".

W

wabi. Ausdruck für „Einsamkeit, sich verloren fühlen", aber auch das Gefühl, das einfache, unbearbeitete Gegenstände (z.B. in der ↑ *Teezeremonie*) vermitteln. So ist heute unter w. die elegante, Ruhe ausstrahlende Schlichtheit eines Gegenstandes zu verstehen. Kunstgegenstände, aber auch Dinge des täglichen Gebrauchs können w. ausstrahlen/vermitteln: Handgeschöpftes Papier, rauhes Steingut, Bambusgeräte, einfache Hanfseile, mit denen z.B. ein Bambuszaun zusammengeknüpft wurde. *wabi* bewegt sich kunstvoll auf dem schmalen Grat zwischen melancholisch abgenutzter Eleganz (↑ *sabi*) und Schäbigkeit.

Wahrsagen. Überaus populär in Japan, besonders das Handlesen ist verbreitet. Vor den Tischchen mancher besonders bekannter Wahrsagerinnen am Straßenrand der großen Städte bilden sich lange Schlangen junger Frauen, die einen Blick in die Zukunft werfen wollen. Zu ↑ *Neujahr* ist *omikuji* ein Muß: Aus einer Büchse schüttelt man ein Bambusstäbchen, das wird gegen ein Stückchen Wahrsagepapier eingetauscht; Die Voraussagen schwanken zwischen großem Glück (Dai kichi) oder großem Unglück (Dai kyō) für das kommende Jahr.

waka. Wörtl. „japanisches Gedicht" im Ggs. zum chinesischen Gedicht; im engeren Sinn die höfische Poesie, auch ↑ *tanka*.

Walfleisch. Gilt in Japan immer noch als exquisite Delikatesse; bis in dieses Jahrhundert war W. aber in vielen Fischergemeinden auch ein Grundnahrungsmittel. Spezialitätenrestaurants bieten W. als ↑ *Sashimi* oder mit Soyasauce glaciert und gegrillt an. Das Verbot des kommerziellen Walfangs hat diese Restaurants im Gegensatz zu den protestierenden Äußerungen japanischer Politiker keineswegs in Bedrängnis gebracht; auch die Regionen, in denen traditionell Walfang betrieben wurde, konnten sich durch Subventionen auf andere Produkte umstellen (Aquakultur). Die Lager mit gefrorenem Walfleisch sind gut gefüllt, und so lange der „wissenschaftliche Walfang“ Japans weitergeht, braucht kein Gourmet auf seine Lieblingsspeise zu verzichten. Es gehört zu beliebten kleinen Scherzen japanischer Gastgeber, ihren westlichen Gästen auch ein Walgericht anzubieten, um sie in Verlegenheit zu bringen.

Wappen ↑ *mon*, ↑ *montsuki*.

Warenhäuser. Jap. nach dem englischen als *depāto* bezeichnet. Die großen W. Japans können auf eine lange Tradition zurückblicken; so wurden das Matsuzakaya (Tokyo) 1611, das Mitsukoshi (Tokyo) 1673 als Textil- und Bekleidungsläden gegründet. Andere W.-Gruppen sind mit Privatbahnen verflochten, die W. finden sich an den großen Stationen und Endpunkten dieser Linien (Keio, Odakyu, Seibu, Tokyo u.a.) Die W. bieten eine breite Palette von Waren an; im Untergeschoß meist die Lebensmittel-Abteilung, dann modische Accessoires, Schuhe, Parfums usw., ganz ähnlich wie auch in deutschen W. Dritter und vierter Stock meist Damenbekleidung, oft ein ganzes Stockwerk oder mindestens eine Abteilung für ↑ *Kimono*. Die obersten Stockwerke sind fast immer für Restaurants verschiedendster Geschmacksrichtungen reserviert; hier findet sich auch die Kunstabteilung und eine Galerie, in der wechselnde Kunstausstellungen Kunden anlokken sollen. Der Service im W. ist geprägt von ausgesuchter Höflichkeit, nach dem letzten Schrei gekleidete Hostessen bedienen die Fahrstühle oder geben unermüdlich Auskunft. Die Verkäuferinnen beherrschen die Kunst der Verpackung meisterhaft. Ein besonderes Vergnügen: Morgens gegen zehn Uhr kurz nach Öffnung ein W. besuchen – die Begrüßungszeremonien für die Kunden sind unvergeßlich!

wasabi. Grüner, sehr scharfer Meerrettich, der als Paste in Soyasauce gerührt wird (zu ↑ *Sashimi*) o. die Fischstückchen bei ↑ *sushi* würzt.

washi ↑ *Papier*. Speziell jap. Papier, immer handgeschöpft, oft mit ausdrucksvoller Struktur (Pflanzenfasern, Gold-/Silberplättchen usw.). Für ↑ *sumi-e* sehr saugfähige Sorten.

WC ↑ *Toiletten, jap.*

Weihrauch. In schier unendlichen Duftnoten angeboten, als Pulver oder Stäbchen; unverzichtbar bei ↑ *Trauerfeiern* und anderen religiösen Zeremonien (buddh.). In der ↑ *Heian-Zeit* gehörte es zu den Vergnügungen bei Hofe, „Weihrauch-Raten“ zu spielen.

Wetten. Glücksspiel ist in Japan illegal, nicht aber das Wetten; deshalb erfreuen sich Veranstaltungen, auf denen gewettet werden darf, größter Beliebtheit. An der Spitze steht Pferderennen, das laut Statistik 12,7 Mio. Anhänger hat (12,4% d. Bev., 1993), gefolgt von Motorboot-Rennen (1,7 Mio. Anhänger) und Fahrradrennen (1,5 Mio. Fans).

Windglocken. Kleine Bronzeglocken, an deren Klöppel ein Papierstreifen hängt, der die Glocke im Wind zum Klingen bringt; der helle, feine Ton soll im Sommer Kühlung suggerieren; die Glocken hängen oft unter Dachvorsprüngen.

Wirtschaft. ↑ *Bubble Economy*, ↑ *Banken*, ↑ *Industrie/Unternehmen*, ↑ *Kigyō keiretsu*, ↑ *Klein- und Mittelindustrie*, ↑ *Wirtschaftsverbände*.

Wirtschaftsverbände. Vier große W. vertreten die Interessen jap. Unternehmen: ↑ *Keidanren*, ↑ *Nikkeiren*, ↑ *Jap. Industrie- und Handelskammer* (Nikon shōkō kaigisho) und ↑ *Keizai dōyūkai*.

Wochenzeitschriften. Neben den Comic-Zeitschriften (↑ *Manga*), die wöchentlich erscheinen, prägen auch die zahlreichen Wochenzeitschriften Japans Medienlandschaften: 1993 gab es 81 W. mit einer Gesamtauflage von 1,66 Mrd. Stück. Die W. zielen auf jede denkbare Leserschicht, aber die Sensationsblätter dominieren. Alle großen japanischen ↑ *Tageszeitungen* bringen eigene W. heraus, die der seriösen Berichterstattung das Sensationelle hinzufügen (Privatleben von Politikern, Popstars, Sportlern usw.) Viele der W.-Redaktionen haben sich auf Spür-Hund-Journalismus spezialiert.

Wohnen. Neben der zunehmenden ↑ *Überalterung* vielleicht das größte soziale und wirtschaftliche Problem Japans: Nicht nur die unzureichenden Wohnungsgrößen bei Mietwohnungen (↑ *Wohnung*, ↑ *apato*) und die astronomischen Preise für Eigentumswohnungen sind zu schweren Belastungen geworden – auch die wild wuchernden Ballungszentren um die Metropolen stellen die Regierung vor schier unlösbare Probleme des ↑ *Nahverkehrs*, der Infrastruktur (Straßenbau) und bei der Versorgung mit Wasser, Energie sowie in der ↑ *Müllentsorgung*; stadtplanerische Maßnahmen können diese Herausforderungen gegenwärtig nicht bewältigen. Um die Kernstädte wachsen mit rasender Geschwindigkeit ↑ *„new towns“*, größtenteils gesichtslose Schlafstädte, und Eigenheimsiedlungen, die großflächig Landschaft zerstören. Beispiel: Im Einzugsgebiet Tokyos wohnen in sechs angrenzenden ↑ *Präfekturen* inzwischen 40,07 Mio. Menschen (1994), dazu zählen auch die Städte Yokohama, Chiba und Funabashi. Besonders Tokyo leidet unter dem sog. „donut-Phänomen“ (= das Innere leert sich, die umliegenden Gebiete erhalten Zuzug, „Speckgürtel“): Das Kerngebiet Tokyos verzeichnete 1993 einen Rückgang von 0,37% (44 000 Einw.), die umliegenden Präfekturen einen Zuwachs um 161 000 Einwohnern.

Wohnungen. Die *Traditionelle Wohnung* besteht aus einem Eingangsbereich, in dem man vor dem (höhergelegenen) Wohnteil die Straßenschuhe ablegt und in Pantoffeln schlüpft; abgeschlossen ist dieser Bereich durch eine Schiebetür. Über einen Holzdielen-Korridor gelangt man in die Zimmer, die mit ↑ *Tatami* ausgelegt sind; diese Matten geben in ihren Abmessungen (ca. 1 × 2 m) auch die Zimmergröße vor, man spricht vom 3-, 5-, 6-Matten-Zimmer. Wohn- und Schlafzimmer sind nicht getrennt, vielmehr verwandelt sich das Wohnzimmer abends in das Schlafzimmer, es werden nur die ↑ *Futons* ausgebreitet, die tagsüber nach dem Lüften im Wandschrank verschwinden. Küche, Bad und WC sind streng getrennt, in den letzteren Räumen trägt man andere Pantoffeln als im Wohnbereich (im *Tatami*-Raum natürlich nur auf Strumpfsocken); das traditionelle Mobiliar ist eher karg: einige Kommoden (↑ *Tansu*), niedrige Tische, Sitzpolster (zabuton). Traditionelle Häuser sind „für den Sommer gebaut", die Außenschiebetüren der Räume öffnen sich vielleicht zu einem Garten und lassen die Luft strömen. Im Winter sind diese Wohnungen sehr kalt, traditionell spendete nur ein Holzkohlebecken (hibachi) Wärme, Öfen gab es nur in den extrem kalten Regionen z.B. Hokkaidōs; heute hilft oft ein ↑ *kotatsu.* In Bauernhäusern waren es meist die offenen Feuerstellen, die Wärme spendeten.

Moderne *Appartment-Wohnungen* sind im wesentlichen nach dem gleichen Grundschema geplant, z.B. die typische Wohnung „2 DK", d.h. zwei Zimmer mit „dining kitchen": Eingangsbereich – rechts ein 4 1/2 Matten-Zimmer (Kinderzimmer) – Gang – links Bad – Toilette/WC – rechts Küche (offen zum Eßbereich m. Eßtisch/TV-Sitzecke – gegenüber 6 Matten-Zimmer (Wohn-, Schlafbereich d. Eltern). Bettzeug wird in Wandschränken zwischen den Zimmern gelagert.

Y

yaki-imo. Auf glühendheißen Steinen gebratene Süßkartoffeln. Die kleinen Autos mit einem Herd voller heißer Steine, von außen kenntlich an dem kleinen Schornstein, fahren besonders im Herbst durch die Straßen und werben mit einem lokomotivenähnlichen Pfeifen oder aber mit dem melancholisch langgezogenen Ruf „yaki-imoooo!" auf zwei Tönen um Käufer.

Yakitori. Kleine gegrillte Fleisch-Spießchen, vor allem mit Hühnerfleisch und/oder Lauchzwiebeln, die über Holzkohle gegrillt werden; dabei bestreicht der Koch die Spießchen immer wieder mit einer süßen Soya-saucen-Mischung. Ursprünglich wurden für y. auch Spatzen verwendet, heute werden fast alle Fleischsorten, besonders auch Innereien genutzt. y. werden gern als Snack (im Set zu 5, 10 usw.) zum Bier o.ä. gegessen, deshalb bietet der „yakitori-ya" (y.-Restaurantkoch und -besitzer) auch immer Getränke an.

Yakuza. Japans traditionelle Gangsterorganisationen, nur ungenügend als „japanische Mafia" übersetzt. Die Polizei spricht von *bōryokudan*, etwa „kriminelle Gruppierungen". Die Y. selbst sehen sich als Wahrer japanischer Rittertugenden, als Art japanische Robin Hoods; in zahlreichen Filmen wurden die Y. in den 60er und 70er Jahren verherrlicht (z.T. hatten sie diese Filme selbst finanziert).

Die ersten Y.-Banden entstanden in der ↑ *Edo*-Zeit, als sich Glücksspieler-Gruppen organisierten, die in den Arbeiter-Unterkünften der Hauptstadt Edo den Tagelöhnern die mühsam erschufteten Löhne abzockten: ein gefährliches Gewerbe. Ya (acht), ku (neun), za (drei) sind die schlechtesten Augen in einem alten Glücksspiel, daher der Name der Gangs. Die kunstvollen Ganzkörper-Tätowierungen und das fehlende Geld am kleinen Finger (abgehackt als Sühne für eine Verletzung des Ehrenkodex) gehören längst der Vergangenheit an, nur die protzigen Autos, meist ausländische Luxuskarossen, die Dauerwellenfrisuren der Gangster und ihre auffällige Kleidung lassen auch heute noch echte Y. erkennen. Das Vordringen der Banden in die Wirtschaftskriminalität und eine Reihe brutaler Morde in jüngster Zeit, nicht in den traditionellen Bandenkriegen, sondern an Geschäftsleuten, hat zu verschärften Maßnahmen gegen die Y. geführt. Seit 1992 gibt es ein Anti-Y.-Gesetz, das von den Sicherheitsbehörden jetzt konsequent angewendet wird.

Anfang 1993 zählte die Polizei, der die einzelnen Bandenorganisationen und ihre Führungsmitglieder sehr gut bekannt sind, 56600 Gangster in 3490 Banden. Die wirtschaftliche Rezession zu Beginn der 90er Jahre und schärfere Maßnahmen der Sicherheitsbehörden wirkten sich aus: 1991 hatte es noch 3570 Banden mit zusammen 63800 Mitgliedern gegeben.

Insgesamt registrierte die Polizei seit Inkrafttreten des Anti-Yakuza-Gesetzes (März 92) landesweit 34 Zwischenfälle, davon 17 in Tokyo. Nach Maßgabe des Gesetzes müßten Yakuza (Gangster)-Organisationen als Banden/Gangs aufgelöst werden, wenn von 1000 Mitgliedern mehr als 42 wegen organisierter Kriminalität vorbestraft sind. Rund 70% aller Yakuza-Gangs wurden als kriminelle Vereinigungen eingestuft, die Polizei könnte also diese Organisationen auflösen. Offenbar verfügen die Yakuza aber über so gute politische Kontakte an höchster Stelle, daß die Polizei noch zögert, hart durchzugreifen. Die Gewinne aus illegalen Geschäften schätzt die japanische Polizei auf umgerechnet über 10 Mrd. US $ jährlich, vor allem durch Drogenhandel, Prostitution und illegales Glücksspiel, aber vermehrt auch aus Bautätigkeiten und kriminellen Finanztransaktionen.

Der zivile Widerstand gegen die Gangster wächst, aber nach Umfragen sahen 1994 noch immerhin 12% aller Japaner die Yakuza als „notwendiges Übel" an. Den Yakuza werden beste Verbindungen zu großen und kleinen Baufirmen nachgesagt (Geldwäsche), und in der Vergangenheit hat auch mancher konservative Politiker gute Verbindungen zu den Gangs gepflegt. In den „wilden" politischen Jahren

1950/60 dienten Yakuza den konservativen Parteien als Schlägertrupps bei politischen Kundgebungen, sie terrorisierten Gewerkschafter und schüchterten auch hie und da auf Bestellung Oppositionspolitiker ein. Viele kleine Gangs haben sich in der Grauzone zwischen organisiertem Verbrechen und ultra-nationalistischer Politik angesiedelt, nicht wenige Gangs geben sich als rechtsradikale „Parteien" aus und führen Namen wie „Partei der Patrioten", „Chrysanthemen-Club", „Partei der kaiserlichen Untertanen" o. ä.

Die klassischen Aktionsfelder der japanischen Gangs sind Prostitution, Schutzgeld-Erpressung, Rauschgifthandel sowie – als japanische Besonderheit die *sōkaiya*-Rolle. Die *sōkaiya* sind Gangster, die entweder von Unternehmen Geld erpressen, damit sie sich als Kleinaktionäre auf Aktionärsversammlungen ruhig verhalten – oder aber dafür sorgen, daß lästige Kleinaktionäre keine bohrenden Fragen stellen. Haupt-"Kunden" der Yakuza waren lange Zeit die ↑ *Pachinko*-Hallen, also die Betreiber von Flipper-Automaten (ihnen wird allerdings nachgesagt, sie seien mehrheitlich wiederum in der Hand korea-nischer Unterwelt-Größen). Haupteinnahmequellen der Yakuza sind Drogenhandel (34,8%), Glücksspiel (16,9%), Schutzgelderpressung (8,7%), „Vermittlung" bei Streitigkeiten (d. h. Gewaltandrohung z. B. gegen Bürgerbewegungen) und Gewalt gegen Unternehmen (3,4%); aber auch über legale Einnahmen verfügen die Gangs, etwa aus unternehmerischer Tätigkeit. Für 1989 schätzte die Polizei die Einnahmen der Yakuza auf zusammen 1,3019 Trillionen Yen.

Ein neues Gesetz gegen die sog. *bōryokudan* (gewaltbereite Gangs) ermöglicht es der Polizei – zwingt sie geradezu – schärfer gegen das organisierte Verbrechen vorzugehen: Angehörige von 16 genau bezeichneten Gruppen gelten automatisch als kriminell, so daß die Polizei bei Anzeigen unmittelbar gegen einzelne Gangster und Banden vorgehen kann. Damit entfällt weitgehend die Einschüchterung von Zeugen. Dennoch wird auch weiterhin das Phänomen der Yakuza-Banden nicht verschwinden: Inzwischen haben die großen Banden ihre Aktivitäten verfeinert und sich auf die großangelegte Wirtschaftskriminalität spezialisiert; daneben sind Japans Gangster „international" geworden und haben ihre Betätigungsfelder in die USA und nach Südostasien ausgeweitet. ↑ *Kriminalität.*

yamabushi. Wandernde buddhistische Mönche (Bergasketen), die nach den Regeln einer „Geheimlehre" in der Wald- und Bergeinsamkeit leben. Typisch für sie sind große Muschelhörner, eine Art Pumphose und kleine Kappen auf dem Kopf.

Yamanote. Ringlinie der Tokyoter Nahverkehrssysteme, kenntlich an der grünen Linienfarbe.

Yamato. Bezeichnung des ersten Zentralstaats auf japanischem Boden, etwa um das dritte und vierte Jh. n. Chr. (Hügelgräber, ↑ *Haniwa*-Tonfiguren). Poetischer Name Japans: „Land des großen Friedens bzw. der großen Harmonie". Der sog. „Yamato-Geist" wurde im Ultranationalismus 1937–45 immer wieder beschworen, um Todesverachtung und Opferbereitschaft für den ↑ *Tennō* anzustacheln.

Yasukuni-Schrein. 1866 errichteter ↑ *Shintō*-Schrein in Tokyo, der allen japanischen Gefallenen geweiht ist. Der Y. gilt als Symbol des japanischen Nationalismus, seit in den achtziger Jahren dieses Jahrhunderts auch die hingerichteten Kriegsverbrecher dort eingeschreint wurden. Ein Museum auf dem Schreingelände zeigt Erinnerungsstücke aus dem Zweiten Weltkrieg, vor allem werden die ↑ *Kamikaze*-Selbstmordpiloten verherrlicht. In der japanischen Regierung kommt es immer wieder zu Konflikten, wenn einzelne Minister dem Y. einen offiziellen Besuch zum Jahrestag des Kriegsendes abstatten, um wählerwirksam an nationalistische Gefühle zu appellieren.

Yen. Japanisch ausgesprochen wie „en" (z.B. in ↑ *endaka*), Kurzzeichen ¥, die japanische Währung (↑ *Geld*). 100 Yen entsprachen Mitte der Neunziger Jahre etwa DM 1,52.

yōkan. Sehr süßer Kuchen, eher schon Konfekt aus Bohnenmus. Wird zum grünen Tee, auch bei ↑ *Teezeremonie* gereicht.

yokozuna. Höchster Rang der ↑ *Sumo*-Ringer; lebenslanger Titel. Bei Leistungsabfall aber ziehen sich die y. stets aus dem aktiven Sport zurück – und verdienen ein Vermögen mit Werbung.

Yoshiwara. Das „Rotlicht-Viertel" im alten ↑ *Edo*. Der abgegrenzte Bezirk bot einen der wenigen Freiräume für die bürgerliche Gesellschaft der ↑ *Tokugawa*-Zeit. Die Freudenmädchen des Y. waren in der Hochblüte der „fließend vergänglichen Welt" (jap. ↑ *ukiyōe*) über die zahlreich verbreiteten Bilder aus dem Y. (↑ *ukiyōe*) stilbestimmend für eine ganze Gesellschaft. Bilder bekannter Kurtisanen fanden eifrige Abnehmer. Die Kurtisanen waren auch „klassenüberwindend": Jeder, der Geld hatte, konnte mit ihnen Umgang pflegen, gleich ob Kaufmann oder ↑ *Samurai*. Aber hinter dem Glanz der eleganten Halbwelt trat zurück, daß die Frauen in den Freudenhäusern Gefangene ihres Geschäfts waren: Sie konnten sich nicht frei bewegen und waren rechtlich Eigentum des Bordell-Betreibers. Viele ↑ *Bunraku*- und ↑ *Kabuki*-Stücke thematisieren die unglückliche Liebe einer schönen Kurtisane und eines Bürgerlichen; die Konvention der ↑ *Edo*-Zeit verhinderte ein gemeinsames Leben, und gemeinsamer Selbstmord war oft der einzige Ausweg. ↑ *Prostitution*.

Yukata. Leichter Baumwollkimono, mit einfacher Schärpe zugebunden. Wird meist im Sommer oder nach dem obligatorischen heißen ↑ *Bad* getragen; Hotels stellen ihren Gästen eigene Y. zur Verfügung. Bis in die ↑ *Taishō*-Zeit wurden Y. während der Sommerhitze auch auf der Straße getragen, heute sind sie nur noch bequeme Kleidung für Wohnung oder Hotel.

yūrei. Japanische Gespenster. Angsterregende Wiedergänger, Erscheinungen ermordeter Ehefrauen, Rachegeister, die untreue Liebhaber hetzen usw. Sie sollen besonders gern unter Trauerweiden leben.

Z

Zaibatsu. Familien„konzerne" der Vorkriegszeit. Über eine Holding-Gesellschaft steuerten die *Zaibatsu*-Familien eine Vielzahl unterschiedlichster Unternehmen, wobei jedoch stets eine Großbank und ein Generalhandelshaus unterhalb der Holding den Kern der Gruppe bildeten. Die Z. sollten nach dem Krieg von der US-Besatzungsmacht zerschlagen werden, weil sie als Wirtschaftsorganisationen für den Krieg mitverantwortlich gemacht wurden; in der Tat konnten die Z. jahrzehntelang unmittelbar die japanische Politik beeinflussen, denn die Z.-Familien waren personell und organisatorisch eng mit den großen bürgerlichen Parteien der Vorkriegszeit verflochten. Die Zerschlagung gelang nicht: Die Z. sind in veränderter Form, als ↑ *Kigyō keiretsu* wiederentstanden. Man unterscheidet „alte" Z. (Mitsui, Mitsubishi u.a.) und „neue" Z (z.B. Yasuda) ↑ *Kigyō keiretsu*, ↑ *Sōgo shōsha*.

zazen. Sitzmeditation im ↑ *Zen-Buddhismus*, manchmal auch als andere Bezeichnung für Zen verwendet. Die Versenkung in straffer, konzentrierter Sitzhaltung wird aber in allen buddh. Sekten gepflegt; sie kam um 520 aus Indien über China nach Japan und fand über die ↑ *Tendai*-Lehre Verbreitung. In der Zen-Schule bildet die *zazen*-Versenkung den Mittelpunkt von Lehre und Praxis, Gebet und Studium sind untergeordnet. Die Versenkung soll zur inneren Sammlung, Erleuchtung (↑ *Satori*) und Erlösung führen. In der Blütezeit des jap. Rittertums (15. u. 16. Jh.) war Zen und mit ihm *zazen* die religiöse Selbstfindung des ↑ *Samurai* schlechthin.

Zen(-Buddhismus). „Versenkung", auch ↑ *zazen*. Indisch „dhyana", chines. „chan". Der Z. gelangte im 6. Jh. von Indien über China nach Japan und bildete den Kern der ↑ *Tendai*-Schule. Bei allen Z.-Richtungen steht die meditative Versenkung im Mittelpunkt, Lehr-Schriften haben eher untergeordnete Bedeutung. Von zentraler Funktion ist dagegen das Meister-Schüler-Verhältnis. Symbolfigur des Z. ist Bodhidharma (jap. ↑ *Daruma*), der indische Weise, der so lange vor einer Felswand meditiert haben soll, daß ihm die Beine abfaulten; eine andere Legende beschreibt, wie er sich die Augenlider abschnitt, weil er einschlief, aus den Lidern wuchs der erste Teestrauch. Auf die ↑ *Samurai* des Mittelalters übte der Z. große Faszination aus: Disziplin und Willensschulung der Z.-Praxis deckten sich mit ritterlicher Askese und Selbstaufgabe. Die Bedeutung des Z. geht weit über seine religiöse Rolle hinaus, alle Gebiete des jap. Geisteslebens und die grundsätzliche Lebensauffassung sind vom Z. durchdrungen. Die beiden wichtigsten Z.-Schulen sind die Rinzai- und die Soto-Schule. Die Soto-Richtung läßt das Studium der Schriften als Hilfsmittel zur Versenkung zu, während Rinzai allein die Meditation als Weg zum ↑ *Satori* ansieht.

Zengakuren. Radikale Studentenorganisation der späten sechziger Jahre. Manche Führungskraft von heute entstammt dieser Bewegung: Die Revolution ist nur noch Nostalgie. Nach dem Scheitern der Studentenrevolte von 1968 – auch in Japan – zerfiel der Z. in sektiererische Grüppchen, die sich untereinander bekämpften und längst keine „Gefahr" mehr für das japanische System darstellen. ↑ *Studentenbewegung.*

zōri. Flache traditionelle Schuhe zu förmlicher Kleidung (↑ *Kimono*); die sandalenähnlichen Schuhe werden mittels zweier Riemchen am Fuß gehalten, die zwischen großem und erstem kleinen Zeh verlaufen. Für die *zōri* sind spezielle Socken (↑ *tabi*) erforderlich, die den großen Zeh freilassen. ↑ *tabi.*

Zuchtperlen. Nach dem Verfahren von ↑ *Mikimoto* besonders auf der Kii-Halbinsel von Toba betriebene „industrielle" Erzeugung von Perlen. Den Perlmuscheln werden runde Perlmuttkügelchen zwischen Schale und Körper eingepflanzt; die Perlmuschel umhüllt diese Fremdkörper mit Perlmutt-Schichten, oft in ganz verschiedenen Farben. Die Muscheln hängen in Drahtkörpen an Bambusflößen, nach einigen Jahren wird „geerntet". Bei der Pflege der Austernbestände haben die ↑ *ama*-Taucherinnen neue Arbeitsmöglichkeiten gefunden, nachdem sie früher auch nach „Wild"perlen getaucht waren. Ein besonderes Risiko bei der Perlenzucht sind Temperaturschwankungen in den Zuchtgewässern. ↑ *Mikimoto.*

Zulieferindustrie. Japanisch: ↑ *Shitauke.*

Zweiter Weltkrieg. Begann für Japan schon 1931 („Mandschurischer Zwischenfall", d.h. Angriff auf die M., 1932 Gründung des Marionettenstaates „Manchukuo") 1936/37 Krieg gegen China, 1939 Kämpfe gegen sowjetische Truppen an der Grenze Sowjetunion-Mandschurei. 1941 Angriff auf ↑ *Pearl Harbor*, britisch Malaya, Singapur, Hongkong und franz. Indochina; Thailand war offiziell jap. Bündnispartner. Verbindung zum Krieg in Europa durch den Anti-Komintern-Pakt mit Deutschland und Italien sowie durch Angriffe auf europ. Kolonien in SO-Asien. Für Japans Kriege zwischen 1931 und 1945 gibt es verschiedene Bezeichnungen: „15-jähriger Krieg" (kritische Historiker), „Zweiter Weltkrieg" (dto.), „Pazifischer Krieg" und „Groß-Ostasiatischer Krieg" (nationalistische Interpr.). ↑ *Pazifischer Krieg.*

Literatur

Buruma, Ian: Japan hinter dem Lächeln. Götter, Gangster, Geihas, Frankfurt/M. (Ullstein) 1988.
Buruma, Ian: Erbschaft der Schuld. Vergangenheitsbewältigung in Deutschland und Japan, München, Wien (Hanser) 1994.
Cantzler, Jutta u.a.: Tokyo-Tips für Anfänger, München 1990.
Dambmann, Gerhard: 25 mal Japan, München (Piper) 1986.
Hijiya-Kirschnereit, Irmela: Das Ende der Exotik. Zur japanischen Kultur und Gesellschaft der Gegenwart, Frankfurt/M. (Suhrkamp) 1988.
Japan Travel Bureau (Hg.): A Look into Japan, 10 Bde., Tokyo 1989 (erhältlich in allen japanischen Buchhandlungen mit europäischen Büchern).
Kato, Shuichi: Geschichte der japanischen Literatur, Darmstadt (Wiss. Buchgesellschaft) 1990.
Kevenhörster, Paul: Politik und Gesellschaft in Japan, Mannheim u.a. (Meyers Forum) 1993.
Kitamura, Kazuyuki: Japan – im Reich der mächtigen Frauen; Frankfurt/M. ed. Suhrkamp) 1985.
Menzel, Ulrich (Hg.): Im Schatten des Siegers: Japan, 3 Bde., Frankfurt/M. (Ullstein) 1989.
Pohl, Manfred: Japan, München (C.H. Beck), 2. Aufl. 1992.
Pohl, Manfred: Japan – Politik und Wirtschaft (Jahrbuch seit 1977, Institut für Asienkunde).
Schaarschmidt, Siegfried/Michiko Mae (Hgs.): Japanische Literatur der Gegenwart, München, Wien (Hanser) 1990.

Empfehlenswerte Zeitschriften

Japan – Wirtschaft/Politik/Gesellschaft (zweimonatl., Hamburg, Institut für Asienkunde)
Japan aktuell (monatl., Bonn)
japaninfo (14-täg., Weißenhorn)
Japan Magazin (monatl., Bonn)

Karte

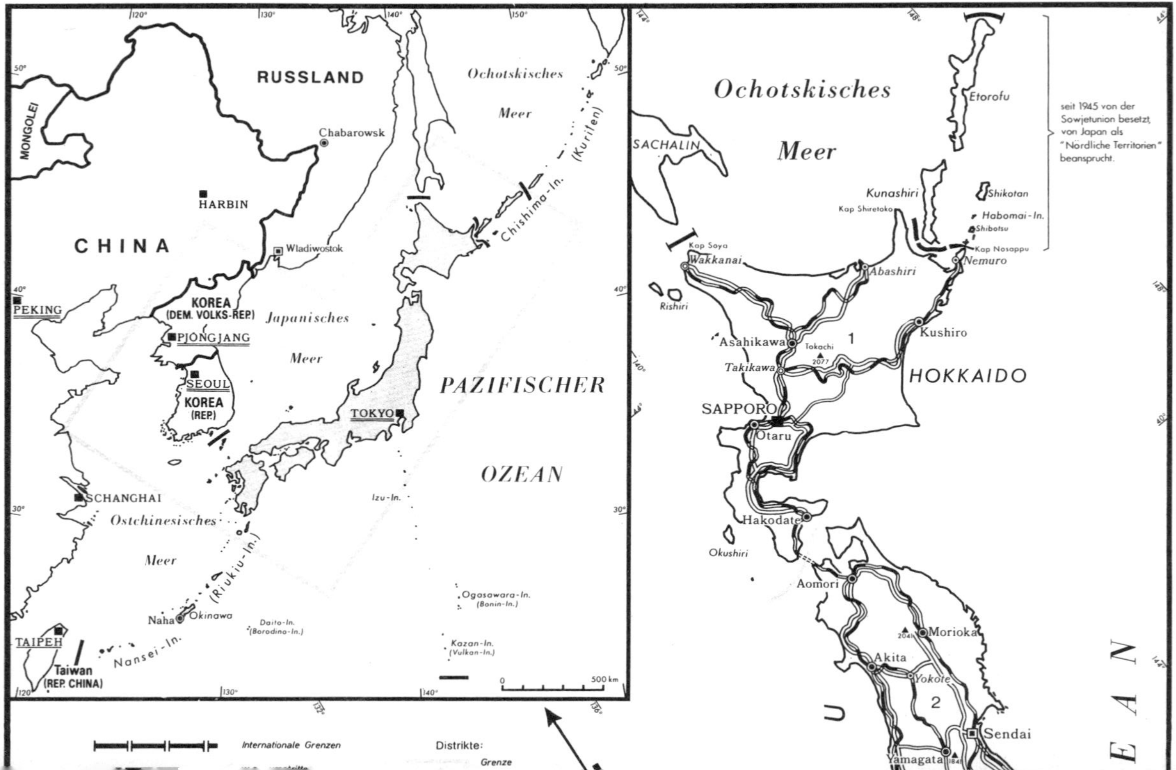
RUSSLAND
MONGOLEI
CHINA
Chabarowsk
HARBIN
Wladiwostok
PEKING
KOREA (DEM. VOLKS-REP.)
PJONGJANG
SEOUL
KOREA (REP.)
Japanisches Meer
Ochotskisches Meer
Chishima-In. (Kurilen)
PAZIFISCHER OZEAN
TOKYO
SCHANGHAI
Ostchinesisches Meer
Izu-In.
Riukiu-In.
Naha
Okinawa
Daito-In. (Borodino-In.)
Ogasawara-In. (Bonin-In.)
Kazan-In. (Vulkan-In.)
Nansei-In.
TAIPEH
Taiwan (REP. CHINA)
0 500 km
Ochotskisches Meer
SACHALIN
Etorofu
seit 1945 von der Sowjetunion besetzt, von Japan als "Nördliche Territorien" beansprucht.
Kunashiri
Kap Shiretoko
Shikotan
Habomai-In.
Shibotsu
Kap Nosappu
Kap Soya
Wakkanai
Abashiri
Nemuro
Rishiri
Asahikawa
Tokachi
2077
1
Kushiro
Takikawa
HOKKAIDO
SAPPORO
Otaru
Hakodate
Okushiri
Aomori
Morioka
2041
Akita
Yokote
2
Sendai
Yamagata
1841
EAN
Internationale Grenzen
Distrikte:
Grenze

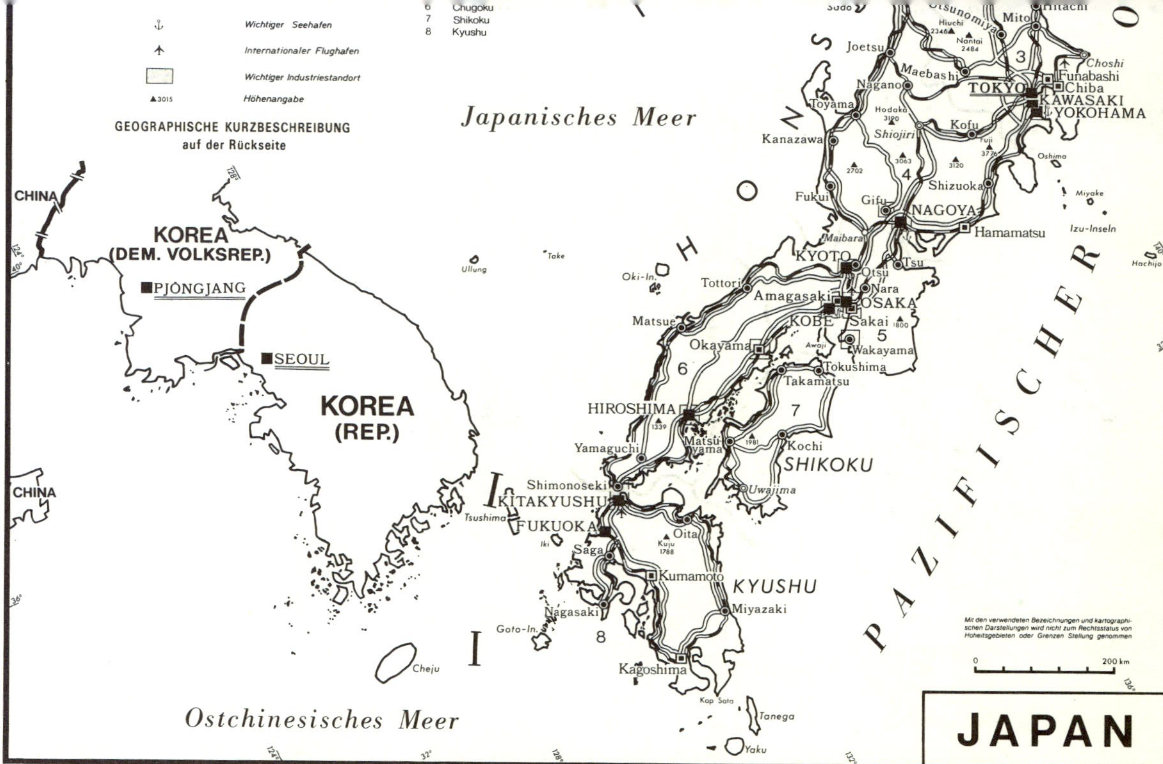

Wichtiger Seehafen
Internationaler Flughafen
Wichtiger Industriestandort
Höhenangabe
6 Chugoku
7 Shikoku
8 Kyushu
GEOGRAPHISCHE KURZBESCHREIBUNG
auf der Rückseite
Japanisches Meer
Ostchinesisches Meer
PAZIFISCHER OZEAN
NIHON
CHINA
KOREA (DEM. VOLKSREP.)
PJÖNGJANG
SEOUL
KOREA (REP.)
TOKYO
KAWASAKI
YOKOHAMA
Chiba
Funabashi
Choshi
Mito
Utsunomiya
Maebashi
Nagano
Joetsu
Toyama
Kanazawa
Fukui
Gifu
NAGOYA
Hamamatsu
Shizuoka
Kofu
Shiojiri
Fuji
Hodaka
Maibara
KYOTO
Otsu
Tsu
Nara
OSAKA
Sakai
KOBE
Amagasaki
Wakayama
Tottori
Matsue
Okayama
Tokushima
Takamatsu
Awaji
HIROSHIMA
Matsuyama
Kochi
SHIKOKU
Uwajima
Yamaguchi
Shimonoseki
KITAKYUSHU
FUKUOKA
Saga
Oita
Kumamoto
KYUSHU
Miyazaki
Nagasaki
Kagoshima
Kap Sata
Tanega
Yaku
Goto-In.
Iki
Tsushima
Cheju
Oki-In.
Ullung
Take
Oshima
Miyake
Izu-Inseln
Hachijo
Hiuchi
Nantai
Kuju
Mit den verwendeten Bezeichnungen und kartographischen Darstellungen wird nicht zum Rechtsstatus von Hoheitsgebieten oder Grenzen Stellung genommen
0 200 km
JAPAN

Politisches Lexikon GUS, von R. Götz/U. Halbach (BsR 852)
Hamburg, von E. Eckardt (BsR 1154)
Hongkong s. Taiwan
Horn von Afrika s. Äthiopien
Indien, von K. Gräfin v. Schwerin (BsR 820)
Indochina, von O. Weggel (BsR 809)
Irland, von M. P. Tieger (BsR 801)
Island, von P. Schröder (BsR 857)
Italien, von C. Chiellino/F. Marchio/G. Rongoni (BsR 821)
Kleines Italien-Lexikon, von C. Chiellino (BsR 819)
Japan, von M. Pohl (BsR 836)
Kleines Japan-Lexikon, von M. Pohl (BsR 861)
Jemen und Oman, von D. Ferchl (BsR 858)
Jugoslawien, von C. v. Kohl (BsR 832)
Kenia, von H. Hecklau (BsR 853)
Korea, von H. W. Maull/I. M. Maull (BsR 812)
Politisches Lexikon Lateinamerika, hrsg. von. P. Waldmann/H.-W. Krumwiede (BsR 845)
Lettland s. Baltikum
Litauen s. Baltikum
Madrid, von J. Oehrlein (BsR 1008)
Maghreb: Marokko, Algerien, Tunesien, von W. Herzog (BsR 834)
Marokko s. Maghreb
Mexiko, von K. Biermann (BsR 851)
Mongolei, von A. Schenk/U. Haase (BsR 848)
Politisches Lexikon Nahost/Nordafrika, hrsg. von U. Steinbach/R. Hofmeier/M. Schönborn (BsR 850)
Nepal, von W. Donner (BsR 833)
Neuseeland, von A. Hüttermann (BsR 844)
New York, von G. M. Freisinger (BsR 422)
Niederlande, von J. Schilling/R. Täubrich (BsR 817)
Nigeria, von H. Bergstresser/S. Pohly-Bergstresser (BsR 839)

Verlag C. H. Beck München

Nordafrika s. Nahost
Norwegen, von G. Austrup/U. Quack (BsR 828)
Kleines Österreich-Lexikon, von S. Gassner/W. Simonitsch (BsR 815)
Oman s. Jemen
Peru, von E. v. Oertzen (BsR 822)
Philippinen, von R. Hanisch (BsR 816)
Politisches Lexikon Rußland, von R. Götz/U. Halbach (BsR 856)
Portugal, von G. und A. Decker (BsR 806)
Prag, von C. Bartmann (BsR 1050)
Politisches Lexikon Rußland, von R. Götz/ U. Halbach (BsR 856)
Samoa s. Fiji
Schweden, von G. Austrup (BsR 818)
Schweiz, von M. Schwander (BsR 840)
Somalia s. Äthiopien
Spanien, von W. Herzog (BsR 811)
Kleines Spanien-Lexikon, von G. Haensch/G. Haberkamp de Antón (BsR 825)
Taiwan/Hongkong, von O. Weggel (BsR 849)
Thailand, von W. Donner (BsR 862)
Tibet, von K. Ludwig (BsR 824)
Tonga s. Fiji
Tunesien s. Maghreb
Turin, von M. Knapp-Cazzola (BsR 1019)
Türkei, von F. Şen (BsR 803)
Kleines Türkei-Lexikon, von K. Kreiser (BsR 838)
Ukraine, von E. Lüdemann (BsR 860)
USA, von R. Rode (BsR 843)
Kleines USA-Lexikon, von J. Redling (BsR 826)
Venedig, von G. Salvatore (BsR 1092)
Weißrußland, von D. Holtbrügge (BsR 863)

Verlag C. H. Beck München

Buchanzeigen

Die außereuropäische Welt

Margret Neuss-Kaneko
Familie und Gesellschaft in Japan
Von der Feudalzeit bis in die Gegenwart
1990. 162 Seiten mit 10 Abbildungen. Paperback
Beck'sche Reihe Band 418

Heinz Bechert/Richard Gombrich (Hrsg.)
Der Buddhismus
Geschichte und Gegenwart
1989. 400 Seiten. Broschiert

Marla Stukenberg
Die Sikhs
Religion, Geschichte, Politik
1995. 167 Seiten mit 10 Abbildungen und 10 Karten Paperback
Beck'sche Reihe Band 1129

Reinhard Schulze
Geschichte der islamischen Welt im 20. Jahrhundert
1994. 445 Seiten mit 6 Karten. Leinen

Detlev Junker/Dieter Nohlen/Hartmut Sangmeister (Hrsg.)
Lateinamerika am Ende des 20. Jahrhunderts
1994. 273 Seiten mit 6 Abbildungen und 12 Tabellen. Paperback
Beck'sche Reihe Band 1062

Franz Ansprenger
Politische Geschichte Afrikas im 20. Jahrhundert
1992. 208 Seiten. Paperback
Beck'sche Reihe Band 468

Verlag C.H.Beck München